四川盆地天然气勘探开发技术丛书

高含硫气藏天然气净化技术

雍　锐　熊　钢　傅敬强　王　军　等编著

石 油 工 业 出 版 社

内 容 提 要

本书针对高含硫天然气净化的特点和面临的技术挑战，结合西南油气田多年从事高含硫天然气净化技术的研究和实践成果，系统展现了高含硫天然气净化过程中的脱硫脱碳、脱水、硫黄回收及尾气处理等技术。总结了西南油气田在"十三五"以来攻关形成的重要科技成果，并对该系列科研成果的应用实践进行了详细介绍。

本书可供从事高含硫天然气净化行业的技术人员和管理人员使用，也可作为大专院校天然气净化相关专业师生的学习参考书。

图书在版编目（CIP）数据

高含硫气藏天然气净化技术／雍锐等编著.
— 北京：石油工业出版社，2024.1
（四川盆地天然气勘探开发技术丛书）
ISBN 978-7-5183-5462-7

Ⅰ.①高… Ⅱ.①雍… Ⅲ.①含硫气体-天然气净化
Ⅳ.①TE665.3

中国国家版本馆 CIP 数据核字（2023）第 021858 号

出版发行：石油工业出版社
（北京安定门外安华里 2 区 1 号　100011）
网　　址：www.petropub.com
编辑部：（010）64523604
图书营销中心：（010）64523633
经　　销：全国新华书店
印　　刷：北京中石油彩色印刷有限责任公司

2024 年 1 月第 1 版　2024 年 1 月第 1 次印刷
787×1092 毫米　开本：1/16　印张：16.25
字数：380 千字

定价：130.00 元
（如出现印装质量问题，我社图书营销中心负责调换）

《高含硫气藏天然气净化技术》
编 写 组

组　长：雍　锐

副组长：熊　钢　　傅敬强　　王　军

成　员：何金龙　　张素娟　　周永阳　　常宏岗　　范　锐　　温崇荣

　　　　刘其松　　颜晓琴　　胡天友　　李金金　　朱荣海　　赵国星

　　　　陈昌介　　刘　可　　宋　彬　　高立新　　黄洪发　　喻泽汉

　　　　杨子海　　岑　嶺　　孙　刚　　倪　伟　　岑兆海　　彭子成

　　　　郑　斌　　吕岳琴　　杨　威　　杨超越　　刘宗社　　许　娟

　　　　朱雯钊　　唐　蒙　　张　伍　　涂陈媛　　何登华　　王　丹

　　　　杨　芳　　颜廷昭　　杨亚宇　　李小云　　王丽琼　　夏俊玲

　　　　龙晓达　　胡　超　　彭维茂　　李　涛　　李林峰　　陈世明

　　　　彭修军　　易　铧　　吴明鸥　　陈庆梅　　谭雪琴　　张晓雪

　　　　杨　安　　段　婷　　梁　莉　　余　军　　苗　超　　马　枭

　　　　孙　茹　　黄韵弘　　裴进群　　舟田诗璐　　杨玉川　　李一平

序

我国高含硫气藏资源丰富，主要分布在四川盆地川东北地区和渤海湾盆地，尤以四川盆地为主，开发潜力巨大。我国的高含硫气藏大多赋存于海相碳酸盐岩储层，具有埋藏深、地质条件复杂、高温高压、高含硫化氢和二氧化碳的特点，这就决定了开发这类气田将面临系列挑战。

我国高含硫气藏的开发经过半个多世纪的技术攻关和开发生产实践，逐步发展和完善了高含硫气藏开发配套的技术系列和标准规范体系。2000 年以来，中国石油围绕四川盆地川东北地区罗家寨、龙岗等高含硫气田以及海外阿姆河右岸高含硫气藏的开发，在技术研发平台建设、技术攻关、生产实践等方面开展了大量的工作，取得了长足的发展，2010 年建成了国内首个具有国际先进水平的中国石油高含硫气藏开采先导试验基地，2013 年又组建了国家能源高含硫气藏开采研发中心，进一步发展和完善了我国高含硫气藏开发配套的技术系列和标准规范体系，全面支撑了国内和海外高含硫气藏的安全、清洁、高效开发。

本书由中国石油西南油气田分公司组织长期从事含硫油气田开发工程技术工作的专家、技术骨干，结合西南油气田多年从事高含硫气田勘探开发的研究和实践的成果编写完成，具有较强的理论指导和实际应用价值。希望《四川盆地天然气勘探开发技术丛书》的出版能为促进我国高含硫气藏开发技术进步，推动我国高含硫气藏开发向更加安全、更加清洁和提高开发效益与开发水平方向前进提供帮助。

前　言

天然气是一种清洁、方便、高效的优质燃料，也是重要的化工原料。自 20 世纪 60 年代以来，随着我国国民经济高速发展及对能源需求的大幅增长，我国的天然气工业得到了快速发展。四川盆地是中国天然气工业的发源地，在已发现的 22 个含油气层系中有 13 个高含硫气层，近 15 年发现的众多二叠系、三叠系礁滩气藏硫化氢含量高，已探明高含硫天然气储量超过 $9000 \times 10^8 m^3$，占全国同类储量 90% 以上。硫化氢是极臭、有毒的可燃气体，对人体及周边环境影响巨大。因此，从井口开采出来的含硫天然气必须经过净化处理并达到商品天然气或管输天然气的质量标准后，才能将合格的商品天然气供应至用户。

高含硫气藏天然气净化包括天然气脱硫、脱碳、脱水、硫黄回收及尾气处理等流程。一是为了获得清洁的天然气，二是为了获得副产品硫黄并满足环保要求。经过五十多年的攻关，我国的高含硫天然气净化工艺已经取得长足的进步，在传统醇胺法脱硫脱碳、硫黄回收及尾气处理工艺的基础上，涌现出了一大批新工艺、新技术及新产品。例如生物脱硫技术、胺液净化技术、富剂处理技术、低温加氢水解技术等。

四川盆地是人类最早开采利用天然气的地区之一，也是新中国最早的天然气工业基地。四川气田在天然气净化方面工艺先进、经验丰富，而中国石油西南油气田天然气研究院在此领域科研工作中形成了一系列成果，本书对这些成果及应用情况进行了系统介绍。

本书的编写工作是在西南油气田公司的组织下完成的，全书由雍锐、熊钢、傅敬强、王军等统筹、审定。全书共分十一章，第一章由朱荣海、范锐、杨子海、王丹、李林峰、陈世明等编写；第二章由胡天友、何金龙、周永阳、常宏岗、杨威、杨超越、杨亚宇、彭修军等编写；第三章由刘其松、张伍、宋彬、孙刚、王丽琼等编写；第四章由赵国星、何金龙、高立新、彭子成、李小云、易铧、杨安等编写；第五章由周永阳、朱雯钊、颜廷昭、龙晓达、胡超等编写；第六章由张素娟、陈昌介、温崇荣、刘宗社、何登华、苗超、马枭等编写；第七章由李金金、许娟、温崇荣、张晓雪、李一平等编写；第八章由颜晓琴、吴明鸥、梁莉、余军、孙茹、冉田诗璐、杨玉川等编写；第九章由刘可、张素娟、郑斌等编写；第十章由颜晓琴、唐蒙、涂陈媛、杨芳、夏俊玲、陈庆梅、谭雪琴、段婷、黄韵弘、裴进群等编写；第十一章由吕岳琴、张素娟、黄洪发、喻泽汉、岑嶺、倪伟、岑兆海、彭维茂、李涛等编写。全书由张化、王荫丹担任技术顾问。编写过程中，张化、王荫丹等资深专家和西南油气田天然气研究院许多直接从事高含硫天然气净化事业的专业技术人员提出了许多宝贵的意见。在此，对所有提供指导、关心、支持和帮助的单位、领导、技术人员，以及为本书所引用参考资料的有关作者一并表示衷心的感谢。

鉴于编著者学识和水平有限，疏漏之处在所难免，敬请读者批评赐教，特此表示衷心感谢。

编　者

2022 年 11 月

目　　录

第一章 绪 论

随着经济的持续发展，我国能源生产稳定增长，能源利用效率持续提升。2022 年我国能源消费总量达到 54.1×10⁸t 标准煤，比 2015 年增长 25.8%。能源消费结构不断优化，2022 年我国天然气、水电、核电、风电、太阳能发电等清洁能源消费在能源消费总量的占比提高至 25.9%，比 2015 年提高 8.0 个百分点。

天然气作为最清洁低碳的化石能源，是我国新型能源体系建设中不可或缺的重要组成部分，当前及未来较长时间内仍将保持稳步增长；天然气灵活高效的特性还可支撑与多种能源协同发展，在碳达峰乃至碳中和阶段持续发挥积极作用。

我国丰富的天然气资源和初具规模的基础设施有力支撑了天然气产业的快速发展。2015 年我国天然气消费总量 1931×10⁸m³，2022 年增至 3646×10⁸m³，增长 88.9%。2015 年我国天然气在一次能源消费总量中的占比为 5.9%，2022 年增至 8.4%。2015 年我国天然气生产量 1350×10⁸m³，2022 年增至 2201×10⁸m³，增长 63.0%，连续 6 年增产超过 100×10⁸m³。2015 年我国天然气进口量 614×10⁸m³，2022 年增至 1503×10⁸m³，增长 144.8%，对外依存度提高至 41.2%（表 1-1）。

表 1-1 我国天然气消费、生产和进口数据

年度	消费总量 （10⁸m³）	生产量 （10⁸m³）	进口量 （10⁸m³）	在一次能源消费 总量中的占比（%）
2015	1931	1350	614	5.9
2016	2058	1369	721	6.4
2017	2386	1480	946	7.3
2018	2803	1603	1265	7.8
2019	3064	1773	1352	8.1
2020	3280	1925	1404	8.4
2021	3690	2076	1680	8.9
2022	3646	2201	1503	8.4

注：数据来源于历年《中国天然气发展报告》。

第一节 我国高含硫天然气分布及开发现状

我国天然气勘探成效显著，全国连续 20 年新增天然气探明地质储量超过 5000×10⁸m³，四川、鄂尔多斯、塔里木 3 个盆地累计探明天然气地质储量均超过 2×10¹²m³，松辽、柴达木、东海、渤海湾、琼东南、莺歌海、准噶尔、珠江口等盆地及渤海海域探明天然气地质储量均超过 1000×10⁸m³，奠定了天然气产量快速增长的资源基础。

四川盆地是世界上最早发现与利用天然气的地区，新中国现代天然气工业也在此起步。经过近 70 年的发展，已建成上中下游产业链完整的天然气工业体系，天然气产量领跑全国半个世纪。"十三五"全国油气资源评价结果表明，四川盆地天然气资源量达 $39.94 \times 10^{12} m^3$，居我国各含油气盆地之首，并且探明率仅 15%，仍处于勘探早中期，天然气勘探开发潜力大。2020 年该盆地天然气产量为 $565 \times 10^8 m^3$，居全国主产气区之首。四川盆地是传统气源产区和川气东送主力军，是我国用气范围最广、气化率最高的地区。四川盆地天然气主要由陆相油型气、海相油型气和陆相煤型气 3 种类型组成，且以海相油型气为主。四川盆地的海相碳酸盐气田多为含硫（主要以 H_2S 形式存在）天然气，具有极强的毒性和腐蚀性。普光气田、罗家寨气田等为高含硫气田，硫化氢含量在 15% 左右。

塔里木盆地天然气总资源量为 $11.7 \times 10^8 m^3$。1989 年以来，在塔里木盆地开展大规模石油勘探开发。1998 年克拉 2 特大型整装气田诞生后，迪那、英买、克深等气田相继取得突破，促成并加快了举世瞩目的"西气东输"工程的建设，形成了现代化的油气生产基地。与四川盆地相比，塔里木盆地天然气资源多为低含硫化氢或不含硫化氢气田。

鄂尔多斯盆地位于中国西北内陆，是仅次于塔里木盆地的我国第二大沉积盆地。鄂尔多斯盆地天然气资源量达 $15.2 \times 10^8 m^3$，分布着苏里格、榆林、靖边、大牛地、东胜等气田，是我国天然气资源最为密集的区域。该区域天然气资源与塔里木盆地相似，多为低含硫化氢或不含硫化氢气田。

第二节　商品天然气质量标准及硫黄回收尾气 SO_2 排放标准

一、商品天然气质量标准

商品天然气的质量标准是根据天然气的用途，综合经济利益、安全卫生和环境保护 3 个方面制定的。国际标准化组织于 1998 年发布了一份关于天然气质量指标的指导性准则 ISO 13686—1998，它列出了管输天然气质量应当考虑的指标、计量单位和相应的试验方法，但并未作定量规定。表 1-2 给出了国外的一些商品天然气质量要求，表 1-3 则是我国于 2018 年公布的新的天然气质量标准。

表 1-2　国外天然气硫含量指标

国家及标准编号	总硫质量浓度（mg/m^3）	硫化氢质量浓度（mg/m^3）	硫醇质量浓度（mg/m^3）
欧洲气体能量交换合理化协会	≤30	$\rho(H_2S+COS) \leq 5$	≤6
欧洲 EN 16726—2016	≤20（不包括加臭剂） ≤30（包括加臭剂）	$\rho(H_2S+COS) \leq 5$	≤6
德国 DVGW G 260—2013	≤6（不包括加臭剂） ≤8（包括加臭剂）	$\rho(H_2S+COS) \leq 5$	≤6
美国 AGA Report No. 4A—2009	11.5~460	≤23	4.6~46
美国长滩油气部 2005	≤17	≤5.75	≤6.9
俄罗斯国家标准 ГОСТ 5542—2014		≤20	≤36

表 1-3 我国天然气国家标准 GB 17820—2018

气质	高位发热量 （MJ/m³）	总硫质量浓度（以硫计） （mg/m³）	硫化氢质量浓度 （mg/m³）	$y(CO_2)$ （%）
一类气	≥34.0	≤20	≤6	≤3.0
二类气	≥31.4	≤100	≤20	

注：气体体积的标准参比条件是 101.325kPa，20℃。

我国还制定了国家标准 GB 18047—2017《车用压缩天然气》，要求 H_2S 不大于 15mg/m³，总硫含量（以硫计）不大于 100mg/m³，CO_2 含量不大于 3%，氧含量不大于 0.5%，水的质量浓度应不大于 30mg/m³（在汽车驾驶的特定地理区域内，在压力不大于 25MPa 和环境温度不低于−13℃的条件下），高位发热量不小于 31.4MJ/m³，并应具有可察觉的臭味以保证安全。

近年来 LNG 产业和贸易获得飞速发展，推动我国于 2020 年发布了液化天然气国家标准 GB/T 38753—2020《液化天然气》。由于天然气在液化过程中需深冷至约−162℃，为了避免在低温液化过程中因结冰堵塞设备和管线，需对天然气中的酸性组分进行深度脱除。国家标准规定液化天然气中总硫含量（以硫计）不大于 20mg/m³，硫化氢含量不大于 3.5mg/m³，二氧化碳摩尔分数不大于 0.01%，该标准明显高于我国一类气标准。

二、硫黄回收装置尾气 SO_2 排放标准

脱硫溶液再生所得酸性气通常在回收硫黄后尾气中仍含有一定量硫化物，经灼烧转化为 SO_2，所排放的 SO_2 浓度及 SO_2 量应满足当地的排放要求。不同规模和不同原料气组成的含硫天然气在考虑能耗、环保和经济效益等方面的因素条件下可选用不同的净化技术，而目前天然气净化技术的发展重点是装置的达标排放。

表 1-4 给出了一些经济发达国家关于硫黄回收装置应达到的硫收率水平的要求。从表 1-4 中可以看出，一些国家，尤其是美国根据装置规模而有不同的硫收率要求，装置越大要求越严。各国从国情出发而有不同要求，加拿大地广人稀故要求较为宽松，日本作为人口密集的岛国其标准更为严格。

表 1-4 国外对硫黄回收装置硫收率的要求

国家		不同装置规模下硫收率（%）						
		<0.3t/d	0.3~2t/d	2~10t/d	10~20t/d	20~50t/d	50~2000t/d	2000~10000t/d
美国	已建	灼烧	—	96.0	97.5~98.5	98.5~99.8	99.8	
	新建	灼烧	96.0	96.0~98.5	98.5~99.8	99.8	99.8	
加拿大		70.0		90.0	96.3		98.5~99.0	99.8
意大利		95.0				96.0		97.5
德国		97.0				98.0		99.5
日本		99.9						
法国		97.5						
荷兰		99.8						
英国		98.0						

我国于 1996 年公布的《大气污染物综合排放标准》（GB 16297—1996）中对硫生产装置的 SO_2 排放标准则不仅规定了最高允许排放浓度，还按排气筒高度的不同规定了最高允许排放速率，详见表 1-5。

表 1-5　我国硫生产装置 SO_2 排放标准（GB 16297—1996）

最高允许排放浓度（mg/m³）	排气筒高度（m）	最高允许排放速率（kg/h）		
		一级	二级	三级
1200（960）	15	1.6	3（2.6）	4.1（3.5）
	20	2.6	5.1（4.3）	7.7（6.6）
	30	8.8	17（15）	26（22）
	40	15	30（25）	45（38）
	50	23	45（39）	69（58）
	60	33	64（55）	98（83）
	70	47	91（77）	140（120）
	80	63	120（110）	190（160）
	90	82	160（130）	240（200）
	100	100	200（170）	310（270）

注：二级、三级括号内为对 1997 年 1 月 1 日起新建装置的要求。

考虑到天然气作为一种清洁能源对保护环境的积极作用，原国家环保总局在《关于天然气净化厂脱硫尾气排放执行标准有关问题的复函》（环函〔1999〕48 号）中指出："天然气作为一种清洁能源，其推广使用对于保护环境有积极意义。天然气净化厂排放脱硫尾气二氧化硫具有排放量小、浓度高、治理难度大、费用较高等特点。因此，天然气净化厂二氧化硫污染物排放应作为特殊污染源，制定相应的行业污染物排放标准进行控制，在行业污染物排放标准未出台前，同意天然气净化厂脱硫尾气暂按《大气污染物综合排放标准》（GB 16297—1996）中的最高允许排放速率指标进行控制，并尽可能考虑二氧化硫综合回收利用。"

2020 年我国发布了《陆上石油天然气开采工业大气污染物排放标准》（GB 39728—2020）。该标准规定，新建天然气净化厂自 2021 年 1 月 1 日起，现有天然气净化厂自 2023 年 1 月 1 日起，执行表 1-6 规定的大气污染物排放限值及其他污染控制要求。

表 1-6　天然气净化厂硫黄回收装置大气污染物排放限值

天然气净化厂硫黄回收装置总规模（t/d）	二氧化硫排放浓度限值（mg/m³）	污染物排放监控位置
≥200	400	硫黄回收装置尾气排气筒
<200	800	

硫黄回收装置尾气排气筒中实测大气污染物排放浓度，应换算为基准含氧量为 3% 的大气污染物基准排放浓度，并以此作为达标判定的依据。硫黄回收装置的能力配置应保证在原料天然气最大硫含量及天然气净化装置最大负荷情况下，能完全处理天然气净化厂产

生的酸气。

由表 1-6 可知，天然气净化厂硫黄回收装置总规模不小于 200t/d 时，二氧化硫排放浓度限值为 400mg/m³，天然气净化厂硫黄回收装置总规模小于 200t/d 时，二氧化硫排放浓度限值为 800mg/m³，其严格程度明显超过表 1-4 所列美国、加拿大、法国、意大利等发达国家标准。

第三节　高含硫天然气净化面临的技术挑战

天然气净化一般包括分离、脱硫脱碳、脱水、硫黄回收和尾气处理，分离、脱硫脱碳和脱水的目的是使井口天然气满足商品天然气质量指标或管输要求，满足工农业生产及民众生活需求。硫黄回收和尾气处理的目的是回收硫黄并使净化厂尾气达标排放，主要满足环保要求，具有较大的环境效益。需要说明的是，并非所有的天然气都必须经过上述的所有步骤，根据原料天然气组成不同和净化气指标不同，可仅使用上述的部分步骤或无需处理直接使用。

本书中将 H_2S 含量大于 $30g/m^3$ 的含硫天然气统称为高含硫天然气。由于天然气中 H_2S 含量较高，致使天然气净化装置脱硫过程胺液循环量大，吸收塔和再生塔体积大，能耗约占整个含硫天然气开发过程总能耗的 30%，有些厂甚至能够达到 50%。

对于原料天然气中含高浓度有机硫的情况，如 CS_2、COS 和 CH_3SH 等，采用常规胺液无法有效脱除，通常需要采用环丁砜等物理化学溶剂才能达到目前的商品天然气标准。目前我国采用的天然气国家标准（GB 17820—2018《天然气》）正式颁布实施，对商品天然气总硫含量提出了更高的要求，对于高含有机硫的原料天然气，即使采用环丁砜类物理化学溶剂，也难达到要求，需要开发新型净化技术以满足此需求。

第二章 醇胺法脱硫脱碳技术

醇胺法脱硫脱碳工艺从 20 世纪 30 年代问世以来，已有 90 多年的发展历史，目前不仅广泛应用于天然气和炼厂气的净化，在合成氨工业及通过合成气制备下游产品的工业中也经常使用。虽然其他的脱硫脱碳工艺，如物理溶剂吸收法、氧化还原法、热钾碱法等在特定的工况条件下也常被采用，但对天然气和炼厂气脱硫脱碳而言，醇胺法迄今仍处于主导地位。

醇胺法主要包括单乙醇胺（MEA）法、二乙醇胺（DEA）法，二异丙醇胺（DIPA）法、甲基二乙醇胺（MDEA）法，以及砜胺法等工艺方法。早期胺法脱硫一般采用伯胺或仲胺，如 MEA 或 DEA。MEA、DEA 具有碱性强、与酸气反应迅速、价格较便宜等优点，但不足之处是装置腐蚀较严重，溶剂只能在较低浓度下使用，以及与酸气的反应热较大导致再生能耗高。20 世纪 80 年代以来，由于具有一定选吸能力，MDEA 脱硫工艺逐渐进入工业应用。MDEA 具有低腐蚀性、抗降解能力强、高脱硫选择性、低能耗等优点，广泛应用于天然气、炼厂气、克劳斯尾气等含硫气体的选择性脱硫，成为天然气脱硫的主流方法。

在醇胺法天然气脱硫装置中，当处理的天然气有机硫含量较低时，一般采用单纯的醇胺水溶液；而对于有机硫含量较高的天然气，目前国内主要采用砜胺溶液进行处理（如 Sulfinol-M 和 Sulfinol-X 等）。

我国从 20 世纪 60 年代开始，先后进行了 MEA、MEA-环丁砜、DIPA-环丁砜、MDEA、MDEA-环丁砜等脱硫溶剂的研究开发，并在工业上得到推广应用。特别是 20 世纪 80 年代成功开发的 MDEA 和 MDEA-环丁砜选择性脱硫工艺在天然气净化总厂垫江分厂、引进分厂等大型脱硫装置上使用后，明显降低了装置能耗和净化气中的总硫含量，产生了良好的经济效益和社会效益，使我国天然气脱硫工艺技术水平上了一个新的台阶。近年来，我国在进一步提高 MDEA 水溶液脱硫选择性、稳定性、抗发泡性和拓宽其适用范围等方面又取得了新的进展，开发出了以 MDEA 为基础的系列配方型脱硫溶剂，满足了不同工况、不同气质气体的脱硫需要和净化要求。

第一节 基本原理与主要流程

一、基本原理

醇胺类化合物的分子结构中至少包含有 1 个羟基和 1 个氨基。前者的作用是降低化合物的蒸气压，并增加其水溶性；而后者则为水溶液提供必要的碱度，促进溶液对酸性气体组分的吸收。根据连接在氨基氮原子上的"活泼"氢原子数，醇胺可分为伯醇胺（如

MEA)、仲醇胺(如 DEA)和叔醇胺(如 MDEA)三大类。

醇胺与 H_2S、CO_2 的反应均为可逆反应,见式(2-1)至式(2-6)及式(2-12)至式(2-19)。在吸收塔的较低温度条件下,反应平衡向右移动,原料气中酸性组分被脱除;在再生塔蒸汽气提高温度条件下平衡向左移动,溶剂释放出吸收的酸性气体组分后得以再生。

1. 醇胺吸收 H_2S 的机理

醇胺与 H_2S 的主要反应见式(2-1)至式(2-6)。

伯醇胺:
$$2RNH_2 + H_2S \Longleftrightarrow (RNH_3)_2S \tag{2-1}$$

$$(RNH_3)_2S + H_2S \Longleftrightarrow 2RNH_3HS \tag{2-2}$$

仲醇胺:
$$2R_2NH + H_2S \Longleftrightarrow (R_2NH_2)_2S \tag{2-3}$$

$$(R_2NH_2)_2S + H_2S \Longleftrightarrow 2R_2NH_2HS \tag{2-4}$$

叔醇胺:
$$2R_3N + H_2S \Longleftrightarrow (R_3NH)_2S \tag{2-5}$$

$$(R_3NH)_2S + H_2S \Longleftrightarrow 2R_3NHHS \tag{2-6}$$

虽然不同醇胺与 H_2S 的反应速率有所差别,但它们之间的反应都可认为是瞬间质子反应,即进入液相的 H_2S 均在瞬间被醇胺吸收,其反应速率比气相 H_2S 的扩散速率快得多,吸收过程属于气膜控制过程。

根据气液传质的双膜理论,上述反应在液膜内极窄的锋面上即可完成,且在界面和液相中处处都达到如下平衡:

$$k_s = \left\{ \frac{[HS^-][AmH^+]}{[H_2S][Am]} \right\} 界面 \tag{2-7}$$

$$k_s = \left\{ \frac{[HS^-][AmH^+]}{[H_2S][Am]} \right\} 液相主体 \tag{2-8}$$

k_s 还可表示为:

$$k_s = \frac{k_{1H_2S} \cdot k_{Am}}{k_w} \tag{2-9}$$

按双膜理论,此瞬间反应的吸收速率为未反应的 H_2S 和反应生成物 HS^- 自气液界面向液相主体扩散速率之和。以浓度为推动力的吸收速率为:

$$N_{H_2S} = k_2 \left[\left(C_{H_2Si} + \frac{D_{HS^--L}}{D_{H_2SL}} C_{HS^--i} \right) - \left(C_{H_2SL} + \frac{D_{HS^--L}}{D_{H_2SL}} C_{HS^--L} \right) \right] \tag{2-10}$$

以气相 H_2S 分压为推动力的吸收速率为:

$$N_{H_2S} = k_{GS}(p_{H_2Sg} - p_{H_2SL}) \tag{2-11}$$

2. 醇胺吸收 CO_2 的机理

醇胺与 CO_2 的主要反应见式(2-12)至式(2-19)。

伯醇胺：

$$2RNH_2+H_2O+CO_2 \Longrightarrow (RNH_3)_2CO_3 \tag{2-12}$$

$$(RNH_3)_2CO_3+H_2O+CO_2 \Longrightarrow 2RNH_3HCO_3 \tag{2-13}$$

$$2RNH_2+CO_2 \Longrightarrow RNHCOONH_3R \tag{2-14}$$

仲醇胺：

$$2R_2NH+H_2O+CO_2 \Longrightarrow (R_2NH_2)_2CO_3 \tag{2-15}$$

$$(R_2NH_2)_2CO_3+H_2O+CO_2 \Longrightarrow 2R_2NH_2HCO_3 \tag{2-16}$$

$$2R_2NH+CO_2 \Longrightarrow R_2NCOONH_2R_2 \tag{2-17}$$

叔醇胺：

$$2R_3N+H_2O+CO_2 \Longrightarrow (R_3NH)_2CO_3 \tag{2-18}$$

$$(R_3NH)_2CO_3+H_2O+CO_2 \Longrightarrow 2R_3NHHCO_3 \tag{2-19}$$

叔醇胺 MDEA 在 H_2S 和 CO_2 共存时具有良好的选择性吸收能力，MDEA 与 CO_2 之间大体存在的反应见式（2-20）至式（2-28）。

（1）CO_2 首先与溶液中的水发生缓慢反应：

$$CO_2+H_2O \Longrightarrow H^++HCO_3^- \qquad 慢反应$$

$$R_3N+H^+ \Longrightarrow R_3NH^+ \qquad 质子反应$$

$$\overline{\qquad CO_2+H_2O+R_3N \Longrightarrow R_3NH^++HCO_3^- \qquad} \tag{2-20}$$

（2）CO_2 与醇胺中的—OH 功能团的反应：

$$—C—OH+OH^- \Longrightarrow —CO^-+H_2O \qquad 快速反应$$

$$—CO^-+CO_2 \Longrightarrow —COCOO^- \qquad 慢反应$$

$$\overline{\qquad —C—OH+OH^-+CO_2 \Longrightarrow —COCOO^-（烷基甲酸盐）+H_2O \qquad} \tag{2-21}$$

（3）CO_2 直接和 OH^- 的反应：

$$R_3N+H_2O \Longrightarrow R_3NH^+ + OH^- \qquad 瞬时反应$$

$$CO_2+OH^- \Longrightarrow HCO_3^- \qquad 中速反应$$

$$\overline{\qquad CO_2+H_2O + R_3N \Longrightarrow R_3NH^++HCO_3^- \qquad} \tag{2-22}$$

此反应虽和式（2-20）的反应式相同，但其机理和反应速率完全不同。

（4）溶液 pH 值大于 9 时，HCO_3^-/CO_3^{2-} 的转化平衡反应：

$$R_3N + HCO_3^- \Longrightarrow R_3NH^++CO_3^{2-} \tag{2-23}$$

（5）对于伯醇胺和仲醇胺，除上述反应外还存在 CO_2 与醇胺中的活泼 H 原子的反应：

$$CO_2+ RNH_2 \Longrightarrow H^+ + RNHCOO^- \qquad 快速反应$$

$$H^+ + RNH_2 \Longrightarrow RNH_3^+ \qquad 瞬时反应$$

$$\overline{\qquad CO_2+2RNH_2 \Longrightarrow RNH_3^+ + RNHCOO^-（氨基甲酸酯） \qquad} \tag{2-24}$$

MDEA 对 CO_2 的吸收, 以分压为推动力的 CO_2 吸收速率 N_{CO_2} 为:

$$N_{CO_2} = k_{GC}(p_{CO_2g} - p_{CO_2L})$$ (2-25)

MDEA 对 CO_2 吸收为液膜控制过程, 可将式 (2-25) 简化得到总包气膜传质系数:

$$\frac{1}{k_{GC}} = \frac{1}{k_{gc}} + \frac{1}{EHk_L}$$

$$\frac{1}{k_{gc}} \approx 0$$

$$\frac{1}{k_{GC}} \approx \frac{1}{EHk_L}$$

$$k_{GC} = EHk_L$$ (2-26)

式 (2-20) 可视为对 CO_2 的假一级快反应, 按 Danckwerts 表面更新理论, 假一级快反应增大因子 E 为:

$$E = \frac{\sqrt{D_{CO_2}k_2 C_{Am}}}{k_L}$$ (2-27)

则

$$N_{CO_2} = H\sqrt{D_{CO_2}k_2 C_{Am}}(p_{CO_2g} - p_{CO_2L})$$ (2-28)

式中 Am——醇胺;

C——浓度, $kmol/m^3$;

D——扩散系数, m^2/s;

E——化学反应增大因子;

H——溶解度系数, $kmol/(m^3 \cdot kPa)$;

k_1——H_2S 的一级离解常数;

k_{Am}——醇胺的离解常数;

k_w——水的离解常数;

k_G——总气膜传质系数, $kmol/(m^2 \cdot kPa \cdot s)$;

k_2——二级反应速率常数, $m^3/(kmol \cdot s)$;

N——吸收速率, $kmol/(m^3 \cdot s)$;

p——压力, kPa。

下标: S 为 H_2S; i 为界面; L 为液相; g 为气相。

MDEA 作为叔胺, 分子中不存在活泼氢原子, 故不存在第 (5) 类反应。由于不存在生成氨基甲酸酯的副反应, CO_2 的吸收速率取决于反应 (4), 而反应 (4) 的控制步骤又取决于反应 (1) 中 CO_2 与 H_2O 的这个慢反应。因此, 当用 MDEA 溶液净化同时含有 H_2S、CO_2 的原料气时, 由于 MDEA 与 H_2S 的反应是受气膜控制的瞬时反应, 而与 CO_2 的反应则为慢反应, 这种反应速率上的巨大差别构成了 MDEA 溶液动力学选择性吸收的基础。

3. 醇胺脱除有机硫的机理

天然气中有机硫化合物的形态大致以硫醇（RSH）、羰基硫（COS）、二硫化碳（CS_2）为主，尤以 RSH、COS 多见。

总体上讲，以醇胺为基础的化学物理混合溶剂是当前有机硫脱除技术的主流。用醇胺脱除有机硫化合物存在以下几种机理：

（1）有机硫在溶剂中物理溶解；

（2）与醇胺直接反应生成可再生或难以再生的含硫化合物；

（3）有机硫化合物在水中水解生成 H_2S、CO_2，进一步与醇胺反应。

1）硫醇（RSH）的脱除机理

硫醇是较 H_2S 和 CO_2 还要弱得多的酸，因而单纯的醇胺水溶液脱除硫醇的效果差，必须用有机溶剂以物理吸收的途径来脱除。

2）羰基硫（COS）的脱除机理

（1）COS 与伯胺、仲胺反应。

在醇胺法工艺的典型操作条件下，有一部分 COS 水解为 H_2S 和 CO_2，另有一部分则与醇胺反应而生成难以热再生的降解产物。

由于 COS 与 CO_2 结构非常相似，遵循同 CO_2 一样的机理，伯醇胺和仲醇胺与 COS 的反应如下：

$$2RNH_2+COS \Longrightarrow RNHCOS^- + RNH_3^+ \tag{2-29}$$

$$2R_2NH+COS \Longrightarrow R_2NCOS^- + R_2NH_2^+ \tag{2-30}$$

各种醇胺中以 MEA 的碱性最强，故其与 COS 的反应活性最高，但反应产物难以再生，导致溶剂严重降解变质，DEA 和 DIPA 与 COS 的反应能力中等，降解变质情况也大有改善。

（2）COS 与 MDEA 反应。

叔醇胺 MDEA 原子上无活泼氢原子，与伯醇胺、仲醇胺和 COS 反应不同，COS 与 MDEA 反应是 MDEA 碱性催化 COS 水解反应：

$$R_3N+H_2O+COS \Longrightarrow R_3NH^+ + HCO_2S^- \tag{2-31}$$

$$R_3N+HCO_2S^- + H_2O \Longrightarrow R_3NH^+ + HS^- + HCO_3^- \tag{2-32}$$

MDEA 水溶液脱除 COS 主要是靠水解和物理溶解，因此在要求深度脱除 COS 的场合，必须串接一个保证深度脱除 COS 的其他工艺方法，或采用其他添加剂组合使净化气达标。

二、工艺流程

醇胺法脱硫装置典型的工艺流程如图 2-1 所示。

主要包括吸收、闪蒸、换热及再生部分。其中，吸收部分将天然气中的酸性组分脱除至规定指标；闪蒸用于除去富液中的烃类，以降低酸气中烃含量；换热部分以富液回收热贫液的热量；再生部分将富液中的酸气解吸出来以恢复其脱硫性能。

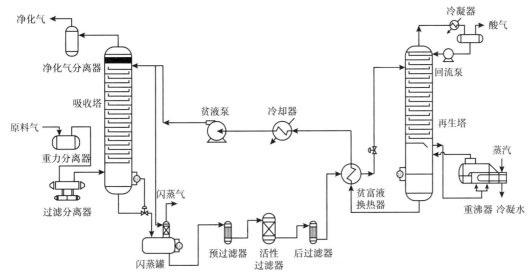

图 2-1　醇胺法脱硫装置典型的工艺流程

脱硫装置的主要设备有：（1）吸收塔——大型装置多使用浮阀塔，小型装置主要采用填料塔或筛板塔；（2）再生塔——主要有板式塔和填料塔，顶部没有回流入塔；（3）重沸器——主要有热虹吸式和釜式重沸器。

配套设备有：（1）闪蒸罐——宜用卧式并有分油设施，鉴于在闪蒸出烃的同时还伴有 H_2S，应在罐上部设吸收段以一小股贫液处理；（2）过滤器——主要有袋式过滤器和活性碳过滤器；（3）贫富液换热器—— 一般富液走管程，贫液走壳程。

第二节　醇胺法脱硫脱碳技术分类及应用

MDEA 自问世以来，由于其具有对酸性组分良好的脱除性能、不易变质降解、腐蚀低等优点，得到了迅速推广应用。但随着天然气田开发情况的变化，单纯的 MDEA 脱硫溶剂逐渐难以适应生产需求：（1）随着气田的开采，原料天然气的组成愈加复杂，且国家的管输标准越来越严格；（2）需要改善溶剂在各类工况条件下的操作性能，如溶剂降解、设备腐蚀、溶液发泡等，实现装置的长周期平稳运行；（3）我国已将节能减排作为一项重要考核指标，需尽可能降低净化装置的能耗。近年来，以 MDEA 配方型溶剂为代表的高性能脱硫脱碳溶剂逐渐成为研究方向和应用趋势。

一、选择性脱硫技术

选择性脱硫是指在气体中同时存在 H_2S 和 CO_2 的条件下，几乎全部脱除 H_2S 而仅吸收部分 CO_2 的技术。采用选择性脱硫技术，不仅能降低装置溶液循环量，减少溶液再生能耗，而且还可增加酸气中 H_2S 浓度，有利于硫黄回收装置硫收率的提高。

工业上需要进行脱硫脱碳处理的原料气类型十分复杂。以我国当前生产面临的天然气气质为例，按其脱硫脱碳的不同要求至少有以下 2 种比较特殊的类型。

（1）原料气中 H_2S 和 CO_2 的含量均不高，尤其是 CO_2 的含量低于我国商品天然气国家标准 GB 17820—2018《天然气》规定的 3%（体积分数）的指标（一类气），但 CO_2/H_2S 比例甚高（超过 10，甚至达到 100 以上）。这种气质对醇胺溶剂的要求是在保证 H_2S 净化度的前提下，尽可能加强溶剂的选吸功能以降低能耗，并改善进入硫黄回收装置的酸气质量。

（2）当原料气中 H_2S 含量很低，但 CO_2 含量较高且超过 3%（体积分数）时，CO_2/H_2S 数值相当高（超过 100）。这种气质对醇胺溶剂的要求是不仅具有良好的选吸性能，也要求有一定的脱碳能力。

开发选择性脱硫溶剂的原动力是为了获得适合克劳斯工艺处理的酸气。特定醇胺溶剂及助剂是实现选吸的关键因素，开发新型选择性吸收的位阻胺或者在 MDEA 中添加能抑制 CO_2 吸收速率的活性添加剂成为选择性脱硫溶剂研发的主要方向。

1. MDEA 配方型选择性脱硫技术

MDEA 配方型选择性脱硫溶剂目前在天然气净化领域主要应用在以下四个方面：（1）用于高 CO_2/H_2S 天然气的净化处理；（2）酸气提浓；（3）压力选吸；（4）常压选吸。

在国外，DOW 化学等公司相继开发出了系列配方型选择性脱硫溶剂。表 2-1 列出了这些配方溶剂的牌号及其应用范围。

表 2-1 国内外系列配方溶剂的牌号及其应用范围

公司名称	牌号	应用范围
DOW	Ucarsol HS 101	选择性脱除 H_2S，主要应用于天然气、炼厂气、尾气或各种石化工业气体的净化
	Ucarsol HS 102	选择性脱除 H_2S，针对低压和高压气体处理有不同的配方，尤其胜任于低压气体净化
	Ucarsol HS 103	选择性脱除 H_2S，主要用于尾气处理，其特定配方可使净化气 H_2S 量达到极低，从而节省尾气处理装置焚烧部分
	Ucarsol HS 104	用于从含 H_2S 和 CO_2 很高的气体中选择性脱除 H_2S，其独特配方可将液烃或天然气中的 COS 脱除
	Gas/Spec SS-2	选择性脱除 H_2S
	Gas/Spec SS	选择性脱除 H_2S，广泛应用于天然气、炼厂气和合成气脱硫
UOP	Amine Guard FS	在 CO_2/H_2S 较高时，能高选择性脱除 H_2S，用于管道气及克劳斯废气处理
中国石油西南油气田天然气研究院	CT8-5	CO_2 脱除率较 MDEA 降低 5%~10%，能耗更低，溶液抗发泡能力更好
	CT8-16	在降低 CO_2 脱除率的同时进一步提高 H_2S 净化度并降低能耗

注：DOW 化学公司溶剂产品已被英国 INEOS 公司收购。

某净化厂采用 Gas/Spec SS 溶剂处理 $4.8\times10^4 m^3/d$ 的天然气，经处理后净化气 H_2S 含量小于 4×10^{-6}（体积分数），耗能 9.54GJ/h。而采用 DEA，该装置仅可处理 $3.68\times10^4 m^3/d$ 的天然气，耗能则高达 17.0GJ/h。由于 Gas/Spec SS 溶剂具有的选择性脱硫能力，在耗能降低 56% 的情况下仍可多处理 33% 的气体，因而该净化厂又将其另一套 DEA 装置改为使用 Gas/Spec SS 溶剂，使产能从 $5.95×10^4 m^3/d$ 增至 $7.08×10^4 m^3/d$，而无需增加任何设备。

在国内，一些单位也研究开发出了以 MDEA 为基础的配方脱硫溶剂，并得到了较好的推广应用。如中国石油西南油气田天然气研究院（后文简称西南油气田天然气研究院）研究开发的 CT8-5 选择性脱硫溶剂目前在天然气净化领域得到了大规模的推广应用，年处理含硫天然气超过 $100×10^8 m^3$，取得了良好的经济和社会效益。以中国石油西南油气田天然气净化总厂遂宁天然气净化公司为例，该厂 $1200×10^4 m^3/d$ 及 $1800×10^4 m^3/d$ 装置均采用 CT8-5 选择性脱硫溶剂，自 2013 年以来运行至今效果良好，可满足 GB 17820—2018《天然气》一类气指标要求。

2．位阻胺选择性脱硫技术

1）国外研究及应用现状

空间位阻胺是由氨分子（NH_3）上的氢原子被体积较大的烷基或其他基团取代后形成的胺类，这些大基团的引入，使醇胺分子具有了显著的空间位阻效应，限制了其与 CO_2 的反应，同时保留了与 H_2S 反应的良好活性。根据空间位阻效应的概念，美国 Exxon 研究与工程公司详细研究了在醇胺分子中的氨基（$—NH_2$）上引入不同有机基团对选吸效果的影响，并提出可以用 Taft 空间位阻常数 $-E_s$ 来加以衡量。研究表明，氨基上的 H 原子被空间位阻常数大于 1.74 的基团取代后，就能得到选吸效果比 MDEA 优良的空间位阻胺。不同烷基的 Taft 常数见表 2-2。

表 2-2　一些基团的 Taft 空间位阻常数

基团名称	结构式	Taft 空间位阻常数 $-E_s$
甲基	$CH_3—$	0
乙基	$CH_3—CH_2—$	0.07
正丙基	$CH_3—CH_2—CH_2—$	0.36
正丁基	$CH_3—CH_2—CH_2—CH_2—$	0.39
异丁基	$CH_3—CH—CH_2—$ （CH_3）	0.93
异丙基	$CH_3—CH—$ （CH_3）	0.47
另丁基	$CH_3—CH_2—CH—$ （CH_3）	1.13
叔丁基	$CH_3—C—$ （CH_3, CH_3）	1.74
另戊基	$CH_3—CH_2—CH—CH_2—CH_3$	1.98

　　Guido Sartori 等在实验室建立了一套空间位阻胺评价装置，测定了几十种空间位阻胺吸收酸性气体的性能，并提出了近百种具有空间位阻效应的有机胺类化合物。Eugene L. Stogryn 等提出了一组空间位阻胺化合物，并研究了三种空间位阻胺吸收酸性气体的效果，其吸收能力较普通醇胺明显增加。W. S. Winston Ho 等还研究了在 MDEA 中添加空间位阻胺盐和/或空间位阻氨基酸的溶液吸收酸性气体的效果，结果表明所研究溶液对 H_2S 也具有较高的选择性。Iijima 等开发出了吸收 CO_2 的空间位阻胺，同 MDEA 相比具有较高的吸收负荷。

　　国外在实验室内系统研究过的几种空间位阻胺的主要性能见表2-3。表中数据说明，其 pK_a 值均大于 10，比 MDEA(pK_a 值为 8.5)高；而且由于空间位阻效应的影响，它们对 H_2S 的选择性也都优于 MDEA($-E_s$ 为 0.79)。除了空间位阻仲醇胺外，空间位阻二氨基醚也具有比 MDEA 更高的选择性。此外，某些碱性的天然有机化合物，由于其 N 原子上连接了具有强烈空间位阻效应的基团，如莨菪碱(tropine)、9-甲基石榴皮丹宁醇、N-(3-羟丙基)吡啶、N-(3-羟丙基)吖丁啶等，作为脱硫溶剂也具有良好的选择性。

表 2-3　几种空间位阻胺的性质

名称	pK_a(20℃)	沸点[℃(kPa)]	$-E_s$
叔丁胺基乙醇	10.2	90 (3.3)	2.10
叔丁胺基正丙醇	11.1	106 (2.7)	2.13
叔丁胺基异丁醇	10.8	90 (1.3)	2.70
叔丁胺基异丙醇	10.6	85 (2.7)	2.67
叔丁胺基异丙基乙氧基丁醇	10.6	122 (2.5)	2.67
异丙胺基异丙乙氧基丁醇	10.4	119 (2.5)	1.86
3-N-2,2-二甲基己二醇	10.1	125 (0.1)	2.13

　　在空间位阻胺的工业应用方面，由 Exxon 公司研制的牌号为 Flexsorb 的系列空间位阻胺脱硫脱碳溶剂(Flexsorb SE 和 Flexsorb SE+)，为目前应用最广泛的空间位阻胺溶剂，主要应用于天然气脱硫、SCOT 法尾气处理和酸气提浓等选择性脱除气体中的 H_2S 的场合。

　　加拿大 Mcgregor Lake 天然气净化厂采用了 Flexsorb SE+溶剂进行酸气提浓。该厂处理的天然气中含有约 20% 的 CO_2 和 0.31% 的 H_2S；采用 MDEA 处理后，酸气中 H_2S 含量为 1%，无法满足硫黄回收装置的进气要求。后通过 Flexsorb SE+对酸气进行提浓处理，提浓后酸气中 H_2S 含量达到 20%，满足了硫黄回收装置的要求，CO_2 排放气中 H_2S 含量也达到了小于 $16mL/m^3$ 的要求。

　　2) 国内研究及应用现状

　　在国内，西南油气田天然气研究院在 20 世纪 80 年代末开展了空间位阻胺的合成研究。华东理工大学李晓等也合成了代号为"ZH"和"ZW"的两种空间位阻胺溶剂，并对其选择性吸收 H_2S 性能等方面进行了考察和评价，认为 ZH2# 空间位阻胺溶剂及与 MDEA

复配后的溶剂均具有高选择性。南京理工大学陆建刚等研究了一种空间位阻胺-MDEA 混合溶剂，考察其在不同溶剂配比、不同贫液温度、不同酸气负荷等条件下吸收酸性气体的性能。对于空间位阻胺的应用，国内多见于化工厂，特别是在合成氨装置上采用空间位阻胺来活化热钾碱溶液，以增强溶液脱除 CO_2 的能力。目前只有西南油气田公司天然气研究院将空间位阻胺脱硫溶剂成功应用于天然气净化厂尾气处理装置。表 2-4 为 CT8-16 空间位阻胺脱硫溶剂在仪陇天然气净化厂尾气处理单元的工业应用数据。

表 2-4　CT8-16 脱硫脱碳性能考核数据

序号	循环量 (m^3/h)	原料尾气		净化尾气		贫液		CO_2 共吸收率 (%)
		H_2S (%)	CO_2 (%)	H_2S (mg/m^3)	CO_2 (%)	H_2S (g/L)	CO_2 (g/L)	
1	80.15	3.96	27.22	29.01	23.91	0.04	0.01	12.17
2	79.94	1.17	31.82	15.62	27.25	0.06	0.02	14.68
3	79.99	1.10	36.79	12.10	32.42	0.10	0.05	11.89

二、脱硫脱碳技术

当原料气中 CO_2 含量较高，采用 MDEA 无法使净化气达到规定的管输要求，或需要将净化气中 CO_2 脱除到较低水平，以满足下游化工要求时，可采用脱硫脱碳技术。目前脱硫脱碳技术主要有混合胺脱硫脱碳技术和活化 MDEA 脱硫脱碳技术。

1. 混合胺脱硫脱碳技术

目前工业装置采用的混合胺脱硫脱碳溶剂多以 MDEA 为主剂，加入一定量的 MEA 或 DEA，以克服 MDEA 与 CO_2 反应慢的问题。混合胺溶剂既保留了伯胺或仲胺良好的脱 CO_2 的能力，又保留了 MDEA 低腐蚀和节能的效果。

在混合胺的研究开发方面，Dow 化学公司开发出了 Gas/Spec CS-3、Gas/Spec CS-Plus 等混合胺溶剂，Bryan 公司也开发出 MDEA/DEA 混合溶剂产品。国内西南油气田天然气研究院也开展了混合胺脱硫脱碳技术的研究，开发出混合胺溶剂 CT8-9，其在常压下对 CO_2 的脱除率在30%~90%内可调(图 2-2)，从而满足不同脱碳要求。

在混合胺的工业应用方面，国内外均有不少应用实例，下面以 Union Pacific 公司得克萨斯天然气净化厂为例进行说明。该厂脱硫装置原设计使用35%DEA 水溶液，处理$100×10^4m^3/d$，CO_2含量为2.91%的原料天然气。由于气田的产气量不断增加，同时由于原料天然气中 CO_2 的含量上升至3.5%，净化气 CO_2 含量超过了0.35%的指标，导致原装置不能满足净化需要，并且富液负荷升高还带来了腐蚀问题。

为了提高装置的处理能力，经对各种方案对比后，最后该厂选择了将原用的 DEA 溶剂换为 Bryan 公司开发的 MDEA/DEA 混合溶剂的方案。方案对装置不进行任何的变更，只是在装置原使用的 DEA 溶液中逐步添加 MDEA，最终将脱硫溶剂调整到 15%MDEA+35%DEA。溶剂更换后该厂的操作一切正常，净化气中 CO_2 的含量低于0.1%，腐蚀也得

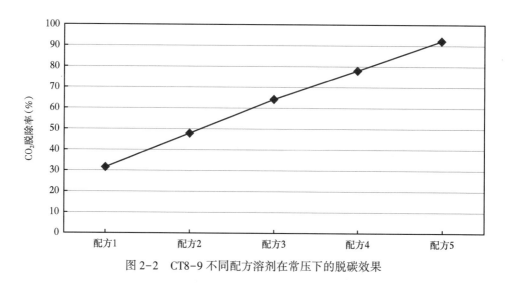

图 2-2　CT8-9 不同配方溶剂在常压下的脱碳效果

以改善。结果是不仅使产品气达到了指标，同时在未增加设备的基础上，大大提高了装置的处理能力。

2001 年西南油气田天然气研究院研发的 CT8-9 混合胺在大庆石化二厂丁辛醇车间脱硫装置应用，该厂含硫合成气组成中 H_2S 含量约为 0.07%（体积分数），CO_2 含量约为 4.04%（体积分数），温度约 55℃，压力为 3.0MPa，干气流量为 9384m^3/h，最初采用的是 DEA 脱碳溶剂。表 2-5 为更换为 CT8-9 后该厂实际的运行数据。

表 2-5　更换溶剂前后的操作条件及脱硫脱碳效果

操作条件		DEA 溶液（质量分数为 25%）	CT8-9 溶液（质量分数为 30%）
循环量（t/h）		20	20
再生塔操作温度（℃）		118~125	120~122
操作压力（MPa）		0.088	0.088
蒸气平均使用量（kg/h）		2500	2200
再生塔液位		70%~98%	70%~98%
再生塔冷后温度（℃）		40	38
原料气	H_2S（%）	0.070	0.035
	CO_2（%）	5.12	5.46
	COS（mL/m^3）	32	30
净化气	H_2S（mL/m^3）	<1	<1
	CO_2（%）	0.06	0.06
	COS（mL/m^3）	<4	<4

从表 2-5 可知，更换溶剂后脱硫脱碳效果与 DEA 相当，蒸汽用量每小时减少 300kg，以年运行 8000h，蒸汽 150 元/t 计算，仅蒸汽一项每年可节约成本 36 万元。

2. 活化 MDEA 脱硫脱碳技术

该技术以 MDEA 为基础，通过向其中添加一定配比的特殊活化剂来加快溶液对 CO_2 的吸收速率，使得溶液对 CO_2 的吸收能力大幅度提升。同时由于活化剂在分子结构及化学性质上的特殊性，其与 CO_2 反应形成亚稳态的氨基甲酸盐，便于解吸，使得再生能耗相对较低，同时也在一定程度上改善了溶液降解变质的情况。

在活化 MDEA 脱硫脱碳技术的研究开发方面，德国 BASF 公司开发出一种以 MDEA 水溶液为基础脱除 CO_2 的低能耗技术。该技术是通过向 MDEA 水溶液添加一定量的活化剂来增加溶液吸收 CO_2 的速率，最初活化 MDEA 技术主要应用于氨厂脱碳工艺过程。BASF 公司和法国 Elf 公司对工艺进行改进后也开始应用于天然气净化领域，目前已成为应用范围较广的脱硫脱碳技术。BASF 公司的活化 MDEA 工艺有 6 种溶剂配方，分别标以 aMDEA01 ~ aMDEA06，它们是在 MDEA 中加入不同含量活化剂构成的，在一般天然气脱硫脱碳应用中常选择具有类似物理溶剂吸收性质的 aMDEA01 ~ aMDEA03 溶剂，在进料气相对较高的 CO_2 分压下脱除 CO_2。Elf 公司开发的活化 MDEA 称之为 Elf aMDEA 工艺，目前也形成了多个溶剂配方。

西南油气田天然气研究院也开展了活化 MDEA 脱硫脱碳技术的研究，并形成了 3 种溶剂配方，其脱碳性能如图 2-3 所示。

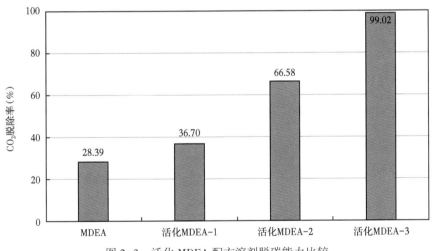

图 2-3　活化 MDEA 配方溶剂脱碳能力比较

从图 2-3 可以看出，活化 MDEA-1 对 CO_2 的脱除率为 36.70%，活化 MDEA-2 为 66.58%，活化 MDEA-3 为 99.02%。活化 MDEA-1 溶剂具有一般脱碳能力，活化 MDEA-2 具有中等脱碳能力，活化 MDEA-3 具有深度脱碳能力。因此，可以通过调整活化 MDEA 配方的组成，满足不同程度的脱碳需求。

在活化 MDEA 工业应用方面，国内外均有不少应用实例。表 2-6 列出了各国公司开发的活化 MDEA 的应用实例。

表 2-6　各国公司开发的活化 MDEA 应用实例

公司	流程	溶剂	处理量 ($10^4 m^3/d$)	压力 (MPa)	酸气含量 (体积分数)	装置能耗 (MJ/kmol CO_2)
匈牙利 Chemkom Plex	一级吸收，三级闪蒸	02	96.3	5.8	26%CO_2，$30\times10^{-6}H_2S$	21
委内瑞拉 Lagoven	一级吸收，二级闪蒸、汽提	02	2×65.4	3.6	20.5%CO_2，$500\times10^{-6}H_2S$	93
克罗地亚 INA Napthaplin	二级吸收，二级闪蒸、汽提	02	509.8	5.5	21.7%CO_2，$150\times10^{-6}H_2S$	21
英国 Mobil 石油	一级吸收，二级闪蒸、汽提	01	2×1161.1	7.0	8.0%CO_2，$25\times10^{-6}H_2S$	89
日本 Teikoku 石油	一级吸收，二级闪蒸、汽提	03	136.8	7.4	6.7%CO_2	97
英国 British Gas	一级吸收，二级闪蒸、汽提	03	2×849.6	8.3	5.9%CO_2	96

下面给出了 Elf aMDEA 工艺处理高含 H_2S 酸性天然气的应用实例。加拿大 Alberta 天然气净化厂其气体组成见表 2-7，要求净化气中 H_2S 低于 $4mg/m^3$，CO_2 低于 2.0%。该厂原来采用 30%DEA 水溶液，重沸器的热负荷为 135 MW。为了降低能耗，更换为 Elf aMDEA，溶液浓度为 48%，并对装置进行了改造，增加了闪蒸再生部分（改造后的工艺流程如图 2-4 所示）。改造后的装置中，只有 1/3 的富液进行热再生，因此重沸器的热负荷降至 46MW。这样仅使用 1/3 的克劳斯装置蒸汽量即可，而每套装置也只需一个再生塔。

表 2-7　加拿大 Alberta 天然气净化厂气体组成（干基）

组分	含量［%（体积分数）］	组分	含量［%（体积分数）］
H_2S	34.9	丙烷	0.1
CO_2	7.5	丁烷	0.1
甲烷	56.5	C_5^+	0.3
乙烷	0.6	压力（MPa）	6.89

在国内，西南油气田天然气研究院开发的 CT8-23 活化 MDEA 溶剂已成功在荣县天然气净化厂提氦装置脱碳单元应用，运行至今情况良好。表 2-8 为 CT8-23 活化 MDEA 溶剂在该厂应用时的实际运行数据。

从表 2-8 数据可以看出：在吸收压力、处理气量、贫液入塔温度基本稳定的情况下，随着溶液循环量的降低，溶剂负荷增加，即循环量下降 32%，仍能达到深度脱除 CO_2 的目的。

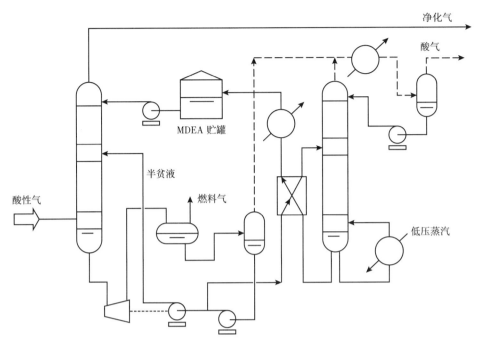

图 2-4　Alberta 净化厂采用 Elf 活化 MDEA 的工艺流程

表 2-8　不同循环量下 CT8-23 溶剂的吸收性能数据

吸收压力 （MPa）	处理量 （m³/h）	溶液循环量 （m³/h）	贫液温度 （℃）	原料气中 CO₂ [%（摩尔分数）]	净化气中 CO₂	
					质量浓度 （mg/m³）	体积分数 （10⁻⁶）
1.92	6.249	12.0	35.9	2.76	8.13	4.44
1.88	6.237	11.9	36.2	2.79	8.53	4.66
1.91	6.248	10.2	35.8	2.74	11.31	6.18
2.03	6.329	9.8	36.5	2.73	11.40	6.22
2.01	6.317	8.6	37.0	2.70	12.35	7.84
2.11	6.401	8.2	37.6	2.71	13.71	7.49

三、有机硫脱除技术

大多数含硫天然气和炼厂气中均含有一定量的有机硫化合物，主要形态以硫醇、羰基硫（COS）和二硫化碳（CS₂）等形态存在。由于有机硫化合物对环境保护、设备腐蚀、人体健康都有影响，故各国对商品气中有机硫的含量（或总硫）均做了严格的规定，也引发了国内外各公司和研究院所的重点关注。近年来这类配方溶剂的开发相当活跃，并在工业上逐步推广。此类溶剂的配方必须根据原料气条件、净化装置工况、商品气要求因素，按"量体裁衣"的原则来确定。

对有机硫的脱除可采用醇胺复配物理溶剂的方法，在压力较高的条件下可满足对有机硫较好地脱除，其中以 Shell 公司开发的 Sulfinol-D、Sulfinol-M 和 Sulfionl-X 应用最为普遍。表2-9 为美国 Sulfinol-D 工业装置的运转数据。

表 2-9　美国 Sulfinol-D 工业装置的运转数据

工厂		A	B	C	D
原料气	流量（$10^4 m^3/d$）	90	420	141	420
	压力（MPa）	6.8	6.8	6.8	6.8
	H_2S（mg/m^3）	1.60%[①]	146	621	437
	CO_2（%）	6.90	3.30	9.16	6.81
	COS［10^{-6}（体积分数）］	7	—	—	—
	RSH（mg/m^3）	19×10^{-6}	17.3	4.6	
	总烃（%）	91.00	96.33	89.88	91.40
净化气	CO_2（%）	—	0.3	0.3	0.3
	H_2S（mg/m^3）	2.30~13.80	5.75	5.75	5.75
	RSH（mg/m^3）	—	0.75	—	—
	循环量（m^3/h）	71.8~76.4[②]	—	—	—
	酸气负荷（m^3/m^3）	44.5			

①此处以百分含量计。
②相应的气液比为 522~491。

近来 Shell 公司针对 LNG 净化成功开发了 Sulfinol-X 溶剂，据文献报道该溶剂比 Sulfinol-D 的脱硫脱碳性能更进一步，表2-10 和表2-11 为该溶剂的中试数据。目前该溶剂在川东北作业公司宣汉净化厂实现了工业应用。

表 2-10　Sulfinol-D 与 Sulfinol-X 脱 COS 的对比数据

溶剂类型	溶液循环相对量（%）	净化气中 COS 含量（mL/m^3）
Sulfinol-D	100	3.1
Sulfinol-X	100	未检出
	80	未检出
	60	1.2

表 2-11　Sulfinol-D 与 Sulfinol-X 烃损失的对比数据

溶剂类型	原料气中烃分压（bar）		烃损失（%）
Sulfinol-D	nC_4	0.100	1.30
Sulfinol-X	nC_4	0.100	0.48
Sulfion-D	iC_4	0.072	1.60
Sulfinol-X	iC_4	0.072	0.85

鉴于气田开发过程中原料气的组成中有机硫的含量有升高趋势，为满足管输及液化要求，国内外的研究机构也纷纷开展醇胺法脱除有机硫的研究，国内外有机硫脱除溶剂产品

见表2-12。

表 2-12　国内外有机硫脱除溶剂

序号	公司名称	商品牌号	产品特点
1	Dow	UCARSOL HYBRID 700 & 900 SERIES	基于 MDEA 的配方溶剂，脱硫脱碳的同时，对有机硫也有较好的脱除效果
2	INOES	GAS/SPEC CS-Plus	对硫醇的脱除效果较好
3	BASF	New aMDEA	可深度脱除 CO_2 及 COS，具有较好的缓蚀性，但对硫醇的脱除性能有限
4	Shell	Sulfinol-M	压力下选择脱除 H_2S 及有机硫
		Sulfinol-D	在高压下对气体中的 H_2S、CO_2 及有机硫的脱除性能佳
		Sulfinol-X	可用于 LNG 深度脱硫脱碳脱有机硫
5	中国石油西南油气田公司天然气研究院	CT8-20	高含硫天然气脱除 H_2S 和有机硫
		CT8-21	物理溶剂法脱除有机硫
		CT8-22	串级 SCOT 工艺有机硫脱除
		CT8-24	选择性脱除 H_2S，大量脱除有机硫
		CT8-25	用于 LNG 深度脱硫脱碳脱有机硫

四、主要工艺参数影响分析

醇胺法脱硫装置主要工艺操作参数有：吸收压力、气体处理量、溶液循环量、吸收塔板数、贫液温度、溶液胺浓度、再生塔顶温度等。

（1）吸收压力高对 H_2S 和有机硫的吸收有利。

（2）对已有的装置来说，处理量过大，气速太高，易造成吸收塔拦液，引起净化气不合格。

（3）溶液循环量过低，酸气负荷高，易导致净化气不合格；溶液循环量过高，会使再生能耗增加。

（4）吸收塔板数过低易导致净化气不合格，吸收塔板数过高，溶液的选择性变差。

（5）降低贫液温度有利于 H_2S 的吸收和选择性的提高。

（6）溶液胺浓度过低，酸气负荷增大，易导致净化气不合格。

（7）再生塔顶温度低，溶液再生效果差，易使净化气 H_2S 含量升高。

对脱硫溶液选择性有影响的工艺条件有：气液比及贫液入塔层数。

（1）在保证净化气中 H_2S 含量合格的前提下，提高气液比可以改善选择性。

（2）在保证净化气中 H_2S 含量合格的前提下，降低贫液入塔层数可以改善溶液的选择性脱硫性能。

引起净化度不合格的因素主要有：

（1）溶液循环量偏小，气液比控制不当。

（2）贫液再生质量不合格。

（3）贫液入塔温度偏高，吸收效果差。

（4）溶液胺浓度偏低。

（5）溶液发泡。

（6）操作压力波动大。

第三节　醇胺法脱硫脱碳技术新进展

近年来，在醇胺法天然气的净化处理中，根据不同的气质、不同的净化要求，具有针对性的各种溶剂和工艺技术不断涌现，既满足了生产的需要，又促进了气体净化技术的发展。

一、工艺和设备

1. 超重力技术用于选择性脱硫取得重要进展

由于醇胺溶液对 H_2S 和 CO_2 的吸收反应存在较大的动力学差异，可采用特殊的反应器对 H_2S 实现更高的选择性脱除。近年来超重力旋转床吸收反应器已经开始应用于酸气脱除领域，并已被证明相较传统塔式吸收反应器具有体积小、气液比大、可实现更高的脱硫效率和选择性等优点，具有很好的工业化应用潜力。

北京化工大学超重力工程中心近年来利用旋转填充床反应器进行了一系列 H_2S 的超重力选择性脱除研究。李华等通过实验考察了 MDEA 的浓度、气速、液量、转速等对脱硫效果的影响，发现当 CO_2/H_2S 比值为 9、温度为 20℃、气液比为 200、转速为 1100r/min、MDEA 浓度为 10% 时，H_2S 脱除率达到 99.5%，选择性因子为 15。万博等在实验室条件下，采用旋转填充床为反应器，分别以脱硫与选择性因子为评价指标，比较位阻胺 TBEE 溶液与 MDEA 溶液的脱硫效果，并考察了旋转填充床转速、醇胺浓度、胺液流量、气液比、吸收温度等对 TBEE 脱硫性能的影响；在普光气田高压（8MPa）条件下，进行旋转填充床侧线试验，比较了复合胺与 MDEA 脱硫性能，并将旋转填充床与填料塔的填料尺寸与脱硫效果进行对比。结果表明，在超重力条件下，TBEE 溶液的脱硫率和选择性仍然高于 MDEA 溶液，胺浓度的增加在提高脱硫率的同时会降低选择性；增加转速有利于提高脱硫率但不利于提升选择性；气液比扩大对脱硫率影响较小，但能大大提高选择性；温度的升高降低了脱硫率与选择性。当 CO_2/H_2S 比值为 10、温度为 30℃、气液比为 200、转速为 1200r/min、TBEE 浓度为 5% 时，H_2S 脱除率高于 99%、选择性因子在 22~28 之间。

西南油气田天然气研究院还研究了 MDEA 在超重力条件下对硫黄回收加氢尾气的脱硫脱碳性能，结果见表 2-13。

表 2-13　超重力反应器与工业装置比较

项目	气液比	尾气		净化后尾气		CO_2 共吸率（%）
		H_2S（%）	CO_2（%）	H_2S（mg/m³）	CO_2（%）	
某净化厂尾气处理装置	150	0.99	35.42	42.60	28.64	19.14
超重力脱硫装置	150	1.22	37.84	11.84	22.79	39.77
超重力脱硫装置	300	1.13	36.46	50.61	30.11	17.41

从表2-13的数据可以看出，在气液比150条件下，MDEA在超重力环境下的脱硫性能高于工业装置传统吸收塔，净化后尾气H_2S含量达到11.84mg/m^3；当气液比增加到300时，净化后尾气中H_2S含量与工业装置相当，而CO_2共吸率低于工业装置运行数据，达到17.41%。从以上分析可知，对于硫黄回收加氢尾气这样的低压气体处理，超重力反应器相对于工业装置塔器设备脱硫而言，在相同H_2S净化效果的情况下，溶液循环量可以降低50%，从而有利于降低整个工艺过程溶液再生能耗。

2. 纤维膜反应器技术取得重要进展

纤维膜反应器技术近年来也开始用于酸性气体脱除研究领域。其分离原理是在分离过程中，气体与吸收剂位于膜的两侧，天然气中的酸性组分可选择性透过高分子气体分离膜的微孔从而进入液相，即天然气原料流经膜表面时，其中的酸性组分如H_2S和CO_2优先通过分离膜而被脱除。相比塔式吸收工艺，膜分离工艺可实现更大的传质面积从而降低装置体积并且实现独立的气液控制，从而避免泛液和雾沫夹带等问题。

伊朗谢里夫理工大学Mahdi Hedayat等研究了利用中空纤维膜反应器及醇胺溶液脱除天然气中H_2S和CO_2，通过实验评测了PVDF和PSF中空纤维膜及MDEA（或复配DEA、DEA）溶液的脱除性能。其中，PSF纤维膜和MDEA溶液的组合取得了较好的脱硫选择性：在H_2S为2.2mL/m^3、CO_2为6%（体积分数）、MDEA浓度1.84mol/L、温度45℃、压力60kPa条件下，H_2S脱除率为80.3%、脱硫选择性因子达到28.5。

另外，为了保证净化气体的质量，可将膜分离技术与醇胺溶剂法结合，组成串级处理流程，充分发挥两种技术各自特有的优势。有文献报道，美国一套天然气处理装置采用膜法—胺法串级流程处理H_2S为20%的天然气，原料气先通过SeParex膜分离器将其中的H_2S降至3%，然后进一步通过醇胺法处理，酸气中的H_2S可达71.6%。

二、溶剂

1. LNG深度脱硫脱碳溶剂

近年来中国石油海外油气业务发展迅猛，尤其是LNG。天然气液化前必须经过严格的深度净化处理，而原料气脱硫脱碳是预处理流程的重要环节，也是首要步骤。目前我国LNG液化前在经脱硫脱碳处理后气体气质技术指标须达到：H_2S含量不大于6mg/m^3，CO_2含量不大于0.01%，总硫含量不大于20mg/m^3，西南油气田天然气研究院针对中国石油伊朗南帕斯气田含硫原料气中乙硫醇含量较高的特点，开发出CT8-25脱硫溶剂。根据室内评价实验结果，在相同的评价条件下，CT8-25溶剂对H_2S、CO_2和有机硫的脱除性能优于Sulfinol-D。

2. 有机硫脱除溶剂

1）高酸性天然气有机硫脱除溶剂

随着天然气气质标准的日益严格，对天然气中有机硫脱除技术的研究受到了普遍关注。有机硫化合物主要有二硫化碳（CS_2）、羰基硫（COS）、硫醇（RSH）、硫醚（RSR）及二硫醚（RSSR）等，而天然气中所含有机硫通常以羰基硫和硫醇为主。

西南油气田天然气研究院对高酸性天然气中有机硫的脱除技术进行了研究，开发出适用于高酸性天然气的有机硫脱除溶剂 CT8-20。从表 2-14 可以看出，在两种气液比下，CT8-20 对有机硫脱除率达到 85% 以上。

表 2-14　CT8-20 有机硫脱除溶剂脱除高酸性天然气中有机硫的效果

气液比（V/V）	吸收压力（MPa）	原料气			净化气			有机硫脱除率（%）
		H_2S（%）	CO_2（%）	有机硫（mg/m^3）	H_2S（mg/m^3）	CO_2（%）	有机硫（mg/m^3）	
260	6	14.21	8.33	582.06	4.67	1.17	62.33	89.29
290	6	13.78	8.13	598.89	9.62	1.55	79.58	86.71

2）物理—化学脱硫溶剂

西南油气田天然气研究院研发出 CT8-24 高效有机硫脱除溶剂，已在处理量为 $1.0 \times 10^4 m^3/d$ 的有机硫脱除中试装置上进行了试验和应用。结果表明，该溶剂体系具有较高的酸气负荷和高净化度，对有机硫的脱除性能优于 Sulfinol-M。目前该溶剂已在西南油气田公司天然气净化总厂安岳天然气净化公司实现了工业应用。

第三章 液相氧化还原法脱硫技术

国内外存在的液相氧化脱硫的方法非常多。它具有以下优点：脱硫效率高，回收硫黄无二次污染，工艺可在常压或加压下进行，运行成本低，多数的脱硫催化剂均可再生。该方法在碱性条件下吸收 H_2S 后会生成硫氢化物、硫化物等，硫化物进入液相后在催化剂的作用下，发生氧化反应生成单质硫，再用空气对催化剂进行再生。常用的催化剂有氧化铁、氢氧化铁、铁氰化物、蒽醌二磺酸盐、苦味酸、对苯二酚、硫代砷酸的碱金属盐等。常用的碱性吸收液有 Na_2CO_3 溶液、氨水等。根据采用的氧化剂不同，典型的液相氧化还原脱硫工艺有砷基工艺、钒基工艺、铁基工艺等。

（1）砷基工艺脱除 H_2S。

砷基工艺在 1929 年由 Gollmar 和 Jacobsen 提出，到了 20 世纪 50 年代，美国 Koppers 公司将其实现了工业化。洗液由 K_2CO_3 或 Na_2CO_3 和 As_2O_3 组成，氧化剂是砷酸盐或硫代砷酸盐，其中主要成分是 $Na_4As_2S_5O_2$。改进的砷基工艺，洗液由钾或钠的砷酸盐及氢醌组成，硫化氢被砷酸盐氧化为硫代砷酸盐和亚砷酸盐，硫化氢可与亚砷酸盐反应生成硫代砷酸盐，其中氢醌作为氧化反应的催化剂。由于砷化合物有剧毒，同时该工艺存在脱硫效率低、操作复杂等缺点，该法目前在天然气净化行业已基本不用。

（2）钒基工艺脱除 H_2S。

钒基工艺中比较典型的是由美国西北煤气公司在 1959 年开发的 Streford 工艺。该工艺以钒基作为催化剂，碱性介质为碳酸盐，还原态钒的载体为蒽醌二磺酸钠（ADA）。该工艺存在的问题是硫颗粒质量差及回收困难易造成过滤器堵塞，对有机硫作用不大，生成的副产物造成化学药品耗量增大，脱硫废液处理困难易造成二次污染。国内在脱硫剂组成方面改进了 Streford 工艺。20 世纪 60 年代初四川化工厂等在 Streford 工艺的基础上联合开发了 ADA 工艺，后来又研究开发了改良 ADA 工艺，此工艺在碱性洗液中添加酒石酸钠或酒石酸钾来防止盐类生成，加入了少量 $FeCl_3$ 及乙二胺四乙酸螯合剂来稳定脱硫剂。

从综合利用森林资源的角度出发，20 世纪 70 年代末我国广西化工研究所等单位开始研究，后开发了以栲胶代替 ADA 的 TV 法，是我国特有的脱硫方法，同时也是目前国内使用较多的脱硫方法之一。TV 法主要有两种：碱性栲胶脱硫工艺和氨法栲胶脱硫工艺。其中由植物的果皮、果叶和果干的水萃液熬制获得栲胶，栲胶的主要成分丹宁具有酚式或醌式结构，它是化学结构复杂的多羟基芳烃化合物。TV 法的溶液是在碱性条件下栲胶络合钒配成溶液，比改良 ADA 法简单。此法具有脱硫液腐蚀性小，资源丰富，价格便宜，运行费用低等优点。广西化工研究院于 20 世纪 80 年代末研制出了 KCA（改良栲胶脱硫剂），比 TV 法使用方法更简单，脱硫性能更稳定。钒基工艺具有反应迅速、副反应少、不必外加络合剂等优点，但是存在脱硫剂成分复杂、不易检测等问题。

（3）铁基工艺脱除 H_2S。

络合铁法脱硫技术的开发研究始于 20 世纪 60 年代，开发初期由于存在催化剂降解、硫堵等问题，其应用普及程度不及其他脱硫方法，随着研究的不断深入，该技术在 20 世纪 80 年代后期开始迅速发展，大有后来居上之势，成为液相氧化还原脱硫的首选方法。相对于其他脱硫技术，络合铁法脱硫具有无毒、流程简单、脱硫效率高、工艺经济合理、单质硫回收纯度高等优点。

第一节　基本原理及流程

一、基本原理

络合铁法脱硫机理是以碱液（如 Na_2CO_3 溶液）吸收 H_2S，高价态络合铁将 HS^- 氧化为单质硫而自身被还原为低价态络合铁，再生反应是利用空气中的 O_2 将低价态络合铁氧化为高价态络合铁从而建立"吸收—氧化—再生"的循环脱硫体系。

其主要反应方程式如下：

$$H_2S+Na_2CO_3 \rule{0.5cm}{0.4pt}\!\!\!\!=\!\!\!\!\rule{0.5cm}{0.4pt} NaHCO_3+NaHS \tag{3-1}$$

$$HS^-+2Fe^{3+}（络合态）\rule{0.5cm}{0.4pt}\!\!\!\!=\!\!\!\!\rule{0.5cm}{0.4pt} 2Fe^{2+}（络合态）+\frac{1}{8}S_8+H^+ \tag{3-2}$$

$$2Fe^{2+}（络合态）+\frac{1}{2}O_2+H_2O \rule{0.5cm}{0.4pt}\!\!\!\!=\!\!\!\!\rule{0.5cm}{0.4pt} 2Fe^{3+}（络合态）+2OH^- \tag{3-3}$$

总反应方程式为：

$$H_2S+\frac{1}{2}O_2 \rule{0.5cm}{0.4pt}\!\!\!\!=\!\!\!\!\rule{0.5cm}{0.4pt} \frac{1}{8}S_8+H_2O \tag{3-4}$$

在总反应中，铁离子的作用是将电子从吸收反应侧输送到再生反应侧，每生成一个硫原子至少需要两个铁离子。从此角度而言，铁离子是一种反应物。然而，铁离子在总的反应中不消耗，它在 H_2S 和氧气反应中只起到了催化剂的作用。由于这种双重作用，铁离子络合物被称为催化反应物。

二、工艺流程

液相氧化还原脱硫有两种工艺流程：常规流程和自循环流程。常规流程是吸收反应和再生反应在不同的反应塔内进行（图 3-1）。含硫气体经分离器后进入吸收塔，在吸收塔内脱硫溶液与含硫气体接触，脱除气体中的硫化氢；吸收完硫化氢气体的溶液进入再生塔，再生塔内溶液在氧气作用下进行再生，同时生成硫黄。

自循环流程中硫化氢吸收、脱硫溶液再生在同一反应器内进行，自循环工艺原理流程如图 3-2 所示。酸气和空气分两路进入反应器，反应器分内区和外环区，内外区由一悬空的圆筒隔开，内区（内筒）上方为一个上下可调的锥面挡板。风强度（空塔线速）小的酸气进入内区，强度大的空气进入外环区。内区溶液向下流动与鼓泡向上的酸气逆流接触，

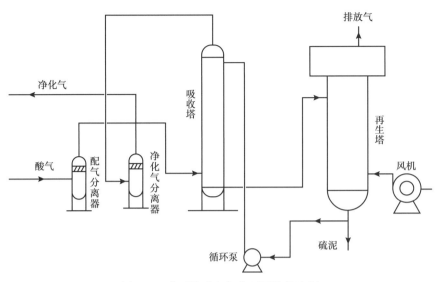

图 3-1　典型的液相氧化还原常规流程

脱除其中的 H$_2$S。脱硫后溶液从底部进入外环区，在外环区溶液被空气再生，再生好的脱硫液从上部重新进入内区完成自动循环。

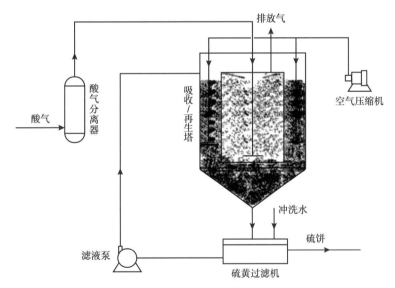

图 3-2　液相氧化还原自循环工艺流程

从图 3-1 和图 3-2 可以看出，常规流程可生产净化气，而自循环流程一般用于处理排放气中的硫化氢。由于净化度较高，净化气可以达到排放标准，自循环处理的净化气一般可直接排放大气。

第二节 液相氧化还原法脱硫技术及应用

一、栲胶法脱硫技术

栲胶法脱硫属于液相氧化法脱硫的一种，由广西化学研究所、广西林科院、百色橡胶厂三个单位于 20 世纪 70 年代开始协作开发，并在广西小化肥厂进行实验，是我国特有的脱硫技术，主要在我国化肥厂工业应用。基本原理是将原料气中的硫化氢吸收至溶液中，以催化剂为载氧体，使其氧化成单质硫，从而达到脱硫的目的。使用碱性栲胶水溶液，从气体中脱除硫化氢的工艺过程，称之为栲胶法脱硫。

栲胶是由许多结构相似的酚类衍生物组成的复杂混合物，商品栲胶中主要含有丹宁、非丹宁，以及水不溶物等。由于栲胶中含有较多较活泼的羟基和酚羟基，所以其有较强的吸氧能力，在脱硫过程中起着载氧的作用。在将栲胶配成碱性溶液并加空气处理后，丹宁发生降解，同时胶体大部分被破坏。在脱硫工艺过程中，上述酚类物质经空气再生氧化而成醌态，因其具有较高的电位，故能将低价钒氧化为高价钒，进而将吸收在溶液中的硫氢根氧化，析出单质硫。

主要化学反应方程式如下：

$$H_2S+Na_2CO_3 \Longrightarrow NaHCO_3+NaHS \tag{3-5}$$

$$NaHCO_3+NaHS+2NaVO_3 \Longrightarrow S+Na_2CO_3+Na_2V_2O_5+H_2O \tag{3-6}$$

同时生成的四价钒被氧化态栲胶立即氧化为五价钒：

$$2TQ（醌态栲胶）+Na_2V_2O_5+H_2O \Longrightarrow 2THQ（酚态栲胶）+2NaVO_3 \tag{3-7}$$

$$2THQ+\frac{1}{2}O_2 \Longrightarrow 2TQ+H_2O \tag{3-8}$$

酚在被氧化为醌的同时有双氧水生成，再生用式（3-9）至式（3-11）表达：

$$2THQ+O_2 \Longrightarrow 2TQ+H_2O_2 \tag{3-9}$$

$$H_2O_2+Na_2V_2O_5 \Longrightarrow 2NaVO_3+H_2O \tag{3-10}$$

$$2NaVO_3+H_2S \Longrightarrow S+Na_2V_2O_5+H_2O \tag{3-11}$$

二、ADA 法脱硫技术

蒽醌二磺酸钠法又称作 Streford 法，在我国被称为 ADA 法，最早由英国 Western Gas Board（现为 British Gas 公司）和 Cayton Aniline 公司于 20 世纪 50 年代成功开发，后推广应用于各种气体的脱硫，曾经有近千套装置在全世界运行。20 世纪 60 年代末，我国引进此工艺应用于焦炉气、煤气等气体的脱硫。

ADA 法以钒作为脱硫的基本催化剂，并采用蒽醌二磺酸钠（ADA）作为还原态钒的再生氧载体，吸收液由碳酸盐作介质。ADA 法的脱硫原理如下：

$$H_2S+Na_2CO_3 \xrightarrow{\hspace{1cm}} NaHS+NaHCO_3 \tag{3-12}$$

$$2NaHS+4NaVO_3+H_2O+ADA \xrightarrow{\hspace{1cm}} Na_2V_4O_9+4NaOH+2S \tag{3-13}$$

$$3Na_2V_2O_5+6OH^-+ADA（氧化态）\xrightarrow{\hspace{1cm}} 6NaVO_3+ADA（还原态）+3H_2O \tag{3-14}$$

$$H_2O_2+ADA（还原态）\xrightarrow{\hspace{1cm}} ADA（氧化态）+2OH^- \tag{3-15}$$

ADA 法脱硫在运行过程中有如下缺点：

悬浮的硫颗粒回收困难，易造成过滤器堵塞；副反应多，致使化学药品耗量增大；生成的单质硫不纯净，质量差；对 CS_2、COS 及硫醇等有机硫几乎不起作用；有害废液处理困难，会造成二次污染；细菌累积，腐蚀严重。

20 世纪 60 年代初，为克服 ADA 法脱硫过程中出现的工艺问题，我国首先由华东化工学院、南京化工研究院、四川化工厂、吴淞煤气厂等单位对该法进行了科学研究和中间试验，并将其应用于生产。郑州工学院研究发现 ADA 异构体中蒽醌-2,7-二酸钠（ADA）脱硫效率比蒽醌-2,6-二酸钠（ADA）脱硫效率更好。经过改进后的脱硫工艺被称为改良 ADA 法，并于 1985 年实现工业化应用。改良 ADA 法脱硫反应机理与 ADA 法脱硫相同，主要区别是通过向溶液中加入一种有机氮化物（如乙二胺四乙酸），以克服 ADA 法溶液中副盐的生成。

三、PDS 法脱硫技术

PDS 是一种脱硫催化剂的商品名称，是酞菁钴磺酸盐金属有机化合物，主要成分是双核酞菁钴磺酸盐，酞菁钴磺酸盐为蓝色，在酸碱性介质中不分解、热稳定性强、水溶性好、无毒、对硫化物具有很强的催化活性。

国内的 PDS 脱硫技术研究始于 1977 年，是当时在液相氧化还原脱硫技术发展中的较新成果，经过几十年的研究和改良，国内首先解决了"酞菁化合物的催化和氰化氢中毒"难题。

PDS 脱硫技术经过不断改进和完善，脱硫催化剂已由最初的原型发展至 PDS-400 和 888 型，催化剂各方面的性能有了较大的改进和提高。其中，888 型脱硫催化剂由东北师范大学实验化工厂开发，适用范围较广。除具备 PDS 的特性外，还具有其他特点：不加其他助催化剂；脱硫贫液的悬浮硫含量低、不堵塔；再生时浮选出来的硫黄颗粒大，溶液黏度低，硫黄易分离；脱除有机硫效率达到 50%～80%。

PDS 法脱硫的作用机理可分四步：

（1）在碱性溶液中溶解的氧被吸附而活化；

（2）将硫化物吸附到高活性离子表面，即酞菁等类有机金属化合物原来吸附的活化氧将硫化物氧化，生成硫和多硫化物，同时也有硫代硫酸盐或二硫化物形成；

（3）新产物从活性离子表面解吸；

（4）脱硫液中活性离子重新吸附氧而再生。只要活性大分子在溶液中不与其他物质反应或溢出系统外，催化剂使用寿命将是相当长久的。

PDS 目前在工业上一般与 ADA、栲胶配合使用，只需在原脱硫液中加入微量 PDS 即可。在脱除 H_2S 的同时能脱除部分有机硫，脱硫液对设备腐蚀较轻。

四、络合铁法脱硫技术

美国空气资源公司开发的 LO-CAT 工艺是在国外应用最多的络合铁法液相氧化还原脱硫技术，LO-CAT 法目前已有 300 套左右的装置。它可用于处理含硫天然气、醇胺法脱硫装置再生酸气、克劳斯尾气、酸水汽提气等。LO-CAT 常规工艺流程适用于低压操作，可直接处理中低潜硫量的燃料气。

鉴于减少设备投资，缩减脱硫成本的考虑，美国空气资源公司又开发了 LO-CAT 自循环工艺流程，与常规流程相比 H_2S 吸收和脱硫溶液的再生在一个容器内完成。反应器分内筒区和外环区。在装置运行中，酸气和空气不相溶，分两路进入反应器。在内筒区酸气中的 H_2S 被氧化为单质硫，脱硫溶液中的 Fe^{3+} 被还原为 Fe^{2+}。同时在外环区，来自鼓风机的空气与溶液接触，Fe^{2+} 被氧化为 Fe^{3+}，溶液再生。溶液的循环正是由于吸收区域与再生区域气含量不同造成了溶液的密度不同，溶液的密度差成了溶液自循环的"气升"泵，实现了溶液的自循环。

SulFerox 工艺是由美国休斯顿壳牌公司和道化学公司开发的专利技术，其工艺流程与 LO-CAT 常规工艺相似，不同点是，该工艺使用的是单络合铁体系，抑制脱硫剂降解的方法是保持较高的 Fe^{2+} 质量分数，可高达 LO-CAT 工艺的 20 倍，即铁的质量分数达到 4%，这样既节省操作费用，又降低设备投资。同时壳牌公司还对 SulFerox 工艺流程进行了研究，尤其在试剂补充优化、设计气体分布器、防止设备堵塞等方面投入大量精力进行了改进。

Sulfint HP 技术是由法国石油研究院在 Sulfint 技术的基础上改进的适用于高压天然气脱硫的液相络合铁氧化还原脱硫技术。该技术可用于处理高压天然气，该工艺在吸收塔与再生塔之间添加了一个特殊的连续过滤装置，在高压下进行过滤，这样在再生塔中由于没有细小的硫黄颗粒，减少了溶液发泡倾向，过滤器下游装置没有了硫黄堵塞的危险，该工艺进行了硫化氢含量为 15~5000μL/L，操作压力为 8.0MPa 的中试试验，在试验过程中装置运行平稳，硫化氢脱除率达到 99%。

1. 国内络合铁法脱硫技术现状

由于络合铁法具有对硫脱除率高，净化气中硫化氢含量低，在处理排放气时可以达到直接排放的目标等优点，近年络合铁法在国内研究比较多。

西南油气田天然气研究院在 20 世纪 70 年代曾对络合铁法进行过 4~5 年的研究，并进行了 $2 \times 10^4 m^3/d$ 规模的中试，20 世纪 90 年代中期开展过络合剂抑制降解的探索试验。2000—2003 年针对络合铁法脱硫存在的化学品消耗高和硫堵等问题进行了深入研究，并于 2003 年 4—8 月在蜀南气矿进行了工业试验及工业应用，取得了良好的效果。随后相继在天然气胺法脱硫酸气处理、煤焦油炼制厂、天然气直接脱硫和炼油厂气硫回收得到应用。

中国石化南京化工研究院开发的络合铁脱硫技术最早用于丰喜集团临猗分公司 100kt/a 甲醇厂的脱硫酸气处理。2011 年，南京化工研究院开发的络合铁脱硫技术用于中国石化西南分公司 CK1 井天然气脱硫，但由于硫黄堵塞、化学品消耗、电耗等诸多问题，经四年的经验总结并进行改造，目前运行顺利，其技术工业应用包括在塔河油田处理 MDEA 湿法脱硫后再生酸气，应用效果理想。

胜利油田使用络合铁技术对油田伴生气进行脱硫试验，取得了较好的效果。西南石油大学和中国石油大学（华东）先后对络合铁法脱硫进行了研究，西南石油大学采用了合成的络合剂配方，但未见工业应用的报道。中国石油大学（华东）也在实验室进行了络合铁配方研究，到目前为止未见工业应用的报道。

目前国内较为成熟的具有广泛工业应用基础的络合铁脱硫技术是由西南油气田天然气研究院开发的成套络合铁技术，该技术已广泛应用于天然气脱硫、醇胺法脱硫酸气硫回收、炼油厂干气脱硫、炼油厂酸水汽提处理硫回收和煤焦油精炼厂硫回收。

2. 西南油气田天然气研究院络合铁法脱硫技术现状

西南油气田天然气研究院从 20 世纪 70 年代进行研究，先后进行了三次工业试验。在国内首次开发了一整套络合铁法脱硫溶液体系、配套分析方法、配套装置设备的脱硫技术，形成了三项专有技术及一项专利技术。在西南油气田公司建立了国内第一套常规流程络合铁法天然气脱硫工业装置，在延长油田国内第一套炼油厂酸气络合铁硫回收装置进行了工业应用，同时在长庆油田天然气净化厂采用了络合铁硫回收工艺技术包，设计了成套络合铁脱硫技术。在中国石油西南油气田公司进行单井试采，实现橇装化、小型化装置。络合铁法液相氧化还原脱硫技术总体技术水平国内领先，达到国际先进水平。

1）开发出络合铁法脱硫溶液体系

（1）络合剂降解的抑制剂。

络合剂降解发生在络合铁再生阶段，再生反应中有两步重要的反应：

$$2\ Fe^{2+}L^{n-}+O_2+2H^+ \Longrightarrow 2\ Fe^{3+}L^{n-}+ H_2O_2 \tag{3-16}$$

$$Fe^{2+}L^{n-}+H_2O_2 \Longrightarrow Fe^{3+}L^{n-}+ OH^-+OH\cdot \tag{3-17}$$

过氧化氢（H_2O_2）的存在已被研究者认同；游离基（$OH\cdot$）的生成步骤曾有争论，研究者利用电子自旋光谱已经在络合铁再生环境中发现了游离基（$OH\cdot$）的存在。众所周知 Fe^{2+}、H_2O_2 和游离基（$OH\cdot$）对许多有机物（包括络合剂）有很强的分解作用。消除 H_2O_2 或游离基（$OH\cdot$）是抑制络合剂降解的有效办法。

通过在脱硫溶液中添加一系列对 H_2O_2 及游离基有清除作用的物质并进行对比试验，发现 S 和 N 两类物质对络合剂的降解有明显的抑制效果。当抑制剂的浓度超过某一浓度时，与未加抑制剂的空白实验相比可以有效抑制 70% 的络合剂降解。络合铁法中络合剂消耗费用占总化学品费用的 70%~80%，较低的络合剂降解率意味着整个化学品费用有较大幅度的下降。

（2）铁离子稳定剂。

络合铁溶液在 pH 值大于 9 或 10 时（随络合剂不同）易生成 Fe（OH）$_3$ 沉淀，该沉淀不易再溶解，Fe（OH）$_3$ 的生成将使脱硫工况恶化，生成的硫黄很难过滤。铁离子稳定剂的作用是使络合铁在高 pH 值时都不生成 Fe（OH）$_3$ 沉淀。实验中添加了各种羧酸类、氨羧类及羟基类物质。从防止生成 Fe（OH）$_3$ 沉淀和抗氧化能力考虑，通过实验找到代号为"G"的系列物。"G"单独与铁生成的络合物不与硫化氢反应生成硫黄，"富液"也不能以空气再生，它的加入不改变原络合铁溶液脱硫的性能。"G"与铁生成的络合物甚至在

pH 值为 14 时都不产生 Fe(OH)$_3$ 沉淀，这就给工业应用时补充碱带来方便。"G"系列物中任一种物质都可以作为稳定剂，实际选择时根据经济性来选择其中一种或者几种。

(3)硫黄改性剂。

液相氧化还原法脱硫反应生成细小的微粒硫，这些微粒硫粒度极小，黏附性极强，易造成工艺管线和设备堵塞。用分散剂来缓解硫堵是络合铁法的重要措施之一。分散剂是一种表面活性剂，它的作用是使细小的硫粒悬浮于溶液中，使其"长大"成黏附性较小的大颗粒，从而减轻堵塞。通过实验选择一种 WT 型表面活性剂，作为络合铁法常规流程的硫黄分散剂，通过选择合适的加入量，既能产生解堵效果，又不明显影响气体分布。经过常规流程连续运行发现，分散剂对解决硫堵十分有效。

(4)西南油气田天然气研究院开发的络合铁法脱硫溶液体系功能。

脱硫催化溶剂 CT15-1：含高浓度的铁离子、铁离子螯合剂，使铁离子在较宽的 pH 值范围下不会产生沉淀，补充脱硫溶液中的铁离子损失。

脱硫补充剂 CT15-2：高浓度的络合剂，用于脱硫过程中络合剂消耗的补充，是脱硫过程中的主要化学品消耗。

硫分散剂 CT15-3：一种表面活性剂，作用是降低溶液表面张力，使小硫黄颗粒聚积成较大颗粒，降低硫黄在反应器壁上的附着力，缓解硫堵。

降解抑制剂 CT15-4：能消除游离基(OH·)和过氧化氢，有效降低络合剂的降解速率。

杀菌剂 CT15-5：生物杀菌剂，抑制脱硫溶液中细菌生长。

消泡剂 CT15-6：当脱硫溶液发泡而影响生产时使用，以保持脱硫溶液稳定。

2)天然气络合铁法脱硫工业试验及应用

2003 年 3 月在西南油气田公司蜀南气矿沈 17 井建成一套 $5×10^4m^3/d$ 装置，装置由中国石油西南油气田公司天然气研究院自行设计，压力范围为 2.5～3.5MPa，脱硫能力为 250kg/d。装置设计充分注意防堵，在国内液相氧化还原法中第一次使用鼓泡吸收塔，充分体现络合铁法脱硫速度快的特点。设计中对吸收分配器喷嘴采用特殊防堵措施。由于脱硫液对碳钢、铜、锌等金属材料的腐蚀，设备选材借鉴国外已有工程经验，高压部分使用了 1Cr18Ni9Ti 不锈钢，常压容器内衬环氧玻璃布。工业试验取得主要试验成果如下：

(1)净化度高。试验过程中净化气 H$_2$S 平均浓度小于 1.0mg/m^3，最大 13.0mg/m^3。当脱硫液 pH 值大于 8 时，该装置净化气 H$_2$S 浓度低于 6mg/m^3。试验正常运行时，净化气 H$_2$S 浓度小于 0.1μL/L(0.142mg/m^3)。

(2)硫容高。试验中硫容值平均为 0.39g/L，最高 0.5g/L。远高于赤天化 ADA 法的硫容 0.14g/L。

(3)脱硫过程绿色环保。工业试验中检测到再生塔顶排空尾气中 H$_2$S 最高浓度 1.1mg/m^3。分析原因是再生塔停留时间不够和再生吹风强度偏小，致使贫液中三价铁比例太低，富液中太多的 HS$^-$ 进入再生塔。室内实验中，用硫化氢监测仪监测再生排放尾气，从未检出硫化氢。由于络合铁法副反应少，产生的少量硫代硫酸盐随硫饼夹带形式排放，最终和硫饼一起作为易于使用的农用硫出售。正常操作时无固体和液体排放。

3)酸气络合铁法脱硫工业化应用

中国石油西南油气田公司于2000年从美国引进 LO-CAT II 自循环流程脱硫工艺技术，用于净化荷包场地区天然气 MDEA 法脱硫装置产生的酸气。引进技术的宗旨在于借鉴国外成功经验，并考察该技术的可靠性、经济性和环境的可接受性，条件成熟后再逐步推广应用。蜀南气矿引进的 LO-CAT II 装置从脱硫溶液到主要化学品的分析均依靠国外技术，净化成本偏高。

2004年西南油气田天然气研究院开发的 CT15 系列络合铁脱硫溶剂替代了同类进口脱硫溶液，用于处理胺法产生的酸气。酸气中的硫化氢含量在 $70g/m^3$ 左右，经络合铁脱硫溶液处理后净化尾气中硫化氢浓度在 $1.0\ \mu L/L$ 左右，净化度高于使用进口脱硫溶液。西南油气田天然气研究院开发出的络合铁脱硫溶液体系在国内处于领先水平，与国外同类脱硫液相比性能相当。在脱硫过程中化学品消耗低于进口化学品，而价格比同类进口脱硫溶液低得多，按实际到岸价格计算，脱硫成本下降50%以上。

2015年西南油气田天然气研究院络合铁脱硫技术在长庆油田第一采气厂第四天然气净化厂硫回收单元一次性投运成功，酸性气经络合铁硫回收单元脱除硫化氢后的净化尾气硫化氢含量不大于 $10\mu L/L$，满足排放标准要求。西南油气田天然气研究院具备设计完整工艺和反应器施工图，以及提供配套系列脱硫溶剂等一整套络合铁脱硫技术的能力。

五、其他脱硫技术

1. 萘醌法

萘醌法也是一种高效的湿式氧化脱硫法，该法采用氨水作为脱硫的碱性吸收液，氨水可通过回收焦化过程中焦煤气的氨来获得，因而在焦化厂得到推广运用。该法脱硫过程中添加少量的1，4-萘醌-2磺酸铵（NQ）作为催化剂。

NQ 在通入氧气后，也发生再生反应，由还原态恢复到氧化态，实现脱硫剂的循环使用。萘醌法的优点在于以焦煤气中的氨为碱源，成本低，再生的吸收液中没有单质硫，防止脱硫液起泡，脱硫塔内压力损失减少，无气阻现象发生。

2. DDS 法

DDS 法脱硫技术是"铁—碱溶液催化法气体脱碳脱硫脱氰技术"的简称，由北京大学研究开发。该法是使用络合铁并结合生化过程的生化湿法脱硫技术，已经成功应用于多家化工厂的变换气和半水煤气的脱硫装置。DDS 脱硫技术的脱硫液是在碱性物质的水溶液中添加催化剂、酚类物质和活性碳酸亚铁而构成的，同时加入好氧菌芽孢。催化剂是一种聚合多羧基类铁络合物，由天然植物提取物经过半合成而得到的，不仅具有较强的载氧能力，而且在碱性溶液中不易降解，稳定性高。另一方面，在吸收和再生过程中的少量硫化铁和硫化亚铁等不溶性铁盐被好氧菌分解，产生的铁离子返回到溶液中，保持了溶液中各种形态铁离子的稳定性。

六、络合铁法脱硫主要工艺参数影响分析

络合铁法脱硫工艺属于湿法脱硫，其主要工艺参数包括原料气硫化氢浓度、溶液 pH

值、氧化还原电极电位等。根据某炼油厂气质条件，西南油气田天然气研究院对含氨酸性气脱硫性能、氧化还原电极电位、化学品消耗情况、硫黄生成情况等进行了研究。

1. 原料气硫化氢波动对尾气中硫化氢含量影响

络合铁脱硫优点之一就是在原料气波动较大时，净化气中硫化氢浓度能保持较低的水平。本次研究采用纯硫化氢按比例配入氮气，原料气中硫化氢含量可以在0～100%之间变化。工艺流程采用络合铁自循环工艺流程，检测分析尾气硫化氢含量。实验结果如图3-3所示。

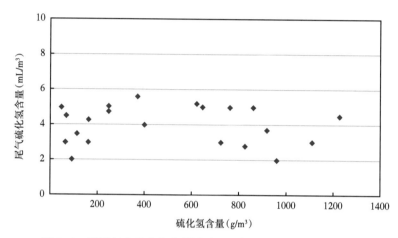

图3-3　原料气中硫化氢含量波动对尾气中硫化氢含量的影响

当硫化氢浓度在 $50～1228g/m^3$（4%～93%）之间波动时，出口硫化氢含量均在 $10mL/m^3$ 以下。硫化氢在较大范围内波动时，此脱硫溶液具有良好的脱硫性能和抗负荷冲击能力。根据炼油厂分析结果，酸性气中硫化氢含量极限为10%～90%（完全干气情况）。由此可以说明此脱硫溶液可满足炼油厂酸气硫化氢变化时脱硫需求。原料气中的硫含量不断升高、潜硫量不断增加的情况下，溶液的脱硫性能较好，尾气中 H_2S 能维持在 $6.0mL/m^3$ 以下。

2. 氨气含量对脱硫的影响

氨气、硫化氢混合气在脱硫溶液中的反应见式（3-18）和式（3-19）：

$$NH_3 \cdot H_2O \Longrightarrow NH_4^+ + OH^- \tag{3-18}$$

$$H_2S + OH^- \Longrightarrow HS^- + H_2O \tag{3-19}$$

溶液中的 HS^- 会被氧化成硫单质。在 pH 值一定的时候，反应达到平衡，根据浓度积平衡，溶液中的 HS^- 维持在一定量的浓度，OH^- 也维持在一定浓度。根据平衡反应式，溶液中 OH^- 浓度使 NH_4^+ 在溶液中的含量保持一定。由于氨气易溶，当大量氨气溶解于脱硫溶液时，可能会造成脱硫溶液碱度过大，同时会造成脱硫溶液中盐类含量过高，大量的盐类溶解于脱硫溶液中也会形成盐结晶，严重时会产生堵塞等问题。

实验结果显示，经空气配入的氨与硫化氢的比例在1:80到80:1范围内变化时，尾气硫化氢变化不大。

3. 脱硫溶液中的 pH 值变化对脱硫溶液的影响

溶液 pH 值是液相氧化还原法脱硫最重要的监控指标之一，这一指标影响整个工艺过程。稳定的 pH 值能使脱硫溶液保持稳定的脱硫性能。液相氧化还原法脱硫溶液为碳酸弱碱性 pH 缓冲体系，在体系平衡时，溶液 pH 值与总碱度、二氧化碳分压、温度和离子强度有关。pH 值太低不利于吸收传质，脱硫溶液再生较困难，同时络合剂降解加重。pH 值较高时可以提高脱硫效率，同时会促进硫代硫酸盐等副盐的形成。不同 pH 值的脱硫效果如图 3-4 所示。

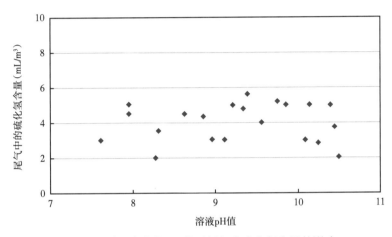

图 3-4　脱硫溶液的 pH 值对尾气中硫化氢含量的影响

如图 3-4 所示，当 pH 值在 7.6~10.8 范围内，经处理后的尾气硫化氢含量未超过 6.0mL/m³。工业装置生产运行过程中，如果 pH 值过高会使生成的硫黄过细，溶液发泡，当溶液的 pH 值在 10 左右时，反应塔内生成的硫黄颗粒较细。仅以氨气调节脱硫溶液的 pH 值，脱硫溶液的 pH 值与再生空气量有关，当再生气量较大时，氨气解吸，溶液的 pH 值会有所下降。因此在工业装置中，当酸气中氨含量下降较多时，仅靠氨气调节溶液的 pH 值会造成溶液碱度不足。

4. 脱硫溶液中的氧化还原电极电位变化

脱硫液中 $[Fe^{3+}L]$ 与 $[Fe^{2+}L]$ 的浓度比是表征络合铁法脱硫过程最重要的参数之一，装置运行过程应定时分析测定总铁和亚铁浓度，而总铁和亚铁浓度发生变化，相应的氧化还原电极电位也随之变化，采用电位在线测定能连续监控脱硫液铁比的变化，图 3-5 给出了原料气硫化氢含量与氧化还原电极电位的关系。

从化学势和最大非体积功导出的可逆电池电动势，用于表示电极电位时可用能斯特方程：

$$E = E_0 + \frac{RT}{n} \lg \frac{[Fe^{3+}]/a}{[Fe^{2+}]/a} \qquad (3-20)$$

当温度为 25℃，考虑络合剂存在时，代入各常数及 Fe^{3+}、Fe^{2+} 的络合常数，并考虑分析中以饱和甘汞为参比电极（+241mV），则：

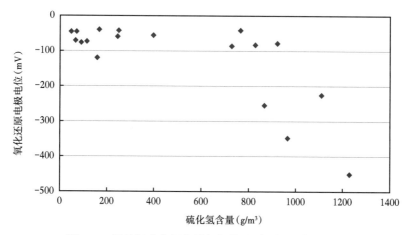

图 3-5　原料气硫化氢含量与氧化还原电极电位的关系

$$E = -150.3 + 59.16 \times \lg\left(\frac{\left[\mathrm{Fe^{3+}L}\right]/a}{\left[\mathrm{Fe^{2+}L}\right]/a}\right) \tag{3-21}$$

假设 $\mathrm{Fe^{3+}L}$、$\mathrm{Fe^{2+}L}$ 的活度系数相等：

$$E = -150.3 + 59.16 \times \lg\left(\frac{\left[\mathrm{Fe^{3+}L}\right]}{\left[\mathrm{Fe^{2+}L}\right]}\right) \tag{3-22}$$

式中　E——电极电势，mV；

　　　E_0——标准电势，mV；

　　　n——转移电子数；

　　　R——气体常数，取 8.31；

　　　T——温度，K；

　　　a——活度系数；

　　　$\left[\mathrm{Fe^{3+}}\right]$——三价铁离子浓度；

　　　$\left[\mathrm{Fe^{2+}}\right]$——二价铁离子浓度；

　　　$\left[\mathrm{Fe^{3+}L}\right]$——强合态三价铁离子浓度；

　　　$\left[\mathrm{Fe^{2+}L}\right]$——络合态二价铁离子浓度。

当 $\left[\mathrm{Fe^{3+}L}\right]$ 占总铁 95% 时，$E = -74.6\mathrm{mV}$；当 $\left[\mathrm{Fe^{3+}L}\right]$ 占总铁 5% 时，$E = -226.0\mathrm{mV}$。

当溶液中通入高达 $1200\mathrm{g/m^3}$ 的硫化氢时，溶液在再生较差的情况下，氧化还原电极电位达到 $-450\mathrm{mV}$，尾气未超标。但溶液全部变成黑色，铁离子少量沉淀。这时需要加大空气进行再生，最终会使脱硫溶液的氧化还原电极电位达到正常的 $-50\mathrm{mV}$ 左右，溶液恢复脱硫活性，说明脱硫溶液对含氨酸气具有良好的操作弹性。

5. 硫黄分散剂及其对硫黄絮凝作用

在络合铁脱硫溶液中使用的硫黄分散剂是一种表面活性剂，这些表面活性剂使硫黄颗粒形成絮状的较大硫黄颗粒，达到沉降的目的，使其不随溶液中的气泡漂浮在表面引起发泡。但是，当表面活性剂在脱硫溶液中的浓度较高时，溶液会产生发泡。此时需要添加消泡剂控制泡沫高度，以防冲塔，图 3-6、图 3-7 及图 3-8 分别给出了添加过量分散剂、未添加硫黄分散剂和添加适量分散剂时硫黄颗粒粒度分布情况。

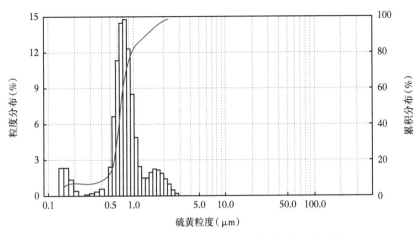

图 3-6　添加过量硫分散剂时的硫黄颗粒粒度分布图

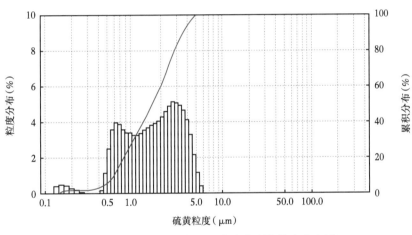

图 3-7　未添加分散剂时生成硫黄颗粒粒度分布图

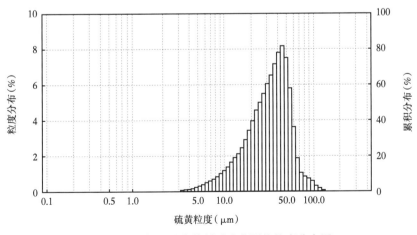

图 3-8　添加适量分散剂时硫黄颗粒粒度分布图

由图 3-6 至图 3-8 可以看出，未添加和添加过量分散剂时，硫黄颗粒过细（小于 5.0μm）。当添加量过量时，不仅不能使硫黄颗粒粒径增大，而且会导致溶液发泡，当分散剂添加适量时，生成的硫黄颗粒粒度在 10μm 以上，可顺利过滤，形成硫饼。在使用引进化学品期间，硫黄水分含量基本能保持在 35% 以下，平均值为 30%。国产化脱硫溶液产生的硫黄滤饼中的水分含量平均为 28%，与采用国外进口化学溶剂时相当。

20 世纪 70 年代，西南油气田天然气研究院率先开发的络合铁法脱硫技术填补了我国天然气领域无理想的液相氧化还原法脱硫空白，是目前国内运用最多、工业应用最成熟的络合铁脱硫技术，成功开发了相关溶液、工艺流程、配套分析方法和工艺包。

第三节　络合铁法脱硫技术新进展

针对目前液相氧化还原脱硫的主流技术——络合铁法脱硫技术存在的主要问题，国内外科研工作者做了大量的研究工作，主要体现在脱硫剂的研发与脱硫设备的改进 2 个方面。

在脱硫剂研发方面，主要是提高脱硫液的硫容，加快 Fe^{2+} 的再生，由于 O_2 在水中的溶解度很小，导致 Fe^{2+} 再生速度较慢，可通过调整温度、压力等工艺参数或采用有效气液传质设备强化传质等方法加以解决。研发新的抗降解的络合剂，减少反应过程中的副产物的积累，由于吸收和再生过程中氢硫化物的深度氧化、配体降解等原因，会形成硫代硫酸盐、硫酸盐、硫化亚铁、氢氧化铁等副产物，造成副盐积累和硫黄分离困难，目前一般通过调整脱硫液 pH 值、Fe^{3+} 与 Fe^{2+} 比值、补充催化剂、添加铁硫杆菌的方法解决。

在吸收设备方面，络合铁脱硫工艺存在两个问题：

（1）吸收 H_2S 的过程中会产生硫黄颗粒，若回收不及时，往往会黏附在设备器壁和填料上，严重时会造成堵塔，为解决这一问题，一般是在同一塔设备中安装不同的填料，如塔下端采用直径较大的填料、上端采用直径较小的填料，如果填料较高，可采用分段布液的方式保证良好的传质性能。

（2）络合铁脱硫剂相对其他脱硫剂的最大优点是硫容高，但由于气液传质效率的限制，其高硫容优势并未完全发挥，可通过强化设备的气液传质效率充分发挥络合铁脱硫的优势。例如，国内逐渐兴起的超重力技术即是一种强化气液传质的典型设备，采用旋转填料制造的离心力场模拟超重力环境，将脱硫液拉伸为微小的液丝、液膜、液滴，很大程度上增加了气液接触的相界面积，从而提高气液传质效果，传质效率可提高 1~3 个数量级。

总的来说，液相氧化还原脱硫技术具有流程简单、脱硫效率高、环保无毒无污染、脱硫剂廉价易得等优点，开发高硫容脱硫剂配方、高传质效率脱硫设备、优化流程及装置配置是络合铁脱硫技术未来发展的方向。随着我国环保法规的日益严格，开发绿色环保、低投入的技术成为脱硫技术的主流，液相氧化还原脱硫技术符合这一发展趋势，发展空间大，前景广阔。

第四节 天然气生物脱硫技术

一、工艺技术

天然气生物脱硫作为一种新的液相氧化还原技术，是一种利用需氧菌、厌氧菌去除含硫化合物的新技术。选用不同的菌种可以分别实现对无机硫、有机硫和工业气体中硫化物的脱除。

1. 基本原理

气体生物脱硫的基本过程由以下三个阶段构成：

(1)通过碱液吸收，H_2S 从气相转移到液相或固体表面液膜上；

(2)液相或固体表面液膜中的 HS^- 被微生物的细胞膜吸附，转移到细胞质中；

(3)进入微生物细胞的硫化物作为营养和能源物质被微生物分解、利用。

1)生物学原理

天然气生物脱硫的生物学原理在于硫元素的自然循环。生物硫循环属于自然界众多物质循环之一，如图3-9所示。该循环主要依赖硫化物的氧化还原进行。

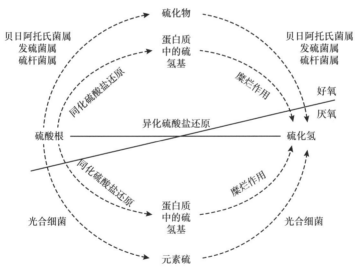

图3-9 自然界中硫的循环示意图

2)化学原理

(1)吸收塔内的反应见式(3-23)至式(3-26)。

H_2S 吸收：
$$H_2S+OH^- \Longrightarrow HS^- +H_2O \qquad (3-23)$$

$$H_2S + CO_3^{2-} \Longrightarrow HS^- + HCO_3^- \qquad (3-24)$$

CO_2 吸收：
$$CO_2+ OH^- \Longrightarrow HCO_3^- \qquad (3-25)$$

碳酸盐生成：
$$HCO_3^- + OH^- \Longrightarrow CO_3^{2-} + H_2O \qquad (3-26)$$

（2）生物反应器内的反应。

吸收了 H_2S 的碱性溶液进入生物反应器后，在有氧环境下，硫化物被脱硫微生物在好氧或者兼性厌氧条件下氧化成元素硫或硫酸盐。生物反应器内主要反应式见式（3-27）至式（3-30）。

硫黄生成：
$$HS^- + \frac{1}{2}O_2 = S + OH^- \tag{3-27}$$

硫酸盐生成：
$$HS^- + 4O_2 = SO_4^{2-} + H^+ \tag{3-28}$$

碳酸盐分解：
$$CO_3^{2-} + H_2O = HCO_3^- + OH^- \tag{3-29}$$

重碳酸盐分解：
$$HCO_3^- = CO_2 + OH^- \tag{3-30}$$

2. 工艺技术特点

用于天然气脱除 H_2S 的生物脱硫工艺具有的主要技术特点：

（1）可用于替代胺法脱硫、克劳斯回收及尾气处理或者液相氧化还原工艺。

（2）化学品消耗量小。

（3）在气体脱硫的同时进行硫黄回收。

（4）H_2S 脱除率达 99.9%。

（5）菌种根据工况自适应生长，调节比高。

（6）可用于 H_2S 浓度从 0.01% 到 100%，压力为 $0.1 \sim 7.5MPa$ 的气体处理，如酸性天然气或者胺法脱硫装置再生酸气等。

此外，其他优势还包括在洗涤吸收塔下游的任何地方都没有游离 H_2S 存在，因而装置操作更安全，易于管理；设备简单，所需控制及监控较少，没有复杂的控制回路；采用廉价溶剂，溶剂组分及装置性能改变较慢，工艺运行操作具有较高的稳定性；不需要将燃料气分离出的 H_2S 焚烧为 SO_2，几乎实现硫的零排放。

二、脱硫溶液体系

西南油气田天然气研究院于 2009 年开始了天然气生物脱硫技术研究，重点进行了脱硫菌种的筛选和改良、溶液体系的开发、工艺过程设计与优化等相关研究工作，取得了良好的研究成果。

1. 生物脱硫菌种开发

根据脱硫微生物生理生化性质，通过特殊的菌种分离培养技术，获得多株在富硫环境中生长的微生物，形成了复杂环境中快速筛选菌种的专利技术；应用现代基因工程技术，在 1 年时间内完成了微生物在自然界上百年的进化历程，获得了多种不同种类的脱硫微生物。优良菌种已在中国国家菌种保藏中心备案，并已申请专利保护。其形态如图 3-10 所示。

2. 配套溶液开发

利用计算机辅助设计，采用表面响应法快速筛选微生物能够利用的营养成分，确定脱硫微生物所需的营养物种类；采用中心组合设计方法优化培养基中主要化学品的组成（图 3-11 和图 3-12）。利用 Design-Expert 软件筛选显著变量，建立回归方程，由回归方程

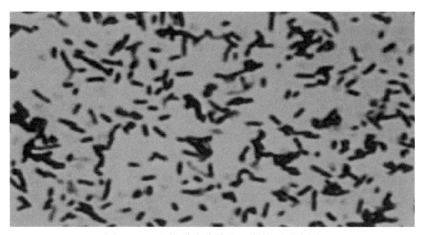

图 3-10　生物脱硫菌种在显微镜下形态图

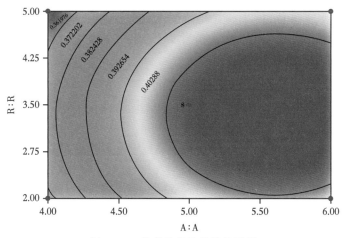

图 3-11　培养基优化的等值线图

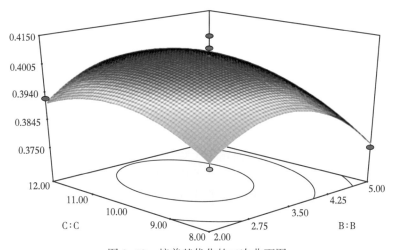

图 3-12　培养基优化的二次曲面图

对菌种生长能力进行预测，并得到最优培养基组成。同时应用单因素实验筛选生长因子及微量元素，形成了完整的培养基配方。

3. 工艺评价装置的设计及工艺过程研究

为了进一步评价脱硫微生物工业应用的可能性，中国石油西南油气田公司天然气研究院自主设计开发了天然气生物脱硫的工艺流程，建立了工艺评价装置和数据在线采集系统，利用该技术平台获得了脱硫溶液的氧化还原电位、电导率、pH 值和温度等 21 项关键运转参数。

氧化还原电位与生物反应器中的硫化物浓度有关，它通过变频风机频率控制对再生空气量进行调节，以电导率（或总盐浓度）控制生物反应器的补充水量。如果电导率太高，则表明需要增加补充水量，并增加排放液量，从而降低脱硫溶液的总盐浓度。通过碱液补充量调节脱硫溶液的 pH 值，通过在线仪表连续监测上述参数值，并采用一个控制回路将这些参数值控制在一定范围内。定期取样分析系统中硫化物种类、营养物和固体浓度。需要定期从系统中排出一定量的脱硫溶液以减少反应副产物在系统中的积累，同时补充供应反应器的营养物。反应器内的硫杆菌适应性强，操作弹性大，能很快适应进料组分变化并从波动条件恢复正常，故整个工艺操作相当稳定。获取的关键过程控制参数为进一步工程放大和现场过程控制开发研究奠定了基础。

4. 生物硫黄

生物硫黄的生成机理和化学硫黄的生成机理不同，微生物通过自身特殊代谢过程，将生成的硫黄排出体外，同时又和微生物包裹在一起，因而硫黄在溶液中以乳浊液的形式存在，具有亲水性。通过实验测定了生物硫黄的密度、黏度和粒径等物化指标，为生物硫黄后期处理方法的选择提供了重要参考依据。

通过室内研究，西南油气田天然气研究院已形成了适用于高硫环境下分离筛选脱硫微生物的专利技术，获得了生物硫黄的形态图性能优良、具有自主知识产权的天然气脱硫微生物菌种，完成了脱硫溶剂配方体系和菌种培养方案的研究，同时建立了天然气生物脱硫的实验室评价装置，通过关键参数控制及过程优化，使得脱硫效果有了显著提升。

三、生物脱硫技术的发展方向

尽管生物脱硫技术具有诱人的工业应用前景，但技术总体上还处于研究开发阶段，目前仍然面临许多挑战。天然气生物脱硫技术从简单的沼气脱硫处理、含硫污水处理技术发展到今天形成天然气生物脱硫现场应用装置不过 20 余年的时间。从最初的低含硫天然气处理到高含硫天然气处理，从低压天然气处理到高压天然气处理，从单一生物工艺到组合工艺，生物脱硫技术一直处于不断发展和完善的过程。目前生物脱硫工艺在油气生产领域还未形成大规模的应用，从技术本身而言，天然气生物脱硫工艺还存在一些亟待解决的问题，如生物脱硫反应速率低、硫酸盐累积、生物硫黄的后续处理等。随着现代生物技术的发展、脱硫模型的建立和完善、生物反应器开发研究的进步，今后天然生物脱硫技术主要有以下发展方向。

1. 提高脱硫菌种的性能

脱硫菌种是生物脱硫的核心环节和重要影响因素。一方面深入开展脱硫菌种遗传背景的研究，确定与脱硫性状相关的基因片段，通过分子克隆构建出工况适应能力强、脱硫效率高、对营养成分需求低的脱硫工程菌，同时对现有脱硫菌种采用分子进化、基因过量表达和基因调控等方法进一步提高菌种的作用能力和对工况的适应能力。另一方面，着眼于实际应用，重视混合菌种的有效应用及耐盐耐压微生物的筛选，从深海、盐湖等极端环境中筛选性能优良的自然界脱硫菌种，如果能够筛选底物适应范围更广的微生物，可能将研发出一系列更具有经济环保优势、可替代或者完善现有脱硫工艺的生物脱硫技术。

2. 开发高效生物反应器

生物反应器是生物脱硫工艺的重心，它影响着整个脱硫工艺的运行效果，利用计算机模拟及相关流体计算软件，通过冷模和热模实验相结合的方式，对反应器中化学反应速率、空气分布特征、流体回流速率、硫黄沉降及粒径分布等进行理论分析，优化反应器结构，重点对空气分布器进行精细化设计，防止空气在反应器局部区域将硫化物过度氧化形成硫酸盐；构建恰当的硫黄沉降区域，使得粒径极小的生物硫黄能及时沉降的同时，减少因硫黄沉降引发的脱硫细菌流失物；开发新型填料作为菌种的载体，以扰动的方式加快气液间的传质过程，同时可对脱硫菌种进行固定化，提高菌种利用率。

3. 完善配套技术研究，真正实现零排放

通过技术研发和产品升级，彻底解决长周期运行中脱硫溶液及脱硫副产物的排放问题，实现真正意义的零污染、零排放。对于脱硫过程中产生的部分离子累积的问题，一方面通过控制反应条件、减少副产物的生成来提高硫黄的转化率；另一方面，对于不可避免的离子富集，比如钠离子、硫酸根离子，可根据处理规模的不同和现场处理配套设施的差异，开发出不同外排水回用处理工艺。对于外排液量不大的情况，可采用吸附或者膜交换的方式予以脱除；对于外排液量较大的情况，可采用浓缩结晶的方式，以化学产品的方式将其回收利用。

第四章 固体脱硫技术

固体脱硫技术是指应用粉状或粒状吸收剂、吸附剂或催化剂来脱除气体中的硫化氢或有机硫。固体脱硫技术是天然气脱硫化物常用的技术之一，包括氧化铁脱硫、氧化锌脱硫、分子筛脱硫、活性炭脱硫等。氧化铁脱硫一般适用于难集中到净化厂处理的边远分散含硫天然气井的含硫天然气净化处理，净化后天然气用于场站自用或就近外输满足当地生产生活需要。通常认为，在潜硫量低于 0.1t/d 较为适宜。另外，采用氧化铁脱硫工艺由于具有设备简单、可橇装化、操作方便等特点，近几年也应用于天然气勘探开发新区块的试采。

第一节 基本原理与主要流程

一、基本原理

1. 氧化铁脱硫技术

氧化铁脱硫剂中主要活性组分为氧化铁水合物（$Fe_2O_3 \cdot H_2O$，羟基铁），同时配以氧化钙、防结块剂、扩孔剂等，制备工艺过程包括合成、沉淀、熟化、过滤、成型、干燥等。氧化铁脱硫剂是一种高分散活性物质，硫容高，常温常压或加压条件下对 H_2S 有很高的反应活性和吸收能力，对有机硫也有一定脱除能力。

研究表明，在氧化铁的所有类型中，$\alpha\text{-}Fe_2O_3 \cdot H_2O$ 对硫化氢的反应活性最高，其次是 $\gamma\text{-}Fe_2O_3 \cdot H_2O$。在一定温度条件下，其他形式的氧化铁均可转变为 α 型氧化铁，但常温下只有 $\alpha\text{-}Fe_2O_3 \cdot H_2O$ 和 $\gamma\text{-}Fe_2O_3 \cdot H_2O$ 形态具有脱硫作用。应当指出的是，只有在含有化合水时，氧化铁才有脱硫活性，其与硫化氢反应见式（4-1）与式（4-2）：

$$\alpha\text{-}Fe_2O_3 \cdot H_2O + 3H_2S \Longrightarrow Fe_2S_3 \cdot H_2O + 3H_2O \tag{4-1}$$

$$\beta\text{-}Fe_2O_3 \cdot H_2O + 3H_2S \Longrightarrow 2FeS + S + 4H_2O \tag{4-2}$$

当脱硫剂活性中心表面呈碱性时，脱硫反应按式（4-1）进行；当活性中心表面呈酸性或中性时，脱硫反应按式（4-2）进行。

在有氧条件下，生成的 Fe_2S_3 可发生氧化反应，使脱硫剂得到再生。由于脱硫剂再生时将快速放出大量的热量，反应器内温度迅速上升，易造成脱硫剂或脱硫塔损坏，并可能导致气体燃烧，因此，再生过程安全可控性差。

2. 氧化锌脱硫技术

氧化锌脱硫剂是一种优良的转化吸收型脱硫剂，广泛应用于以天然气、煤制气、炼厂气、轻油为原料的合成氨、合成甲醇、制氢等工艺的脱硫过程，生成的硫化锌具有很高的稳定性。

氧化锌脱除硫化氢的反应是一个典型的非催化气—固吸收反应，其反应式如下：

$$ZnO+H_2S \Longrightarrow ZnS+H_2O \tag{4-3}$$

氧化锌与硫化氢、简单有机硫反应的平衡常数很大，反应时气相中的 H_2S 分子扩散到脱硫剂表面，与 ZnO 分子接触，迅速生成 ZnS，反应进行较为彻底，可认为是不可逆反应。

氧化锌与硫化氢反应为放热反应，温度升高不利于反应式（4-3）正向进行，平衡常数减小，硫容降低；反之，降低反应温度可以提高硫容。实际应用时，脱硫反应为动力学控制，而不是平衡控制。因此，氧化锌脱硫剂用于中、高温脱硫时，硫容较高，而低温脱硫时硫容较低，但脱硫精度更高。

同时，氧化锌脱硫剂能够脱除气体中部分有机硫化合物，其中，与硫醇的反应性能较好。

$$ZnO+C_2H_5SH \Longrightarrow ZnS+C_2H_5OH \tag{4-4}$$

$$ZnO+C_2H_5SH \Longrightarrow ZnS+C_2H_4+H_2O \tag{4-5}$$

高温脱硫时，当气体中有氢气存在时，羰基硫、二硫化碳与氢气可发生反应，生成的硫化氢被氧化锌吸收脱除。

$$COS+H_2 \Longrightarrow H_2S+CO \tag{4-6}$$

$$CS_2+4H_2 \Longrightarrow 2H_2S+CH_4 \tag{4-7}$$

近年，国外开始研究用氧化锌直接脱烃类中的有机硫，甚至可脱除噻吩硫。反应过程中没有 H_2S 产生，反应机理也不同于 H_2S 与 ZnO 的反应。

3. 其他固体脱硫技术

1）活性炭脱硫技术

活性炭具有发达孔隙和高比表面积，是吸附净化的良好材料，与氧化铁脱硫原理不同，活性炭利用表面活性基团的催化作用，使气体中的硫化氢与氧气发生反应，生成单质硫而被脱除。因此，活性炭脱除 H_2S 须在有 O_2 存在条件下进行。反应如下：

$$H_2S+\frac{1}{2}O_2 \Longrightarrow S+H_2O \tag{4-8}$$

考虑到工艺的特殊性，应对空气注入量进行严格控制，一般氧硫比控制在 1~3。

2）分子筛脱硫技术

分子筛是一种具有骨架结构的碱金属或碱土金属的硅铝酸盐晶体，为强极性吸附剂，对极性、不饱和化合物，以及易极化分子有很高的亲和力。吸附床可设计为同时脱水脱硫，分子筛对天然气中硫化物及其他组分吸附强度按照下述次序递减：

$$H_2O>CH_3SCH_3>CH_3SH>H_2S>COS、CS_2>CO_2>N_2>CH_4$$

分子筛脱硫最大优点是可再生。分子筛在315℃左右再生足够长的时间可以除去所吸附的物质，通常为1h以上，再生循环的具体操作取决于工艺条件。

在再生循环期间，在再生气中 H_2S 含量会出现一个峰值，约为原料气中 H_2S 浓度的30倍，H_2S 浓缩为一股需处理的再生气。

在工艺运行过程中，易发生如下反应：

$$H_2S + CO_2 \Longrightarrow COS + H_2O \tag{4-9}$$

其中，在再生初始阶段易形成 COS，目前已开发出不催化 COS 生成的分子筛。

二、工艺流程

氧化铁及氧化锌固体脱硫剂通常不再生，且硫容有限，为了延长脱硫剂使用周期，通常采用多塔串、并联工艺，工艺流程如图4-1所示。

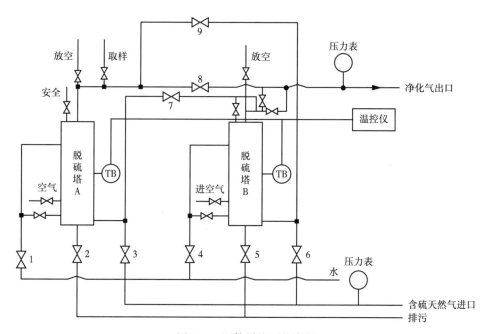

图 4-1　固体脱硫工艺流程

活性炭脱硫过程中需配入一定量氧气，因此工艺流程与常规氧化铁脱硫工艺流程不同，如图4-2所示。

分子筛脱硫可再生，其工艺流程增加了再生环节，如图4-3所示。

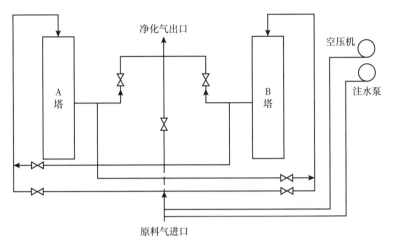

图 4-2　活性炭脱硫工艺流程

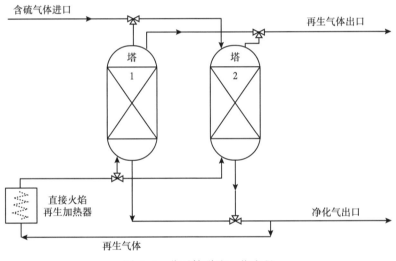

图 4-3　分子筛脱硫工艺流程

第二节　固体脱硫技术及在高含硫气田试采中的应用

一、固体脱硫技术

1. 氧化铁脱硫技术

1）常规氧化铁脱硫

氧化铁脱硫剂经历了天然物料黄土型、海绵铁型，以及目前利用工业下脚料或其他原料研制的氧化铁脱硫剂等发展阶段。

常规氧化铁属常温脱硫剂，可单独使用或与常温羰基硫水解催化剂联合使用，但脱硫精度不高。目前，国产的脱硫剂有 CT 系列、ST801、T-501，以及 TG 系列等。其中，天然气研究院研发的 CT 系列氧化铁脱硫剂主要性能指标见表 4-1。

表 4-1 常温氧化铁脱硫剂技术指标

型号	CT8-6A	CT8-6B
外观	红褐色柱状固体	红褐色柱状固体
规格尺寸（mm）	$\phi(4\sim5)\times(5\sim15)$	$\phi(4\sim5)\times(5\sim15)$
抗压碎力（N/cm）	≥30	≥40
堆密度（g/mL）	0.7~0.9	0.7~0.9
累计硫容（净化气浓度小于 20mg/m³）[%（质量分数）]	≥25	≥30

2）复合氧化铁脱硫

从热力学角度分析，氧化铁脱硫剂出口 H_2S 含量达不到低于 0.1mg/m³ 的水平。为了进一步提高脱硫精度，制备出了复合氧化铁脱硫剂。

复合氧化铁脱硫剂是以铁氧化物为主要活性成分，配加其他过渡金属氧化物制成。该脱硫剂具有活性高、硫容大等特点。目前应用较为广泛的复合型脱硫剂有西南油气田天然气研究院研发 CT8-13、湖北省化学研究所研发 T703（原 EF-2），以及西北化工研究院研发 T313 型脱硫剂等。其性能指标见表 4-2。

表 4-2 复合氧化铁脱硫剂性能指标

生产或研发单位	西南油气田天然气研究院	湖北省化学研究所	西北化工研究院
型号	CT8-13	T703（原 EF-2）	T313
化学成分	Fe_2O_3、助剂	Fe_2O_3、特种助剂、稳定剂	Fe_2O_3、MnO_2
外观	褐色条状	黄色条状	灰褐色条状物
粒度（mm）	$\phi(4\sim5)\times(5\sim15)$	$\phi(3\sim4)\times(3\sim15)$	$\phi9\times(6\sim9)$
堆密度（kg/L）	0.80~0.95	—	1.45~1.65
抗压碎力均值（N/cm）	≥40	≥40	≥80（圆柱体） ≥60（条状）
硫容（%）	≥25	≥15	≥15

其中，CT8-13 脱硫剂在 CNG 加气站脱硫装置及井站脱硫装置上得到了广泛的工业应用，见表 4-3。

表 4-3 CT8-13 脱硫剂在 CNG 加气站脱硫装置上应用

原料气中 H_2S 含量（mg/m³）	300~500
天然气处理量（10^4m³/d）	1.2~1.3
操作压力（MPa）	2
操作温度（℃）	15~20

空速(h^{-1})	$410\sim450$
脱硫剂床层压降(MPa)	$\leqslant0.1$
净化气中 H_2S 含量(mg/m^3)	$\leqslant0.1$
累计硫容(%)(净化气中 H_2S 小于 $20mg/m^3$)	31

2. 氧化锌脱硫技术

氧化锌脱硫剂根据成分和制备工艺可以分为单纯氧化锌脱硫剂、复合氧化锌脱硫剂和活性氧化锌脱硫剂三类。

1) 单纯氧化锌脱硫剂

最初制备的氧化锌脱硫剂为单一的氧化锌组分，这种脱硫剂比表面积小，缺乏多孔性，脱硫速度受到限制。

2) 复合氧化锌脱硫剂

以氧化锌为主体，加入一定量金属氧化物及其他助剂，如氧化镁、二氧化锰、氧化铜、铝水泥、活性炭等，制备的脱硫剂表面结构得到很大的改善。

3) 活性氧化锌脱硫剂

对于原料气中硫含量较高情况(大于 $100mg/L$)，需要采用活性(或活化)氧化锌，硫容和净化度均较高，其活性并非来自表面改性，而是来自粒径(比表面积)及颗粒形态。制备活性氧化锌有很多方法，例如低温下焙烧氢氧化锌即获得活性氧化锌，普通氧化锌悬浮溶液中可压入二氧化碳使其活化。

另外，根据不同反应温度可将氧化锌脱硫剂分为高温、中温、低温三类。氧化锌脱硫剂一般在中温或高温($200\sim600℃$)条件下脱硫。其性能指标见表4-4。

表4-4　部分中温、高温氧化锌脱硫剂性能指标

生产或研发单位	西南油气田天然气研究院		西北化工研究院	英国 ICI	德国 BASF
型号	CT8-7	CT8-15	T305	ICL32-4	R5-10
外观	灰褐色	灰褐色条状	白或淡黄色条状	球状	条状
粒度(mm)	$\phi3\times(5\sim10)$	$\phi3\times(5\sim15)$	$\phi(4\pm0.5)$	$\phi(4\sim5)$	$\phi4\times(4\sim8)$
堆密度(kg/L)	$1.20\sim1.41$	1.10	$1.00\sim1.30$	1.40	1.40
抗压碎力均值(N/cm)	$\geqslant50$	$\geqslant50$	$\geqslant40$	$\geqslant40$	$\geqslant40$
磨耗率(%)	—	—	$\leqslant6$	—	—
使用温度(℃)	$200\sim400$	$100\sim200$	$200\sim400$	$350\sim450$	$200\sim400$
净化后原料中含硫(mg/L)	—	$\leqslant0.1$	<0.1	—	—

较低温度（30~150℃）下，氧化锌硫容较低，实现精脱硫存在相当的难度。英国 ICI 公司率先开发出常温精脱硫剂，并于 1987 年在美国完成了工业化应用，反应温度低于 65℃。

3. 活性炭脱硫技术

活性炭脱硫剂可分为干活性炭和改性活性炭两类。活性炭脱硫剂研究主要集中在改性上，如在活性炭的表面浸渍一定量的过渡金属（Fe、Cu、Co 等氧化物）来增强活性炭的催化活性。

大连化学物理研究所研发了一系列脱 H_2S 及有机硫（硫醇、羰基硫、二硫化碳等）的活性碳脱硫剂。其中，3018 系列脱硫剂在长庆油田成功进行工业试验后，又相继在陕—京输气管线、克拉玛依油田、大庆油田、中原油田等得到应用。其各性能指标见表 4-5。

表 4-5　3018 系列活性炭脱硫剂性能指标

产品型号		3018-CT	3018-JT
物性参数	外观	黑色圆柱状颗粒	黑色圆柱状颗粒
	粒度（mm）	$\phi1.5\times(5\sim15)$	$\phi4.0\times(5\sim15)$
	堆密度（kg/L）	0.73±0.05	0.75±0.05
操作条件	相对湿度	20%型饱和（80%~95%最佳）	20%至饱和（80%~95%最佳）
	操作温度（℃）	20~50（20~30℃最佳）	20~50（20~30℃最佳）
	操作压力（MPa）	不限	不限
	空速（h^{-1}）	≤3000	≤1500
	O_2/S	2~5	2~5
性能指标	净化精度（L）	≤0.1	≤1.0

二、固体脱硫技术在高含硫气田试采中的应用

随着天然气消费需求日益增长，许多边远分散含硫天然气井需要开采，但由于地理位置的局限或场站自用气需要，无法进入大管网集中脱硫处理。固体脱硫工艺由于设备简单、可橇装化、操作方便、能耗少等特点，因此，非常适合上述气质脱硫。西南油气田天然气研究院 CT 系列固体脱硫剂广泛应用于川渝地区边远分散含硫天然气井的开采。目前川渝地区已拥有固体脱硫装置二百余套，净化处理含硫天然气约 $10\times10^8 m^3/a$。

2013 年，西南油气田天然气研究院将固体脱硫工艺成功应用于安岳气田磨溪区块龙王庙组气藏天然气勘探开发新区块试采。设计上采用三列装置并联，每列 4 台脱硫塔顺向串联，共有 12 台脱硫塔。采用西南油气田天然气研究院 CT 系列固体脱硫剂，总装填量为 312t。装置总处理能力达 $40\times10^4 m^3/d$。该套固体脱硫工艺装置创造国内固体脱硫工艺应用多项第一，即原料气处理量最大、原料气含硫量最高、一次性脱硫剂装填量最大。磨 47 井干法脱硫装置如图 4-4 所示。

图 4-4 磨 47 井干法脱硫装置

第三节 固体脱硫富剂资源化利用新技术

天然气固体脱硫工艺自应用以来，经过数十年的发展，由于设备简单、操作方便、能耗低等特点，目前已成为边远、低产含硫天然气井脱硫，以及 CNG 深度脱硫的主要技术。对于固体脱硫工艺来讲，以固体脱硫富剂为资源，以无害化、再利用为原则，实现了富剂综合利用，是促进该脱硫技术良性经济循环的必要条件。

一、天然气脱硫富剂产生

用于处理含硫天然气的固体脱硫剂以氧化铁型脱硫剂为主，其与硫化氢反应生成 Fe_2S_3 或 FeS 等。由于脱硫剂再生过程安全可控性差，在实际生产中，当脱硫剂不能满足生产需要时，一般采取更换新的脱硫剂。使用过的脱硫剂由于富含硫、铁等可再利用资源，称为脱硫富剂。

由于国家法规禁止工业垃圾与生活垃圾混埋，对于富剂处置问题，应用初期主要采取预处理后填埋的方式。通过装袋密封、喷水湿润、分格封存等方式，有效阻止富剂在空气中发出异味，稳定后填埋处理。随着国家环保法规日益严格，简单填埋处置已经不能满足现有法律法规要求，须进行无害化处置。

1. 富剂组分分析

由于脱硫剂使用工艺条件的不同，脱硫富剂的组分存在一定的差异，见表 4-6。通过对川渝地区普遍应用的 CT 系列脱硫剂所产富剂分析可知，富剂富含硫、铁元素，具有再利用价值。

表 4-6　脱硫富剂主要组分及含量

组分	含量（%）
硫	20~25
铁	30~35

2. 富剂特性分析

为了更好地利用脱硫富剂，在脱硫富剂组分分析基础上，通过富剂特性鉴定得出，CT系列脱硫富剂中的放射性核素值很低，符合 GB 6566—2010《建筑材料放射性核素限量》标准要求。脱硫富剂各项指标未超过国家对危险废弃物腐蚀性、反应性、浸出液毒性规定物质标准限值，见表 4-7 和表 4-8。

表 4-7　脱硫富剂放射性核素限量分析

项目参数	建筑主体材料标准限值	测试结果
内照射	≤1.0	0.008
外照射	≤1.0	0.007

表 4-8　脱硫富剂有毒有害物质分析

序号	分析项目	分析方法/标准	分析结果	标准限值
1	pH 值	GB 5085.1—2019《危险废弃物鉴别标准　腐蚀性鉴别》	5.87	2~12.5
2	硫化氢（mg/kg）	GB 5085.5—2019《危险废弃物鉴别标准　反应性鉴别》	3.37	500
3	铜（mg/L）	GB 5085.3—2019《危险废弃物鉴别标准　浸出毒性鉴别》	未检出	100
4	镉（mg/L）		未检出	1
5	铅（mg/L）		0.12	5
6	锌（mg/L）		0.013	100

二、富剂资源化利用新技术

1. 富剂附烧制水泥

水泥熟料煅烧生产过程中须配入含铁原料作为助溶剂，以降低水泥熟料的烧成温度和提高水泥的氧化固结强度和耐腐蚀性能，一般采用硫酸烧渣作为水泥生产铁质辅料，工艺流程如图 4-5 所示。脱硫富剂含铁量较高，可替代硫酸烧渣作为生产水泥的铁质辅料。同时，水泥生产原料大部分呈碱性，具有一定固硫作用，适宜操作条件下，富剂中硫化物可固化到熟料中，避免生产装置尾气中 SO_2 超标排放，附烧富剂过程中排放尾气中 SO_2 浓度变化如图 4-6 所示。

在国内，西南油气田天然气研究院率先成功开展了利用水泥窑炉附烧脱硫富剂工业试验。试验结果表明，通过优化工艺操作条件，无需添加任何物料，附烧脱硫富剂过程中生产装置尾气排放达标，且熟料、水泥中 SO_3、MgO、Cl^- 符合标准要求，对产品质量无影

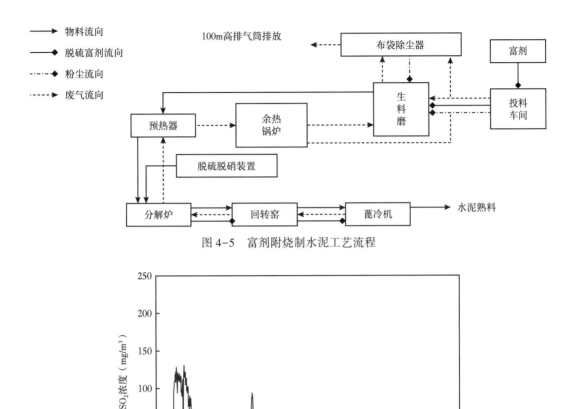

图 4-5 富剂附烧制水泥工艺流程

图 4-6 附烧富剂过程中排放尾气中 SO_2 浓度变化

响。目前该技术已经在四川德阳及重庆地区水泥厂推广应用。附烧富剂水泥指标分析和水泥熟料指标分析见表 4-9 和表 4-10。

表 4-9 附烧富剂水泥指标分析

项目	附烧富剂水泥	水泥指标要求	备注
SO_3(%)	2.65	≤3.50	合格
MgO(%)	2.27	≤5.00	合格
Cl^-(%)	0.01	≤0.06	合格

表 4-10 附烧富剂水泥熟料指标分析

项目	附烧富剂熟料	熟料指标要求	备注
SO_3(%)	0.45	≤1.00	合格
MgO(%)	2.27	≤5.00	合格

2. 富剂掺烧制硫酸

富剂掺烧制酸所依托工艺必须含有"烧"和"硫回收"装置。"烧"即矿料焙烧，一般采用沸腾炉；"硫回收"即焙烧产生烟气中硫转化为硫酸，一般采用氧化吸收工艺，即先将烟气中 SO_2 氧化为 SO_3，然后再通过浓硫酸吸收。工艺流程如图 4-7 所示。

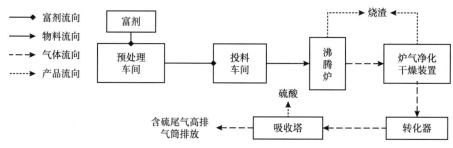

图 4-7　富剂掺烧制硫酸工艺流程

西南油气田天然气研究院依托现有硫酸生产装置，在掺烧比为 20%、空气过剩系数为 1.2~1.3 操作条件下，对硫酸生产装置运行稳定性进行了考察，结果表明，虽然富剂的有效硫含量存在差异，造成沸腾炉炉温波动，但整体装置运行可控。在添加 20% 富剂时，焙烧后烧渣品位（含铁量）大于 55%。与未掺入富剂相比，富剂掺入后降低了烧渣品位，但可以通过增加磁选工艺，提高烧渣的品质，见表 4-11。

表 4-11　富剂掺烧前后烧渣分析

项目	铁含量(%)
未掺入富剂	62.23
未掺入富剂（磁选）	72.15
掺入富剂	56.32
掺入富剂（磁选）	65.21

3. 富剂生产烧结砖

烧结砖的主要生产原料有黏土、页岩和煤矸石等，部分制砖厂也采用硫铁矿焙烧后产生的低品位炉渣或者磁选后废料作为制砖原料。生产流程如图 4-8 所示。富剂焙烧后主要成分与硫铁矿焙烧后炉渣相似，因此，可作为制备烧结砖原料，实现对富剂再利用。同时，富剂含有一定量热值，烧结过程中也可以减少燃料的使用量。

值得注意的是，制备含富剂烧结砖时，原料预处理过程较为关键。富剂一般为颗粒状，具有一定的强度，如果直接与制砖粉料加水混合搅拌后成型，由于不能有效分散，混合不均匀，干燥和焙烧过程可能会出现裂纹，严重影响砖的质量，因此，富剂应预先进行单独破碎处理或者直接与黏土、页岩混合后再进行破碎预处理。

西南油气田天然气研究院对烧结砖制备工艺条件，如页岩原料选择、富剂掺入比、焙烧温度等进行了研究，同时对制备的烧结砖的抗压强度、吸水率、饱和系数、石灰爆裂和泛霜等性能进行评价，见表 4-12，结果表明，在富剂添加量为 10% 时，制备烧结砖满足标准要求。

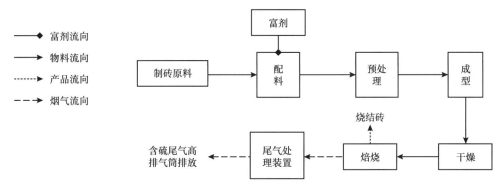

图 4-8 富剂制备烧结砖生产流程

表 4-12 富剂制备烧结砖性能

掺入量（%）	焙烧温度（℃）	抗压强度（MPa）		抗风化性能			
				吸水率（%）		饱和系数	
		均值	标准值	均值	标准值	均值	标准值
10	1050	28.59	≥10.00	20.05	≤18.00	0.68	≤0.78

由于富剂中硫含量较高，因此，对烧结砖焙烧窑防腐性能要求更高，普通的焙烧窑需升级改造。同时还需增设尾气处理装置，减少尾气中 SO_2 排放，避免造成二次污染。

4. 富剂生产免烧砖

免烧砖使用的原料来源广泛，既可以使用天然砂石，也可以利用部分工业废弃物，如炉底渣、粉煤灰、建渣等，是工业废弃物较为常用的综合利用方式。通过富剂制备免烧砖，将富剂中硫等固化在砖体内，减少焙烧环节，避免 SO_2 气体的释放。因此相对于烧结砖而言，制备过程无二次污染。富剂制备免烧砖生产流程如图 4-9 所示。

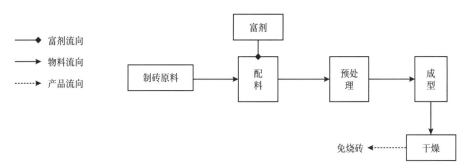

图 4-9 富剂制备免烧砖生产流程

西南油气田天然气研究院通过对免烧砖制备工艺条件，如原料选择及配比、富剂粒度、成型条件等进行研究，对制备免烧砖抗压强度、吸水率、抗冻性和泛霜等性能进行评价，见表 4-13，结果表明，在富剂添加量为 10% 时，制备的免烧砖满足承重砖国家技术标准要求。

表 4-13　富剂制备免烧砖性能

掺入量（%）	抗压强度（MPa）		吸水率（%）		抗冻性（MPa）	
	均值	标准值	均值	标准值	均值	标准值
10	20.44	≥10.00	9.3	≤10.00	16.83	≥8.00

需要注意的是，制备过程中，若富剂预处理不彻底，固化在免烧砖内的富剂会释放出异味，影响其使用。另外，长期暴露在户外环境下，含富剂免烧砖使用过程中的砖体稳定性有待长时间的考察。

5. 富剂焙烧转化制硫黄

通过硫酸生产工艺与硫黄回收工艺相结合，依托现有天然气净化厂硫黄回收装置，通过克劳斯反应，将焙烧富剂烟气中硫进行回收，工艺流程如图 4-10 所示。

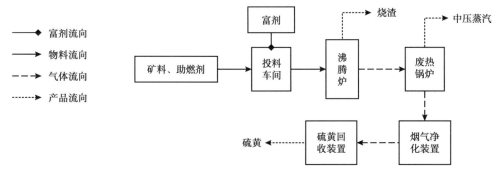

图 4-10　富剂焙烧转化制硫黄工艺流程

西南油气田天然气研究院依托某天然气净化厂硫黄回收装置，按照富剂处理量为 8000t/a，采用专业软件模拟计算得出，富剂焙烧烟气进入后不会对现有硫黄回收装置的主体设备运行造成影响，见表 4-14 和表 4-15，同时焙烧烟气气量上下 10% 波动时，同样不会影响装置的稳定运行。

表 4-14　脱硫富剂焙烧烟气对硫黄装置各单元影响（1）

工况条件	酸气（混合气）量（m³/h）	空气量（m³/h）	炉温（℃）	废锅热负荷（GJ/h）	一冷热负荷（GJ/h）	二冷热负荷（GJ/h）
引入烟气	10210	5029	851	15.80	3.75	5.17
烟气量增加 10%	10430	5029	850	16.02	3.79	5.25
烟气量减少 10%	9990	5029	853	15.78	3.71	5.10

表 4-15　脱硫富剂焙烧烟气对硫黄装置各单元影响（2）

工况条件	三冷热负荷（GJ/h）	加氢后 H_2S 浓度（%）	胺液循环量（t/h）	克劳斯段回收率（%）	装置总硫回收率（%）
引入烟气	3.60	2.47	113.0	93.21	>99.8
烟气量增加 10%	3.65	2.49	115.2	92.74	>99.8
烟气量减少 10%	3.51	2.88	106.5	92.81	>99.8

富剂热值较低，焙烧过程需要添加一定量的助燃剂。在天然气净化厂硫黄是最佳助燃剂选择。但是，高温条件下，如何做到稳定焙烧两种不同性质的物质，对燃烧设备选型、工艺设计，以及投料方式等方面都存在一定考验。另外，在烟气净化工艺选择上，由于焙烧烟气含有大量的粉尘，为了防止对后续克劳斯催化剂活性及硫黄品质产生影响，必须进行除尘等净化处理。

目前，脱硫富剂附烧制水泥和掺烧制酸具有较好的可行性，然而掺烧制酸必须依托硫铁矿焙烧制硫酸工艺，该工艺一般生产规模小、工艺和环保设施落后，很难满足目前日益严格的环保要求，掺烧制酸可选用装置有限。水泥窑焚烧处置工业固体废物属国家政策鼓励类项目，因此利用水泥窑炉附烧处置脱硫富剂技术推广可以得到更多的国家或地方政府政策支持。

第四节　固体脱硫技术新进展

固体脱硫技术在脱硫剂制备、工艺装置设计、工业应用等方面相对成熟。目前研究主要集中在提高硫容、提高脱硫精度，以及脱除有机硫等方面。

（1）脱硫剂助剂改性。通过添加一种或几种助剂，提高脱硫剂性能。如以铁氧化物为主要活性成分，配加其他过渡金属氧化物（如 Ti、Zr、Zn、Mn 等）制成的复合型金属氧化物脱硫剂，具有活性高、硫容大、可再生等特点。武汉科技大学制备出的碳酸盐改性氧化铁脱硫剂对 COS 硫容达到 3%，且改性后脱硫剂对硫化氢和二硫化碳的脱除能力也有一定的提高。

（2）脱硫剂结构改性。太原理工大学采用胶晶模板法制备的三维有序大孔 Fe_2O_3，改善了脱硫剂的孔隙结构，脱硫剂反应性与硫容远远高于普通型 $\alpha-Fe_2O_3$。

目前，固体脱硫剂仍存在有机硫脱除性能差、再生困难等问题，借助现代表征技术手段，未来应进一步加深大体脱硫剂的基础理论研究，以期在有机硫脱除及再生方面有新的突破。

第五章 天然气脱水技术

自天然气气井采出的天然气几乎为气相水所饱和，甚至会携带一定量的液态水。天然气中水分的存在易造成严重的后果，例如含 CO_2 和 H_2S 的天然气中若有水存在，酸性组分溶于水后易形成酸进而腐蚀管路和设备；在一定温度和压力条件下，处于过饱和状态的天然气易形成水合物，造成阀门、管道和设备的堵塞；水合物的形成极大可能会降低管道输送能力，造成不必要的动力消耗。因此，天然气集输及净化工艺等对天然气中水分的脱除具有严格的要求。

第一节 基本原理及主要流程

天然气中携带的水是需要脱除的组分。干气输送工艺要求出井口的含硫天然气须先行脱水后再送至净化厂集中脱硫；自净化厂输出的产品天然气也需使水露点满足商品气管输标准。天然气工业中通常对三类情况的天然气携带的水分进行脱除。

第一类在井场处理粗天然气（含硫或不含硫）。井口流出的原料天然气中含有饱和水汽，有些甚至携带出大量液态气田水；含硫天然气夹带的水汽使之具有腐蚀性，进而对管道内壁及集输设备造成腐蚀。除腐蚀问题外，无论是以液相或气相存在的水均会降低管道运送能力，在较低的温度条件下它们还可能形成固体水合物堵塞阀门、管道和设备。

第二类在净化厂处理脱硫脱碳装置出来的净化气。从净化厂吸收塔出来的湿净化气含饱和水，在进入管网输送前如不将其除去，可能在低于管输条件下的环境水露点造成积液，在高于冰点的温度下也可能与其中的烃类等组分形成固体水合物，从而影响管网输送。

第三类是用于天然气凝液回收、液化天然气或压缩天然气装置的进料气脱水。若天然气中含有水分，在液化装置中，水在低于零度时以冰或霜的形式冻结在换热器的表面和节流阀的工作部分。另外，天然气水露点过高，则在增压或降温过程会形成水合物，它不仅可能导致管线阻塞，也可造成分离设备的堵塞。

不同的工况采用的脱水工艺不尽相同，目前常用的脱水方法主要分为物理法和化学法。物理法主要有低温分离法、膜分离法及超音速涡流管法等；化学法主要有固体吸附脱水法及溶剂吸收脱水法。

第二节 天然气脱水技术分类及应用

一、溶剂吸收脱水技术

1. 基本原理及流程

溶剂吸收法也称为液体法脱水，应用普遍，技术成熟。其脱水原理为利用某些有机溶剂对天然气、烃类的溶解度低，而对水的溶解度高和对水蒸气吸收能力强的特点，使天然气中的水蒸气及液态水被溶剂吸收，然后再将吸水后的溶剂与天然气分离；吸水溶剂经高温再生除水后，返回系统循环使用。

由于醇类化合物具有很强的吸水性，因此多采用分子量高的醇类用作吸水剂，如乙二醇、二甘醇和三甘醇（TEG）。最先用于天然气脱水吸收剂的是二甘醇，但后来发现三甘醇的热稳定性更好、易于再生、蒸汽压低、携带损失量更小、在相同质量分数的甘醇条件下 TEG 能获得更大的露点降。基于上述优点，三甘醇迅速取代二甘醇成为最主要的脱水溶剂，目前也是国内天然气净化厂脱水单元普遍采用的脱水溶剂。在实际应用中三甘醇法脱水还有以下优点：

（1）投资较低。建设一座处理能力为 $28 \times 10^4 m^3/d$ 天然气的固体吸附剂脱水装置，比三甘醇脱水装置投资高约 50%。

（2）压降较小。三甘醇脱水的压降为 35 ~ 70kPa，固体吸附剂法脱水压降为 70 ~ 200kPa。

（3）甘醇法脱水为连续操作，且运行较为稳定。

（4）可将天然气中的水含量降低到 $8mg/m^3$。如果有贫液汽提柱，利用汽提气进行再生，天然气中的水含量甚至可降低到 $4mg/m^3$。

但其缺点是：

（1）天然气的露点要求低于-32℃时，需要采用汽提法进行再生。

（2）三甘醇受污染或分解后具有腐蚀性。

（3）三甘醇脱水装置普遍存在能耗偏高，且对工艺参数的调节与控制精度较低的问题。

吸收法脱水主要用于使天然气露点满足管输要求的场合，一般建在集气站、输气站或天然气净化脱硫装置后。

三甘醇脱水工艺流程为：原料天然气从吸收塔的底部进入，与从塔顶进入的三甘醇贫液在塔内逆流接触，脱水后的天然气从吸收塔顶部离开，三甘醇富液从吸收塔底部离开，富液进入闪蒸罐，离开闪蒸罐的液相经过过滤器过滤后流入贫/富液换热器、缓冲罐，进一步升温后进入再生塔。在再生塔内经过加热，三甘醇富液中的水分在低压、高温下脱除，再生后的贫液经贫/富液换热器冷却后，经三甘醇泵泵入吸收塔顶部循环使用，如图 5-1 所示。

2. 工艺开发应用现状

有数据统计显示在美国投入使用的溶剂吸收工艺装置中，三甘醇作为吸收剂的比例约为 85%。常见的三甘醇脱水工艺流程如图 5-1 所示，该系统单元主要包括分离器、吸收塔和三甘醇再生，主要采用了吸收、分离、气液接触、传质、传热及抽提等原理，再生容易，其贫液质量分数可达 98% ~ 99%，具有更大的露点降，且运行成本较低，因此应用较为广泛。

由于三甘醇脱水已是成熟的脱水工艺，在国内大型天然气净化厂已广泛使用。以川中矿区龙岗天然气净化厂为例，该厂脱水装置 TEG 吸收塔选用 9 层泡罩塔盘，主材为16MnR，塔底设有重力分离段。溶液循环泵选用三柱塞往复泵。该厂的脱水工艺参数选取如下：

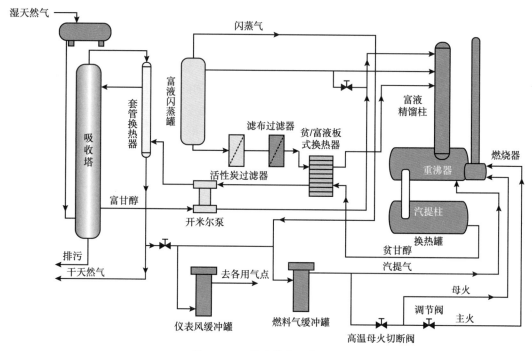

图 5-1　三甘醇脱水工艺流程

（1）再生塔进气温度。

TEG 再生塔进气温度控制在 50℃ 以下，因为压力一定的情况下，进气温度越高，其饱和含水量越高，增大脱水装置负荷，并且 TEG 的蒸发损失比较大。一般而言，进气温度宜控制在 15~48℃，若温度高于 48℃，进再生塔前应设置冷却设施；如果低于 15℃，设置加热设施。

（2）再生温度。

TEG 重沸器在常压下操作，TEG 浓度取决于重沸器的再生温度，温度越高，浓度越大。由于受 TEG 热分解温度的限制，再生温度控制在 204℃ 以下。

（3）再生方式。

TEG 再生装置采用中压蒸汽汽提的方式进行提浓，汽提气流量为 84m³/h，再生效果最好，贫甘醇浓度可达到 99% 以上。

二、固体吸附脱水技术

1. 工艺原理及流程

固体吸附法脱水即是采用固体吸附剂对天然气中的水分进行吸附从而实现分离脱除，故也称为吸附法。固体吸附法分为物理吸附和化学吸附两类。物理吸附是由固体吸附剂表面的分子与被吸附的含水天然气流体中的水分子间的分子间作用力所造成，吸附速度快；化学吸附则指固体吸附剂表面原子价未饱和，与吸附流体中的水分子间有电子转移，并形成化学键。物理吸附过程是可逆的，吸附和脱附可通过调节温度和压力改变平衡方向实现，而化学吸附则不可逆，吸附剂不能再生。因此，用于天然气脱水的吸附过程多为物理吸附，该法具有较好的吸附活性。

固体吸附剂脱水装置的投资和操作费用比甘醇脱水装置要高，故一般在甘醇法脱水满足不了天然气露点要求时才采用固体吸附法脱水。

其优点是：

（1）脱水后的干气露点可低至−100℃，相当于水含量为 0.8mg/m³。

（2）对进料气压力、温度及流量的变化不敏感。

（3）无严重的腐蚀及起泡。

但在实际应用中其缺点也较为明显：

（1）需要两个或两个以上的吸附器切换操作，故其投资及操作费用较高。

（2）压降较大。

（3）天然气中的重烃、汞、有机硫等可造成固体吸附剂污染。

（4）固体吸附剂在使用过程中易产生机械性破损。

（5）再生时消耗的热量较多，在小流量操作时更为显著。

在下列情况之一时，可优先选择固体吸附法：

（1）不宜采用甘醇法脱水的场合。例如，在海上平台由于空间较小且波浪起伏会影响吸收塔内甘醇溶液的正常流动。

（2）用于露点温度低于−34℃时的天然气加工脱水。

（3）需同时脱水和脱烃以满足水露点和烃露点的要求。

天然气脱水中常用的固体吸附剂有分子筛、氧化铝及硅胶。其中分子筛脱水工艺应用最为广泛。固体吸附剂物性参数见表5-1。

表5-1 固体吸附剂物性参数比较

吸附剂	硅胶	活性氧化铝	分子筛
散装密度（kg/m³）	721	817	721
比热[kJ/(kg·℃)]	0.921	1.005	1.047
设计湿容量（%）	7	7	14
最小露点（℃）	−68~−51	−68~−51	−188~−73
再生温度（℃）	195	184~296	268~323

1）分子筛脱水工艺

分子筛是一种具有立方晶格的硅铝酸盐化合物，主要由硅铝通过氧桥连接组成空旷的骨架结构，在结构中有很多孔径均匀的孔道和排列整齐、内表面积很大的空穴。此外还含有电价较低而离子半径较大的金属离子和化合态的水。由于在加热后水分子会连续失去，但骨架结构不变，形成了许多大小相同的空腔，空腔又由许多直径相同的微孔相连，这些微小的孔穴直径大小均匀，能把比孔道直径小的分子吸附到孔穴内部来，而把比孔道大的分子排斥在外，因而能把形状与直径大小不同的分子、极性程度不同的分子、沸点不同的分子，以及饱和程度不同的分子分离开来，即具有"筛分"分子的作用，故称为分子筛。

目前已在化工、电子、石油化工、天然气等工业中广泛使用。

分子筛具有很高的水容量，吸湿能力极强，可以产生很低的水露点，可同时净化和干燥气体。在天然气工业中常用的分子筛型号为：A 型、X 型和 Y 型。A 型包括钾 A（3A）、钠 A（4A）、钙 A（5A），其中以 3A 和 4A 分子筛应用最为广泛。

3A 分子筛又称 KA 分子筛。3A 分子筛的孔径为 3Å，主要用于吸附水，不吸附直径大于 3Å 的任何分子，适用于气体和液体的干燥及烃的脱水。广泛应用于石油裂解气、乙烯、丙烯及天然气的深度干燥。4A 分子筛的孔径为 4Å，吸附水、甲醇、乙醇、硫化氢、二氧化硫、二氧化碳、乙烯、丙烯，不吸附直径大于 4Å 的任何分子（包括丙烷），对水的选择吸附性能高于任何其他分子，是工业上用量最大的分子筛品种之一，广泛用于油田伴生气、天然气等的干燥和乙醇的脱水。

原料天然气首先通过聚结器实现水分的初分，然后经过分子筛脱水装置后，实现净化气的深度脱水，再通过产品气粉尘过滤器过滤掉分子筛可能漏掉的破碎粉尘，最后干气外输或进入后续工序。

2）硅胶法脱水工艺

硅胶的吸水性很强，每克硅胶可吸水 7~9mg。其形貌结构为一种坚硬无定形链状和网状结构的硅酸聚合物颗粒，属于亲水性的极性吸附剂。硅胶的分子式为 $SiO_2 \cdot nH_2O$，其孔径在 2~20nm 之间，和活性炭相比孔径分布比较单一和窄小。由于硅胶表面羟基产生一定的极性，使硅胶对极性分子和不饱和烃具有明显的选择性，并对芳香族的 π 键有很强的选择性，能使天然气的露点降低至 -60℃ 左右，吸水后的硅胶可在经 120~180℃ 加热再生后重新使用。

3）氧化铝脱水工艺

活性氧化铝是一种极性吸附剂，具有机械强度大，吸湿性强，吸水后不胀不裂，且对多数气体和蒸气能保持性能稳定，无毒，抗冲击和磨损的能力强，不溶于水和乙醇等特点。适用于无热再生装置，也常用于气体、油品和石油化工产品的脱水干燥，其露点可达 -40℃。为了防止生成胶质沉淀，活性氧化铝宜在 177~316℃ 下再生，即床层再生气体在出口时最低温度需维持在 177℃，方可恢复至原有的吸附能力。活性氧化铝循环使用后，其物化性能变化不大。

2. 工艺开发应用现状

目前，工业上常用的固体吸附剂有硅胶、活性氧化铝、分子筛。而分子筛因其具有吸附选择性强，高效吸附容量，使用寿命长，并不易被液态水破坏等特点，因而得到了更广泛的应用。

分子筛脱水系统一般包括 2 个或 3 个可用于脱水、再生和吹冷状态的干燥器，以及再生气加热系统。分子筛脱水装置中分子筛的吸附和再生是整个脱水单元的关键所在，它使天然气达到较低的露点，以及深度脱水的精度需要，方能适应和满足后面工艺流程要求，分子筛脱水流程图如图 5-2 所示。

分子筛脱水装置由吸附、再生和冷却三个基本单元组成，操作参数主要包括压力、流量、温度、操作时间等。

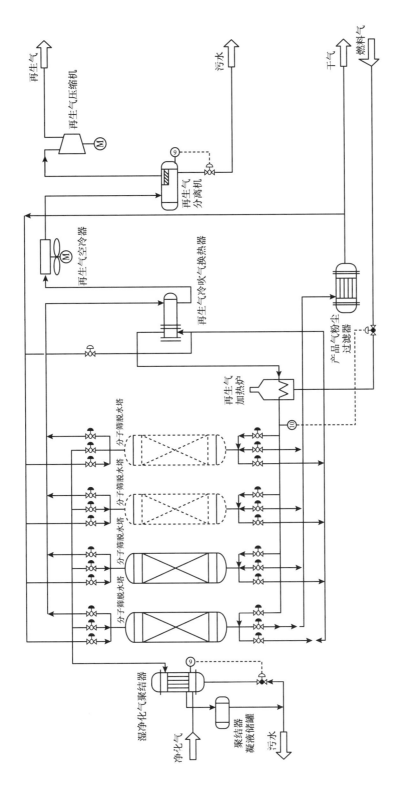

图 5-2 分子筛脱水流程图

（1）操作温度。

为使分子筛保持高湿状态，原料气温度不宜超过50℃，且湿原料气的温度不能低于其形成水合物的温度。

（2）操作压力。

取决于进入塔内的天然气压力，压力波动可能引起分子筛床层的扰动，严重时分子筛颗粒将被气流带出塔内，因此应保持进气压力的稳定。

（3）操作周期。

一般是8h，根据情况可为16h或24h。

（4）分子筛使用寿命。

以气质和再生过程的操作而定，一般为3~5年。

（5）再生操作。

通常从湿原料气或干燥气中抽出部分气体作为再生气，将其加热到一定温度后进入再生塔床层，然后再汇入湿原料气总管。

（6）再生温度。

一般为175~310℃，这取决于吸附剂的种类，再生温度越高，再生后的分子筛的湿容量越大，但过高的再生温度也将相应缩短分子筛的使用寿命。

（7）再生气流量。

再生气流量应该满足在规定时间内把再生床层提高到规定的温度并有效带走床层水分，一般为总原料气的5%~15%。

（8）再生时间。

再生吸附器出口温度达到预定再生温度后的时间占总再生时间的65%~75%。

（9）冷却气流量。

冷却气流量通常与再生气流量相同，最终的冷却温度为40~55℃，床层冷却时间占总时间的25%~35%。

塔里木气田天然气主要采用分子筛脱水和低温分离脱水。轮南作业区、桑吉作业区和塔中作业区采用分子筛脱水装置吸附脱水，而塔中作业区曾出现过由于塔内温度较高使塔内钢丝滤网老化断裂，导致分子筛堵塞下游过滤器的情况。故分子筛脱水主要问题为设备投资和操作费用比较高，分子筛再生能耗大，而且天然气中的重烃、H_2S和CO_2等易使吸附剂污染。

土库曼斯坦南约洛坦处理厂设计处理原料天然气$115×10^8 m^3/a$，操作压力为9.2MPa。从脱硫脱碳装置来，经脱烃装置冷却至30℃的压力为8.75MPa的原料气，经原料气聚结器除去夹带的水滴后进入分子筛脱水塔。原料气分别进入两个分子筛脱水塔，进行脱水吸附过程。脱除水后的净化气进入产品气粉尘过滤器，过滤除去分子筛粉尘后去脱烃装置。其脱水装置采用四塔流程，分子筛脱水塔1个操作周期内吸附12h，再生6h，冷却6h，运行期间保持两塔吸附，一塔冷却，一塔再生。该装置自2013年投运以来，运行情况较好，表5-2为运行数据统计表。

表 5-2　运行数据统计表

时间	2013 年 10 月	2013 年 11 月	2013 年 12 月	2014 年 1 月	2014 年 2 月	2014 年 3 月	2014 年 4 月
原料气量($10^4 m^3$)	3836.46	16117.78	33432.09	55492.20	53861.50	59472.66	43380.55
产品气量($10^4 m^3$)	3284.97	13958.46	29881.86	49909.24	48290.71	53399.11	38791.00
产品气水露点(℃)	-27.00	-23.18	-26.22	-24.24	-23.02	-22.68	-22.26

三、其他脱水技术

1. 超音速涡流管

1）基本原理及流程

超音速涡流管是一种全新的天然气脱水处理器，利用其自身所具有的旋流分离能力进行天然气脱水处理，是一项利用空气动力学、工程热力学和流体力学的基本原理实现含相变的气液分离的装置。超音速涡流管主要由旋流发生器、拉瓦尔喷管，以及扩压器组成。其基本原理为气体流经旋流拉瓦尔喷管产生低温强旋流，水蒸气发生凝结，强大离心力将凝结出的液滴分离出来。

针对超音速涡流管在天然气中的应用，国外一些商业公司和研究机构在 20 世纪 90 年代就开始进行了研究。当前，在这一领域的研究中比较成功的主要有壳牌公司及俄罗斯的 Translang 公司，这两家公司在数值模拟和实验研究方面进行了大量的工作，并在多处地方进行了大量的现场试验。根据旋流发生器位置的不同，壳牌旗下的 Twister BV 公司将超音速涡流管划分为两代。第一代的旋流发生器在超音速喷管内，由置于超音速区域的三角翼起旋，第二代是在拉瓦尔喷管入口处，由置于拉瓦尔喷管上游的静止叶栅起旋。由于第一代的旋流发生器处于超音速区域，导致气流在经过旋流发生器后具有较大的扰动性，致使流场不稳定，三角翼的前端也容易出现激波，致使流场更加复杂和不稳定。因此，现在主要发展第二代超音速涡流管。

2）工艺开发应用现状

为了解决现有含硫天然气脱水工艺存在的问题，科技人员进行了大量的研究，发现利用超音速涡流管技术和井口压力能形成低温，可分离天然气中的水等液态物质。该技术不但可避免水合物堵塞问题，而且具有投资低、工艺简单、维护容易、节能等优点，近年来该技术在国外得到了迅速的发展，国内也有多家单位开展了室内研究。

针对超音速涡流管脱水技术，20 世纪 90 年代初以来国外开展了大量研究，并在近几年得到了快速发展，已实现工业化，取得了很好的效果，主要研发公司为 Translang 和 Twister 公司。

3S（Super Sonic Separator）管的研究和测试是由加拿大和俄罗斯合资的 Translang 公司于 1996 年开始的，2002 年获得美国专利。3S 超音速分离器是基于天然气旋流在超音速喷管内绝热膨胀降温，分离天然气中的水分和天然气液烃（NGL）组分的一种新型、高效分离设备。2004 年 9 月，该公司第一套工业用 3S 装置在西伯利亚一座处理能力超过 $4 \times 10^8 m^3/a$

的天然气工厂的低温系统中成功投运，完成了从实验研制到工业化应用的整个过程，干气露点为-20.6℃。2007年夏天，Gubkinskoe油田UKPG-1应用3S技术改造完成，日处理量约为$100 \times 10^4 m^3$，原料气压力为8.0MPa，出口压力为5.1MPa，干气露点为-27℃。通过与Translang公司交流，了解到其在压降33.3%时（入口60bar，出口40bar），天然气露点从40℃降至-10℃，露点降了50℃。其预处理中过滤的精度要求为250μm。

Twister管（图5-3）系荷兰Twister公司（由Shell、Beacon和3i公司控股）于1999年研制成功的新型脱水技术，2004年获得了美国专利。由于采用将膨胀和压缩结合的技术，气体只在分离区域处于低压、低温状态，而干气会自动增压、升温，故Twister管可以在较小压损的条件下实现高效气液分离，同时也省去了加热干气的麻烦。原料气高速（约1.3Ma）通过Twister管，水合物和冰在如此短的时间内不会形成，可防止堵塞。因此该工艺不用注入醇消除游离水，无化学药剂消耗。目前Twister公司在世界各地建有多套脱水、脱烃装置，其中荷兰Zuiderveen、Barendrecht、Leermens和尼日利亚SPDC Utorogu 4套装置为试验装置。

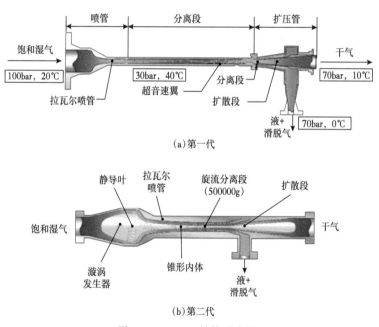

图5-3　Twister结构示意图

第一代Twister管干气露点偏高，难以满足大多数地区的露点要求。这是由它先加速后旋转的设计思路所决定的。为了提高Twister管的工作效率，Twister公司对其进行了改进。2005—2006年Twister公司在荷兰格罗宁根（Groningen）的Gasunie（荷兰国家天然气管网作业公司）研究中心进行了试验，并取得了成功，目前还没有查到改进后的Twister管的工业应用情况。

通过对国外两种类型涡流管的调研比对发现（表5-3），两种涡流管的工作原理类似，都是含水天然气或含烃天然气首先经过旋流器旋转，产生高速旋流，旋流气在喷管处降压、降温和增速。由于天然气温度降低，其中的水蒸气和液态烃组分凝结成液滴，在旋转产生的切向速度和离心力的作用下，液滴被"甩"到管壁上。然后，液体及少量滑脱气通过专门设计的两相分离器出口流出，气体则进入扩散器，减速、增压、升温后流出。

表5-3 两种不同类型超音速涡流管技术对比

无中心锥		带中心锥		
开发公司	Translang	开发公司		Twister
国外应用	西伯利亚	国外应用		马来西亚
国内应用	塔里木	国内应用		无
塔里木处理条件	处理量（m³/d）	380×10⁴	露点降（℃）	16
	干气露点（℃）	-40	干气露点（℃）	7.5
	压损（%）	27.4	压损（%）	33
	进口压力（MPa）	10.2		
	出口压力（MPa）	7.8		

从俄罗斯引进的2套并联超音速分离器（Super Sonic Seperator，简称3S）于2011年6月18日在塔里木油田公司牙哈凝析气田集中处理站成功投入工业应用。该项目设计天然气入口压力为10.85MPa、气相出口压力为7.0MPa、液相出口压力为7.0MPa，处理量为362.8×10⁴m³/d；现场投运时实际天然气入口压力为10.2MPa、气相出口压力为7.8MPa、液相出口压力为7.8MPa，处理量为380×10⁴m³/d。结合原料气条件和现场实际，制定了首个关于3S型分离器与J-T阀切换的操作流程，其工艺流程简图如图5-4所示。

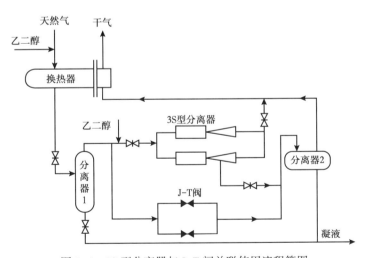

图5-4 3S型分离器与J-T阀并联使用流程简图

与同工况下的J-T阀相比，日增凝液量50t；在7MPa时，J-T阀的水露点和烃露点分别为-19.2℃和-6.9℃；而3S型分离器的水露点和烃露点分别为-46.4℃和-38.2℃。通过对调研数据分析后得出：在天然气进出口压降27.4%时，经超音速涡流管脱水、脱烃处理后干气、烃水露点均低于-5℃，能够满足产品气外输气质要求。该项技术具备良好的应用条件。

国内研究起步于近几年，北京航空航天大学、北京工业大学、西安石油大学和西南石油大学等单位都有研究。西南油气田天然气研究院也深入开展了超音速涡流管脱水全流程模拟研究，设计并建成了一套处理量为100~400m³/h的天然气脱水涡流管现场试验装置。

2. 膜分离

1）基本原理及流程

膜分离技术是近20多年发展起来的一门新的分离技术，它包括反渗透、超过滤、微过滤、渗析、电渗析、过膜蒸发及气体膜分离等。其分离过程是利用物质通过半透膜的可释性机理，使混合物中各组分在压力差、浓度差或电位差等条件下通过界面膜进行传质，利用各组分在膜中不同的优先渗透性或选择渗透性实现组分分离。天然气膜分离脱水技术就是利用特殊设计和制备的膜材料对天然气中杂质成分（如 H_2O、CO_2 和 H_2S）的优先选择渗透进行脱除。

常用的气体分离膜可分为多孔膜和致密膜两种，见表5-4，它们可由无机膜材料和高分子膜材料组成。膜材料的类型与结构对气体渗透有着显著影响。气体分离用膜材料的选择需要同时兼顾其渗透性和选择性。

表5-4　气体分离膜材料

类型	无机材料	高分子材料
多孔质	多孔玻璃，陶瓷，金属	聚烯烃类，醋酸纤维素类
非多孔质（致密膜）	离子导电型固体，钯合金等	均质醋酸纤维素类，合成高分子（如聚硅氧烷橡胶，聚碳酸酯等）

按材料的性质区分，气体分离膜材料主要有高分子材料、无机材料和高分子—无机复合材料三大类。

（1）高分子膜材料。

高分子膜材料分橡胶态膜材料和玻璃态膜材料两大类。玻璃态聚合物与橡胶态聚合物相比选择性较好，其原因是玻璃态的链迁移性比后者低很多。玻璃态膜材料的主要缺点是它的渗透性较低，橡胶态膜材料的普遍缺点是它在高压差下容易膨胀变形。目前，研究者们一直致力于研制开发具有高透气性和透气选择性、耐高温、耐化学介质的气体分离膜材料，并取得了一定的进展。

（2）无机膜材料。

无机膜的主要优点有：物理、化学和机械稳定性好；耐有机溶剂、氯化物和强酸、强碱溶液，并且不被微生物降解；孔径分布窄；操作简单迅速；便宜。

受目前工艺水平的限制，无机膜的缺点为：制造成本相对较高，大约是相同膜面积高分子膜的10倍；质地脆，需要特殊的形状和支撑系统；制造大面积稳定的且具有良好性能的膜比较困难；膜组件的安装、密封（尤其是高温下）比较困难；表面活性较高。

（3）高分子—无机复合或杂化膜材料。

采用高分子—陶瓷复合膜，以耐高温高分子材料为分离层，以陶瓷膜为支撑层，既发挥了高分子膜高选择性的优势，又解决了支撑层膜材料耐高温、耐腐蚀的问题，为实现高温、腐蚀环境下的气体分离提供了可能性。

采用非对称膜时，它的表面致密层是起分离作用的活性层。为了获得高渗透通量和分离因子，表皮层应该薄而致密。实际上常常因为表皮层存在孔隙而使分离因子降低，为了克服这个问题可以针对不同膜材料选用适当的试剂进行处理。例如用三氟化硼处理聚砜非对称中空纤维膜，可以减小膜表面的孔隙，提高分离因子。表 5-5 为某些高分子膜的气体渗透系数及分离系数。

表 5-5 某些高分子膜的气体渗透系数 P 及分离系数 α

高分子膜	$P\times10^{10}\left[\dfrac{cm^3\ (STP)\ \cdot\ cm}{cm^2\ \cdot\ s\ \cdot\ cmHg}\right]$					α			
	H_2	He	CO_2	O_2	N_2	H_2/N_2	He/Ne	CO_2/N_2	O_2/N_2
二甲基聚硅氧烷	390	216	1120	352	181	2.15	1.19	6.19	1.94
聚苯醚（PPO）	112.8	78.1	75.7	15.8	3.81	29.6	20.5	19.9	4.15
天然橡胶	49.2		154	23.4	9.5	5.18		16.2	2.46
聚丁二烯	42.1		138	19.0	6.45	6.52		21.4	2.95
乙基纤维素	26.0	53.4	113	14.7	4.43	5.87	12.05	25.5	3.32
聚乙烯（低密度）	13.5	4.93	12.6	2.89	0.97	13.92	5.08	12.99	2.98
聚砜	13.0	5.0	6.9	1.1	0.18	72.22	27.78	38.33	6.11
聚碳酸酯	12.0	19	8.0	1.4	0.3	40.0	63.33	26.67	4.67
醋酸纤维	3.80	13.6	15.9	0.43	0.14	27.14	97.14	113.57	3.07
聚氯乙烯	8.00	2.20	0.149	0.044	0.0115	695.62	191.3	12.96	3.83
聚乙烯（高密度）		1.14	3.62	0.41	0.143		7.97	25.31	2.87
聚丙烯腈		0.44	0.012	0.0081	0.0009		488.9	13.33	2.0
聚乙烯醇	0.0009	0.0033	0.00048	0.00052	0.00045	20.0	7.3	1.07	1.16

注：在室温下测定，STP 为标准状态，1cmHg=1333.22Pa。

2）膜法脱水工艺

膜法脱水具有工艺简单、维护量少、安全性高、操作弹性大等优点，是一种极具竞争性的新工艺。其工艺流程图如图 5-5 所示。

由于有机膜的成本比无机膜低，因此目前实际使用的绝大多数是有机膜，其中主要是醋酸纤维素和聚酰亚胺。醋酸纤维素在实际操作下的分离因子不是很高，但价格便宜，是目前天然气净化中使用最多的膜材料。聚酰亚胺虽然较贵，但由于其在实际环境中的分离因子较高，所以正在得到越来越广泛的应用。

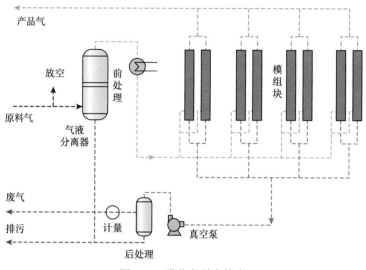

图 5-5 膜分离脱水技术

（1）气体处理量对膜法脱水的影响。

随着含水天然气处理量的增大，产品中水分的渗透通量也随之升高，气体中所含的甲烷回收率也明显增加。图 5-6 为气体处理量对膜法脱水工艺的影响。

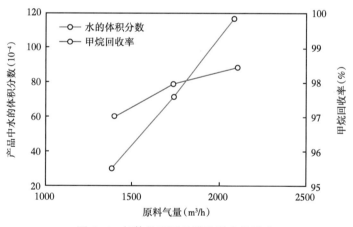

图 5-6 气体处理量对膜法脱水的影响

（2）渗透侧压力对膜法脱水的影响。

渗透侧压力为膜两侧的压力差，压差增大，气体中所含的水分渗透通量也随之升高。渗透侧压力对膜法脱水的影响如图 5-7 所示。

3）工艺开发应用现状

1979 年，Mosaton 公司研制出 PRISM 膜分离器，用于二氧化碳分离，首次在工业上获得成功。20 世纪 80 年代，国外开始研究用膜分离技术进行天然气脱水，目前已实现工业化。例如：美国 Separex 公司开发的醋酸纤维素螺旋卷式膜组件，用于海上开发平台天然

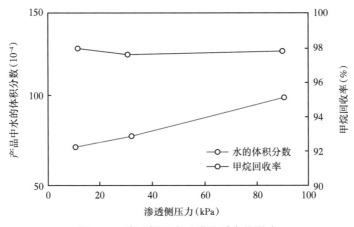

图 5-7　渗透侧压力对膜法脱水的影响

气脱水，在 7.8MPa、38℃下，脱水后的天然气水露点可达-48℃；水蒸气含量小于 10^{-4} 时，可除去 97% 的水分。美国气体产品公司 Permea 开发出一种天然气脱水膜，在 4 ~ 8MPa 压力下，辅以原料气流量的 2% ~ 5% 干燥气作为返吹气，可脱除天然气中 95% 的水分，从而达到管输要求。国内对天然气膜分离脱水技术的研发始于 20 世纪 90 年代，中科院大连化学物理研究所等单位对该技术进行了系统研究，取得较大进展。在"九五"国家科技攻关项目支持下，于 1994 年研制出中空纤维膜脱水装置，并在长庆气田进行了先导性试验，继而开展了处理量为 $12 \times 10^4 m^3/d$ 天然气膜法脱水工业性现场试验。结果表明：在压力为 4.6MPa 时，净化天然气水露点达到-13 ~ -8℃，甲烷回收率不小于 98%。大庆天然气公司设计研究所在 20 世纪 90 年代初也采用膜法进行了净化天然气脱水的实验研究，采用三醋酸纤维素（CTA）膜脱除天然气中的水汽及 H_2S，获得合格的天然气产品。有研究表明，膜分离法用于天然气脱水，在处理气量较小（小于 $3.25 \times 10^5 m^3/d$，膜压力差在 5 ~ 7MPa）时，相比传统天然气脱水法，无论在工作性能还是经济效益方面都具有优势和竞争力。

传统的甘醇法脱水工艺需要用热能从富甘醇液中驱赶水分，且时常是海上气处理平台上占用空间最大的装置。对于海上气处理平台，应尽可能选择操作温度接近环境温度且占用空间较小的装置。膜分离装置所具有的特点使它们对海上气田和一些偏远地区气区的开发具有非常大的吸引力，尤其是对高压天然气，可采用膜直接脱水法取代甘醇法脱水工艺。

目前，膜分离脱水技术存在的问题主要有：烃损失、膜的塑化和溶胀性、浓差极化和一次性投资较大等。

3. 低温分离法

1）工艺原理及流程

低温分离法是利用天然气饱和含水量随温度降低、压力升高而减小的特点，将天然气冷却降温或先增压再降温并脱除其中凝析水的脱水方法。低温分离法具有设备简单、投资低等优点，主要用于有压力能可供利用的高压气田。低温分离技术属于物理法脱水，常用的低温分离技术包括冷剂制冷法、直接膨胀法、联合制冷法等多种技术，具体技术如下：

(1)冷剂制冷法,该方法利用冷剂在汽化过程中吸收汽化潜热,从而使天然气获得低温,主要由压缩机、冷凝器、膨胀阀与蒸发器构成,通过在装置内循环制冷剂,保持体系的低温,同时在蒸发器压力下使天然气获得低于制冷剂的常沸点温度,该法也被称为蒸汽压缩制冷;(2)直接膨胀制冷法,直接膨胀制冷法是采用膨胀机和节流膨胀制冷的方式进行制冷,主要是利用天然气本身的压能使天然气降温;(3)联合制冷法,该方法是采用冷剂与直接膨胀制冷法联合使用的方法进行制冷。因为天然气液烃的组分相对复杂,因此在不同的流程阶段,选择合理的制冷方法,能够充分、经济地回收天然气液烃,从而增强油气生产效益。J-T阀和透平膨胀机脱水属于直接膨胀制冷法,可实现水分的低温冷凝脱除,在实际生产中应用较为广泛。对于高压天然气,冷却脱水是非常经济的。例如大庆油田目前采用很多透平膨胀机脱水,四川的卧龙河和中坝气田都曾使用了J-T阀脱水。

2)工艺开发应用现状

低温分离法应用在生产中多采用直接膨胀制冷法,即使用节流膨胀制冷。例如:大庆建军石油机械有限公司研制的天然气透平膨胀机脱水装置,利用天然气自身输送压力推动膨胀机制冷,脱水效率可达到91.7%。华北油田二连公司乌里雅斯太油田则利用气波制冷机,实现小膨胀比高效制冷;采用涡流板式高效旋流分离元件,实现气液高精度分离。在克拉天然气处理二厂,由于不需脱硫,天然气进厂压力为12MPa,故一并采用J-T节流制冷工艺进行脱水、脱烃处理,不仅在脱烃的同时脱除了天然气中的水分,而且可充分利用气藏压力能。

当天然气压力不足时,就需要引入增压设备或从外部引入冷源,使得成本增加。该技术不足之处在于:(1)脱水循环的一部分处于水合物生成范围内,因此需要添加抑制剂来防止水合物生成或预脱水;(2)透平膨胀机中的高速运动部件,制造难度大;(3)深度脱水时需配套制冷设备,增加了运行投资。

对于高含硫天然气,高含量的H_2S将会给污水输送、醇液回收、尾气排放达标等造成很大困难。虽然可用含醇污水二级闪蒸和汽提进行预处理,但仍然存在安全、环保问题,低温分离脱水工艺暂时不适宜高含硫的气质条件。

第三节　天然气脱水技术新进展

有文献报道了一种被称为是"多级干燥工艺"的新型脱水方法。这套多级干燥设备是由Bridgeport公司设计安装的,该设备操作压力为表压3.45~3.79MPa,日处理量$1.56 \times 10^4 m^3$,用于处理来自气体压缩机的天然气。处理后气体中平均含水量$0.11g/m^3$,每$1000m^3$的操作成本稍低于0.71美元。

这种设备比甘醇法、可再生吸附法(如分子筛吸附)和膜分离法简单,因而投资成本较低;操作费用受压力、温度和脱水量的影响。假设温度为15.5℃,出口气中含水量为$0.11g/m^3$,高压(表压6.90MPa)下每$1000m^3$的操作费用可低至0.36美元;操作压力从高压至低压(表压0.69MPa),每$1000m^3$的操作费用为0.71~3.53美元,而甘醇法每$1000m^3$的操作费用为0.36~7.06美元。

该系统的干燥过程如下:当天然气流经一定压力下的干燥器时,其中的水分被干燥床上干燥剂内的盐分所吸收，并在干燥剂颗粒表面形成盐水膜；该膜再进一步吸收水分，直到形成足够大的水滴滴落到干燥床下的收集池中。可见，常见的盐水是该设备的唯一副产品。在需要增加新的干燥剂时，可将新干燥剂直接加入干燥器中。因固体干燥剂的脱水成本与相同体积的天然气中的含水量成正比，若设计合理，可以节约大量的操作费用，应尽可能将该设备用于接收处理站中压力最高的天然气。虽然这会增加设备的投资成本，但操作费用的大幅度降低抵消投资成本的增长，再如将操作温度仅下降10℃，就可使操作费用大幅度下降，因此，将该设备涂上白色并将其放置在阴暗处，这是非常重要的。

过去，固定床干燥法经常会出现液态烃对干燥剂产生污染的情况，而这种多级干燥工艺能在天然气接触干燥剂之前有效地除去这些液态烃，使它们在干燥器底部的盐水中聚集下来，随盐水一起排放到收集罐中。

这种多级干燥设备可以在一个橇上设置多个，串联可实现多级操作，并联可以处理大量的天然气。

第六章 克劳斯法硫黄回收技术

经过一百多年的发展，以克劳斯（Claus）法从酸气中回收元素硫的工艺已经成为天然气（或炼厂气）加工的一个重要组成部分。据统计，世界工业硫黄中，来源于石油、天然气和油砂的占60%以上，而目前采用克劳斯法硫黄回收技术从石油炼制和天然气净化行业回收的硫黄约占世界硫黄产量的96%。本章主要介绍克劳斯法硫黄回收技术基本原理和技术现状，并对该技术的最新进展进行阐述。

第一节 基本原理与主要流程

克劳斯法硫黄回收工艺的发展主要经过了原始克劳斯工艺和改良克劳斯工艺两个阶段。

（1）原始克劳斯工艺。

1883年，英国化学家克劳斯（C. F. Claus）提出原始的Claus制硫工艺。原始Claus工艺分为两个阶段，专门用于回收Leblanc法生产碳酸钠时所消耗的硫黄。第一阶段是把CO_2导入由水和硫化钙（CaS）组成的淤浆中，按以下反应得到H_2S：

$$CaS(固)+H_2O(液)+CO_2(气) == CaCO_3(固)+H_2S(气) \tag{6-1}$$

第二阶段是把H_2S和空气混合后导入一个装有催化剂的容器，催化剂床层预先以某种方式预热至所需温度。原始Claus工艺的主要化学反应可以以式（6-2）表示：

$$H_2S+\frac{1}{2}O_2=\frac{1}{x}S_x+H_2O+205kJ/mol \tag{6-2}$$

原始克劳斯工艺示意图如图6-1所示。原始克劳斯工艺存在因强放热而难以维持合适的反应温度和转化率只有80%~90%的问题。

（2）改良克劳斯工艺。

1938年，德国法本（Farbenindustrie）公司对原始Claus工艺作了重大改革，其要点是把H_2S的氧化分为两个阶段完成，如图6-2所示。第一阶段为热反应阶段，有1/3体积的H_2S在燃烧（反应）炉内被氧化为SO_2，并释放出大量反应热；第二阶段为催化反应阶段，即剩余的2/3体积H_2S在催化剂上与生成的SO_2继续反应而生成元素硫。

从图6-1和图6-2可看出，由于在燃烧炉后设置了废热锅炉，炉内反应所释放的热量约有80%可以回收，且催化转化反应器的温度也可通过控制过程气的温度加以调节，基本排除了反应器温度控制困难的问题，也大大提高了装置的处理容量，从而奠定了现代改良Claus法硫黄回收工艺的基础。

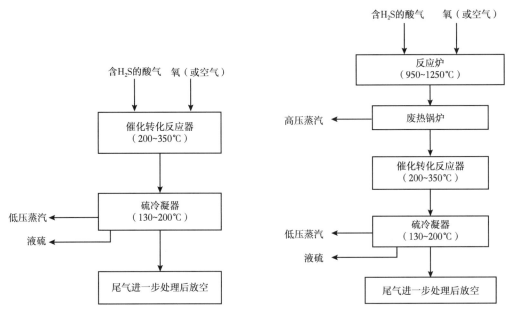

图 6-1　原始 Claus 工艺示意图　　　　图 6-2　改良 Claus 工艺示意图（部分燃烧法）

原始的 Claus 工艺现已不再使用，本书以下介绍的 Claus 工艺均指以图 6-2 所示流程为基础的改良 Claus 工艺。

一、基本原理

克劳斯反应是一个可逆的化学平衡反应，其反应理论平衡转化率与温度存在一定的函数关系，具体如图 6-3 所示。曲线 1 为含摩尔质量 3.5% 烃类的天然气酸气；曲线 2 为含摩尔质量约 7% 烃类及 1% 硫醇的炼厂酸气；曲线 3 为纯 H_2S 气体。

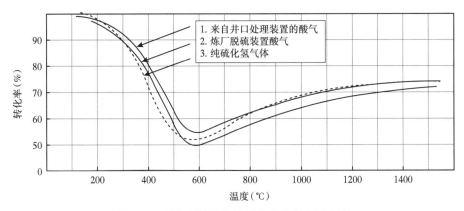

图 6-3　硫化氢转化为硫黄的理论平衡转化率

平衡转化率曲线以 550℃ 为转折点分为两个部分：右边部分为高温热反应区，在此区域内 H_2S 的转化率随温度升高而增加，这代表了装置燃烧炉内的情况；曲线的左边部分为催化反应区，在此区域内 H_2S 的转化率随温度降低而迅速增加，这代表了工业装置上催化转化反应器的情况。

1. 高温热反应

以图 6-2 所示的部分燃烧法为例，酸性气体中的 H_2S 首先在无催化剂存在的条件下，于反应炉内与空气进行燃烧反应。反应能达到的温度与酸性气体中的 H_2S 含量有关，含量越高则温度也越高，通常炉温都应保持在 930℃ 以上，否则火焰不稳定。炉内反应速度很快，一般在 1s 以内即可完成全部反应，理论转化率可达 60%~75%。由于酸性气体中除 H_2S 外还存在 CO_2、N_2 和水蒸气等组分，炉内实际上发生的反应比较复杂，但主要反应是式(6-3)和式(6-4)。上述的反应式(6-2)可视为反应式(6-3)和反应式(6-4)的综合。

$$H_2S+\frac{3}{2}O_2 = SO_2+H_2O+519.2kJ \tag{6-3}$$

$$2H_2S+SO_2 = \frac{3}{x}S_x+2H_2O+93kJ \tag{6-4}$$

从式(6-3)和式(6-4)可以看出，燃烧炉内 H_2S 氧化为单质硫的过程实际上是分为两步进行的。第一步是 1/3 的 H_2S 与 O_2 反应生成 SO_2 和 H_2O，第二步是剩余的 2/3H_2S 与第一步反应生成的 SO_2 反应生成硫。元素硫有多种形态，硫形态又与温度密切相关，在酸性气燃烧炉的高温条件下，硫元素基本是以 S_2 形态存在。

燃烧炉内的主要反应见表 6-1。表 6-1 中前面的 3 个反应即为基本 Claus 反应；随后的 4 个反应是燃烧炉内出现的附加反应，最后 4 个是烃类的燃烧反应。

表 6-1 常规 Claus 法燃烧炉内的主要化学反应

反应	$\Delta F(kJ)$[①]		$\Delta H(kJ)$[②]	
	927℃	1204℃	927℃	1204℃
$3H_2S+\frac{3}{2}O_2 = SO_2+H_2O+2H_2S$	−423.3	−401.2	−519.6	−519.2
$2H_2S+SO_2 = \frac{3}{2}S_2+2H_2O$	−26.3	−42.1	42.1	41.3
$3H_2S+\frac{3}{2}O_2 = \frac{3}{2}S_2+3H_2O$	−449.5	−443.3	−475.4	−477.9
$H_2S+\frac{1}{2}O_2 = H_2O+S_1$	−5.4	−20.0	−58.0	−57.5
$S_1+O_2 = SO_2$	−417.8	−381.1	−577.1	−577.5
$2S_1 = S_2$	−289.0	−255.6	−432.8	−434.5
$S_2+2O_2 = 2SO_2$	−547.1	−506.7	−721.4	−720.6
$CH_4+2O_2 = CO_2+2H_2O$	−767.9	−796.5	−797.3	−801.5
$C_2H_6+\frac{7}{2}O_2 = 2CO_2+3H_2O$	−1484.1	−1497.0	−1424.9	−1429.5
C_6H_6（气态苯）$= 6C+3H_2$	−299.4	−354.9	−603.0	−593.8
C_7H_8（气态甲苯）$= 7C+4H_2$	−914.9	−1022.1	−334.0	−607.2

①吉布斯自由能的变化，负值则表示有自发反应的可能性。

②列出的是反应热，负值则表示放热反应。

2. 催化反应

催化反应是指在克劳斯反应器(转化器)内催化剂床层上按上述反应式(6-4)进行的 H_2S 和 SO_2 之间的反应。从理论上讲，反应温度越低则转化率越高。但实际上由于受元素硫露点温度的影响，催化转化反应的温度一般控制在 $170 \sim 350℃$ 之间。在上述温度范围内，硫元素的形态以 S_6 和 S_8 为主。

在催化段，除了发生反应式(6-4)所示的反应外，还会发生 COS 和 CS_2 的水解反应，见式(6-5)和式(6-6)。随着反应温度的降低，上述反应的平衡常数逐渐增加。但由于受反应动力学的限制，一般采用提高一级反应器床层温度并在一级反应器下部装填有机硫水解催化剂的方式促进 COS 和 CS_2 的水解，以提高装置转化率。

$$COS+H_2O = CO_2+H_2S \tag{6-5}$$

$$CS_2+2H_2O = CO_2+2H_2S \tag{6-6}$$

使用一个转化器(一级转化)时，总硫回收率只能局限在 $75\% \sim 90\%$。工业上一般采用增加转化器数目，并在两级转化器之间设置硫冷凝器分离液硫，以及逐级降低转化器温度等措施，促使此反应的平衡尽可能向右移动而使硫回收率提高至 97% 以上。

二、主要流程

1. 基本流程

典型的硫黄回收工艺流程如图 6-4 所示(以三级克劳斯工艺为例)。酸气和空气混合后进入主燃烧炉，按照一定配比在炉内进行克劳斯反应。从主燃烧炉出来的高温气流经余热锅炉回收热量后，进入一级硫黄冷凝器冷却，过程气中绝大部分硫蒸气在此冷凝分离；自一级硫黄冷凝器出来的过程气进入一级再热器，升温至所需温度后进入一级反应器，气流中的 H_2S 和 SO_2 在催化剂床层上继续反应生成元素硫，出一级反应器的过程气进入二级

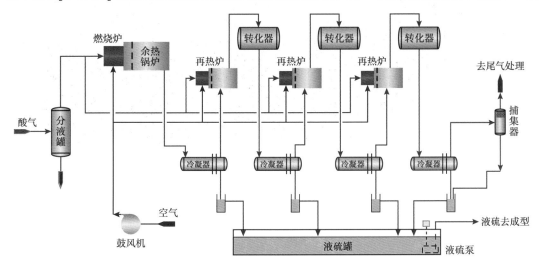

图 6-4　克劳斯硫黄回收工艺示意图

硫黄冷凝器，分离出其中冷凝的液硫；自二级硫黄冷凝器出来的过程气进入二级再热器，升温至所需温度后进入二级反应器，气流中的 H_2S 和 SO_2 在催化剂床层上继续反应生成元素硫，出二级反应器的过程气进入三级硫黄冷凝器，分离出其中冷凝液硫后进入三级再热器，升温至所需温度后进入三级反应器，气流中的 H_2S 和 SO_2 在催化剂床层上继续反应生成元素硫，出三级反应器的过程气进入四级硫黄冷凝器，分离出其中冷凝的液硫后，尾气进入后续处理单元。

2. 主要设备

如图 6-4 所示，硫黄回收装置主要设备包括燃烧炉与废（余）热锅炉、克劳斯反应器、硫冷凝器等。

（1）燃烧炉和废热锅炉。

燃烧炉（反应炉）是克劳斯工艺核心设备。其主要作用有三点：一是使 1/3 体积的 H_2S 转化为 SO_2；二是维持过程气中 $H_2S : SO_2 = 2 : 1$；三是使酸气中烃、NH_3 等组分转化为 CO_2、N_2 等惰性组分。废热锅炉的作用则是用来冷却过程气和回收燃烧产生的热量。燃烧炉和废热锅炉图如图 6-5 所示。

图 6-5　硫黄回收燃烧炉和废热锅炉图

（2）克劳斯反应器。

克劳斯反应器是过程气（H_2S、SO_2 等）完成催化转化生成硫黄的场所。其主要作用有两点：一是使 H_2S 和 SO_2 在催化剂床层上反应生成元素硫；二是在有机硫水解催化剂存在的条件下使 COS、CS_2 等有机硫化物在催化剂床层上分解为 H_2S 和 CO_2。克劳斯反应器实物如图 6-6 所示。

图 6-6 硫黄回收克劳斯反应器图

（3）硫冷凝器。

硫冷凝器的作用是将克劳斯反应器中生成的硫蒸气冷凝为液硫而分离出来，以提高转化器单程转化率，防止硫沉积在催化剂表面。同时回收过程气的热量，产生蒸汽，如图 6-7 所示。

图 6-7 硫冷凝器图

（4）捕集器。

捕集器的作用是从末级冷凝器出口气流中进一步回收液硫和硫雾。目前大多数工业装置的捕集器采用金属丝网型。当气速为 1.5~4.1m/s 时，平均捕集效率可达 97% 以上，尾气中硫雾含量约为 0.56g/m³，如图 6-8 所示。

图 6-8　捕集器图

第二节　硫黄回收技术分类及应用

硫黄回收工艺主要包括常规硫黄回收工艺、延伸克劳斯工艺及富氧克劳斯工艺等。目前，我国建有硫黄回收装置 200 套左右，其中净化厂 50 套，基本涵盖了上述主要硫黄回收工艺。天然气净化厂主要硫黄回收装置情况见表 6-2。

表 6-2　我国天然气净化厂主要硫黄回收装置情况

企业名称		装置套数	单套装置设计规模（t/d）	工艺方法
中国石油西南油气田公司天然气净化总厂	引进分厂	2	35/35	CBA
	大竹净化厂	1	45.4	CBA
	万州分厂	2	112/35	CPS
	忠县分厂	2	25.6/25.6	SuperClaus
	遂宁净化公司	4	42/42/42/42	CPS+SCOT
		2	126/126	3-Claus+SCOT
	安岳净化公司	2	168	3-Claus+Cansolv
中国石油西南油气田公司川中油气矿	仪陇净化厂	2	214/214	2-Claus+SCOT
	磨溪天然气净化厂	1	42	CPS
		1	36	MCRC
		1	12	2-Claus
中国石油西南油气田公司川西北气矿	苍溪净化一厂	1	11	2-Claus+Cansolv
	苍溪净化二厂	1	122	2-Claus+Cansolv
	剑阁净化厂	1	18	2-Claus+SCOT

企业名称		装置套数	单套装置设计规模（t/d）	工艺方法
中国石油西南油气田公司蜀南气矿	荣县净化厂	1	8	2-Claus
川东北作业公司	宣汉净化厂	3	403	2-Claus+SCOT
中国石油塔里木油田	哈6联合站	1	8	Lo-cat
中国石油长庆油田第一采气厂	第一净化厂	1	4	直接氧化法
	第二净化厂	1	4	直接氧化法
	第三净化厂	1	2.5	Lo-cat
	第四净化厂	1	3.6	Lo-cat
	第五净化厂	1	12.3	直接氧化法
中国石化西北油田三号联轻烃站		1	2	2-Claus
中国石化江汉油田采气厂净化站		1	6.22	2-Claus
中国石化普光气田净化厂		12	548	2-Claus+SCOT
中国石化元坝净化厂		4	227	2-Claus+SCOT

一、常规克劳斯法硫黄回收工艺

1. 工艺方法分类

根据原料气中 H_2S 含量的不同，Claus 法大致可分为 3 种不同的工艺流程：直流法（又称部分燃烧法）、分流法和直接氧化法。在这 3 种方法的基础上，再辅以不同的技术措施，如预热、补充燃料气等，又可派生出各种不同的变型，见表 6-3。为了便于与低温克劳斯工艺区分开，目前，通常将这三种工艺统称为常规克劳斯工艺。

表 6-3　各种工艺方法及其适用范围

原料气中 H_2S 含量（%）	工艺方法
55~100	部分燃烧法
30~55	带有原料气和/或空气预热的部分燃烧法
15~30	分流法；带有原料气和/或空气预热的分流法
10~15	带有原料气和/或空气预热的分流法
5~10	直接氧化法或其他处理贫酸气的特殊方法

（1）直流法。

直流法也称为部分燃烧法，如图 6-9 所示。原料气中 H_2S 含量大于 55% 时推荐使用该方法。该方法是让全部原料气都进入燃烧（反应）炉，要求严格控制配给空气量，以使酸气中全部烃类完全燃烧，而原料气中 1/3 体积的 H_2S 燃烧生成 SO_2，从而保证过程气中

$H_2S : SO_2$ 为 2:1（摩尔比），使剩余的 $2/3H_2S$ 与氧化成的 SO_2 在理想的配比下进行催化转化，以获取更高的转化率。

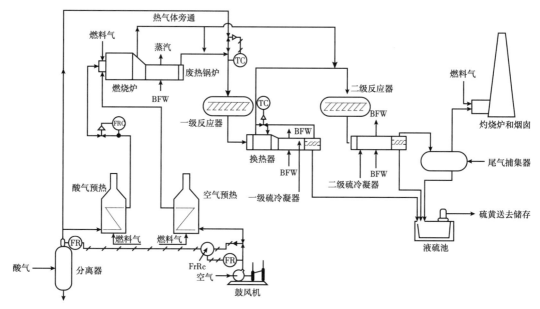

图 6-9　带有空气预热和酸气预热的直流法工艺流程

FR—流量记录仪；TC—温度控制器；BFW—锅炉给水；FRC—流量记录调节；FrRc—流比记录调节器

（2）分流法。

原料气中 H_2S 含量在 15%～30% 的范围内推荐使用分流法。如图 6-10 所示，只有 1/3 的酸气通过燃烧炉和废热锅炉，其余部分在转化器前与废热锅炉的出口气相混合，此型式中燃烧炉无大量元素硫生成，其余流程基本上和直流法类同。

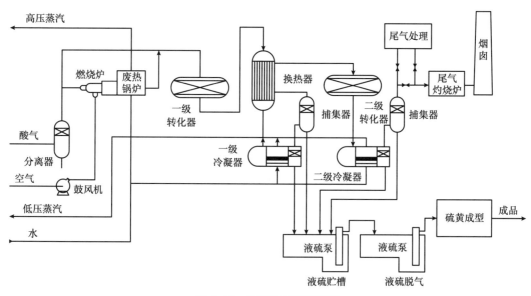

图 6-10　分流法工艺流程图

工业上选择直流法还是分流法主要取决于酸气中 H₂S 含量，因为其是燃烧炉操作温度的关键影响因素。工业实践业已证明，燃烧炉平稳运行的最低操作温度通常不能低于930℃，否则火焰稳定性差，且因炉内反应速率过低而导致废热锅炉出口气流中经常出现大量的游离氧。

分流法装置一般都采用两级催化转化，H₂S 的总转化率为 89%～92%，比较适合 10～20t/d 的规模较小的硫黄回收装置。

（3）直接氧化法。

直接氧化法是原始 Claus 法的一种形式。原料气中的硫化氢含量为 2%～12% 时推荐使用此法。它是将原料气和空气分别预热至适当的温度后，直接送入转化器内进行低温催化反应，配入的空气量仍为使 1/3 体积 H₂S 转化为 SO₂ 所需的量，生成的 SO₂ 随后进一步与其余的 H₂S 反应而生成元素硫。因此，直接氧化法实质上是把 H₂S 氧化为 SO₂ 的反应，以及随后发生的 Claus 法制硫这 2 个反应结合在一个反应器中进行。流程图如图 6-11 所示。

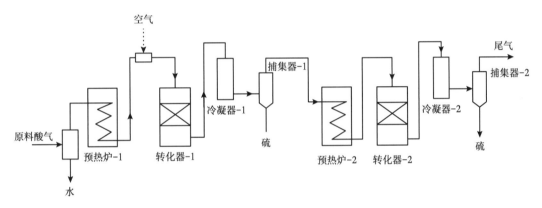

图 6-11 直接氧化法原理流程

2. 过程气再热方式

1）高温掺合

高温掺合再热方式具有温度调节灵活，容易操作，设备简单，投资和操作成本均较低等优点。但高温气流中含有大量硫蒸气，后者未经冷凝分离而进入催化反应段对总硫转化率的提高不利，而且掺合管和掺合阀对材质的要求严格，制作较困难。同时，掺合工艺操作灵活性差，通常操作弹性不超过 30%，故这种再热方式仅适合于调节中、小型装置，而且一般只用于调节一级转化器的入口温度。

2）换热器

换热器再热方式为间接再热，其特点是操作简便，不影响过程气中 H₂S 和 SO₂ 的比例和总硫转化率。目前工业装置上使用的换热器有（过程气）气/气换热、蒸汽或热油换热和电加热三种类型，但气/气换热器的效率甚低，设备较庞大，操作弹性受到限制。因此，这种再热方式仅适合于调节中、小型装置二级转化器的入口温度，且在装置的负荷量变化较大时不宜采用。

3）在线燃烧炉

在线燃烧炉（又称为再热炉）是目前工业装置上应用最普遍的再热方式，尤其适合大型装置。虽然此种再热方式对过程气中 H_2S/SO_2 的比例有一定影响，但开工迅速，调节入口温度较灵活可靠，有利于提高转化率。尽管目前工业上使用最多的是酸气再热炉，但燃料气再热炉正在逐步推广。后者虽然消耗了燃料，且烟气对过程气有一定稀释作用，但它比前者更容易控制。至于间接加热的管式炉，由于其设备复杂，投资甚高，一般只用于对转化率要求很高的小型装置。

应该指出，使用在线燃烧炉有导致催化剂中毒或污染的危险，应设置先进的过程气组分在线监测系统，自动调节进燃烧炉的空气量和过程气中的 H_2S/SO_2 比例。

4）ClauSini 新型再热系统

意大利 Nigi 公司开发了一种新型的再热系统，其基本思路是取消了再热炉，而在转化器的上部放置一种特殊的氧化催化剂，下部则仍为常规的克劳斯催化剂。出冷凝器的过程气在进入转化器前配入适量的空气。如此，过程气在转化器上部的氧化催化剂上发生含硫化合物的催化氧化反应而生成单质硫，同时释放出热量而使过程气升温。据称，此再热方式不仅节省了设备投资和操作成本，也提高了 COS、CS_2 等有机硫化合物的转化效率。但迄今未见工业应用的报道。

在间接加热方式中，（过程气）气/气换热无须外供能源，操作成本较低，但设备投资较高，且存在开工时间长、压降大、管路布置复杂等缺陷；蒸汽加热式换热器，在全厂有等级匹配的蒸汽供应时是较理想的方式，它具有投资较低、开工迅速、操作灵活性大等诸多优势，尤其适合大型装置使用；电加热的优点大致与蒸汽加热类型相仿，但能耗甚高，一般仅适合小型装置，见表6-4。

表6-4　过程气的再热方式

直接加热		间接加热	
方式	特点	方式	特点
（1）高温气体掺合； （2）在线燃烧炉： ①酸气燃烧炉； ②燃料气燃烧炉	设备投资及操作成本较低，但对转化率有一定影响	（1）蒸汽加热器； （2）电加热器； （3）热油换热器； （4）燃气加热器； （5）气/气换热器	设备投资及操作成本较高，操作的可靠性与灵活性也均较高，有利于提高转化率

3. 反应器级数与总硫回收率的关系

理论上转化器级数越多则总硫回收率越高，但设备投资也随之增加。然而随着转化器级数逐步增多，总转化率的提高就越来越少。假定原料气中烃含量为1%，采用常规的再热方式和操作条件，对不同硫化氢含量的原料气，转化器级数与硫回收率的关系见表6-5。从表6-5中的（计算）数据可以看出，由于受热力学平衡的限制，对 H_2S 含量为90%的原料气，转化器级数从两级增加至三级时，对硫回收率的贡献值为1.3%；而从三级增加至四级时，对硫回收率的贡献值仅为0.5%。

表 6-5　原料气硫化氢含量、转化器级数和硫回收率的关系

原料气中 H_2S 含量(干基) (%)	计算的硫回收率(%)		
	两级转化	三级转化	四级转化
20	92.7	93.8	95.0
30	93.1	94.4	95.7
40	93.5	94.8	96.1
50	93.9	95.3	96.5
60	94.4	95.7	96.7
70	94.7	96.1	96.8
80	95.0	96.4	97.0
90	95.3	96.6	97.1

与此同时，确定转化器级数不仅要考虑经济因素，更重要的是必须满足环境保护方面的要求。20 世纪 70 年代以后，硫黄回收装置的尾气处理技术迅速发展，而且硫黄回收和尾气处理两种工艺在发展过程中相互渗透，逐步结合起来。因此，对于含有尾气处理工艺的装置，克劳斯段的转化器级数不超过两级，未设尾气处理工艺的装置，其克劳斯段的转化器级数一般不超过三级。

二、低温克劳斯工艺

所谓低温克劳斯反应是指在低于硫露点的温度下进行的克劳斯反应。20 世纪 70 年代成功开发的冷床吸附(CBA)法首次突破了硫露点对操作温度的限制，使克劳斯法工艺在低于硫露点的温度下进行，生成的液硫则吸附在低温反应催化剂上。在 CBA 法的基础上，随后又成功开发了 MCRC、Clinsulf 等多种类型的亚露点法工艺，从而将克劳斯工艺的总硫回收率提高到了约99.2%的水平。低温克劳斯工艺主要类型见表 6-6。

表 6-6　低温克劳斯工艺的主要工艺类型及特点

类型	工艺名称	主要特点、操作条件及应用范围	装置总收率 (%)
低温克劳斯	CBA	采用 4 个反应器流程，其中 3 个反应器在低温下以 CBA 反应器进行吸附操作，1 个反应器以常规 Claus 方式运行，并用过程气再生。吸附操作温度 120~150℃，再生操作温度 300~350℃	99.0~99.5
	MCRC	采用 3 个反应器流程，其中 2 个反应器在低温下以 MCRC 反应器操作，1 个反应器以常规 Claus 方式运行，采用过程气再生。切换再生操作的转化器有自身的冷凝器，并作为整体进行切换	99.0
	Clinsulf-SDP	采用内冷式反应器，Claus 反应与低温反应结合在一起。原料气一般为富含 H_2S 的气体，并适用于原料气流量和组成出现较大变化的情况，调节比最高可达 6:1	99.5

类型	工艺名称	主要特点、操作条件及应用范围	装置总收率（%）
低温克劳斯	Sulfreen	采用2个反应器流程，1个反应器低温吸附操作，入口温度120~140℃，1个反应器用部分尾气进行再生。采用单独的再生循环系统，再生气体在气/气热交换器中利用焚烧所产生的废气加热。热再生气体含有的吸附硫黄在冷凝器中进行回收。在排放气进行催化剂床冷却之后，反应器切换至吸附过程	99.0
	Clauspol	H_2S 和 SO_2 在有机溶剂中吸收并在催化剂作用下进行 Claus 反应生成液相元素硫。溶剂在吸收塔内进行循环，反应热用换热器取走，以保持在稍高于硫熔点的恒定温度。主要流程分为 Clauspol 1500、Clauspol 300 和 Clauspol 99.9	98.5~99.9

1. MCRC 工艺

该工艺为加拿大矿物和化学资源公司（Mineral & Chemical Resource Co）开发的专利技术，将硫回收装置和尾气处理装置结合成一体，把最后一级或二级转化器置于低温操作，在工艺流程、技术经济性等方面具有一定的特色。MCRC 工艺的转化器分为三级和四级两种。三级转化器流程的硫回收率在99%左右，四级转化器流程的硫回收率为99.5%左右。如图6-12和图6-13所示，两个流程分别为三级转化器和四级转化器 MCRC 装置的流程图。

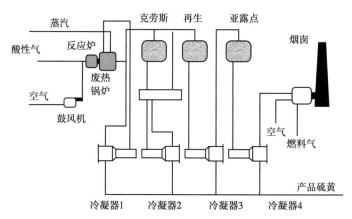

图 6-12　三级转化器的 MCRC 工艺流程图

如图6-12所示，在三级转化器的 MCRC 工艺中，其一级转化器与常规反应器相同，后两级转化器分别处于再生和低温克劳斯反应状态，反应器装填的催化剂较常规的克劳斯催化剂多60%。再生与吸附互相切换的时间间隔为18h，低温反应温度在130℃左右。

如图6-13所示，四级转化器 MCRC 工艺中1号转化器以前的部分也和常规克劳斯装置相同，关键在于后面的三个反应器。它们分别处于一级和二级低温克劳斯反应状态。2号冷凝器出来的过程气经换热器再热后进入2号转化器，使已完成低温克劳斯反应的该转化器再生。2号转化器出来的带有大量硫蒸气的过程气在3号冷凝器中冷凝并分离出硫。出3号冷凝器的过程气不经再热直接进入3号转化器，在低于硫露点的温度下继续进行克劳斯反应，生成的液硫直接吸附在催化剂上。3号转化器出来的过程气在4号冷凝器中进

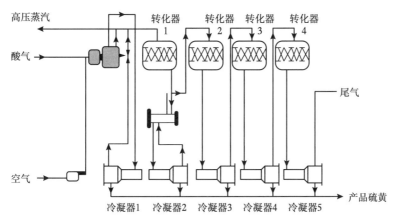

图 6-13　四级转化器的 MCRC 工艺流程图

一步冷凝并分离出硫后，进入 4 号转化器。当 3 号和 4 号转化器中的催化剂上吸附了足够多的硫后，就切换到再生状态，如此周而复始地进行循环。

2. CBA 工艺

20 世纪 70 年代，美国 AMOCO 公司开发出了 CBA 工艺。该工艺与 MCRC 工艺一样，也有三级转化和四级转化两种类型。迄今为止，大多数 CBA 硫黄回收装置都采用四级转化。而为降低投资，减少反应器数量，又开发出了改良的三级转化工艺，它又由于反应器循环方式不同，可分为 R3/R3 和 R2/R3 两种循环方式。前者具备两个克劳斯反应器，一个 CBA 反应器，具有反应器不需要切换的优点，但是硫回收率会周期性下降；后者具备一个克劳斯反应器，两个 CBA 反应器，两个反应器分别处于再生、反应、吸附，切换操作，硫回收率可达 99.1%。具体的工艺流程如图 6-14 所示。目前，西南油气田公司重庆净化总厂引进分厂和大竹分厂硫黄回收装置均采用 CBA 工艺。

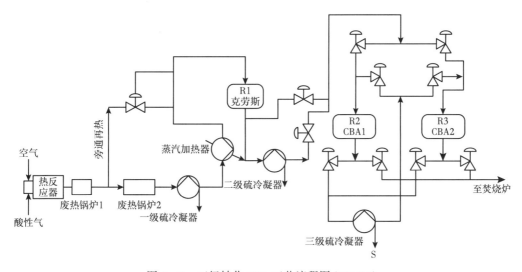

图 6-14　三级转化 CBA 工艺流程图（R2/R3）

3. Sulfreen 工艺

萨弗林(Sulfreen)工艺和 CBA 工艺类似，主要区别在于再生系统，萨弗林法一般均设置单独的再生系统，而 CBA 法则利用克劳斯装置一级转化器的出口气体作为再生气。

原理流程如图 6-15 所示，流程中的三个(吸附)反应器分别处于吸附(反应)、再生和冷却三个不同阶段，由控制仪表按设置的周期自动切换。也可以采用两个(吸附)反应器的流程，视尾气量及其中硫化合物的含量而定。

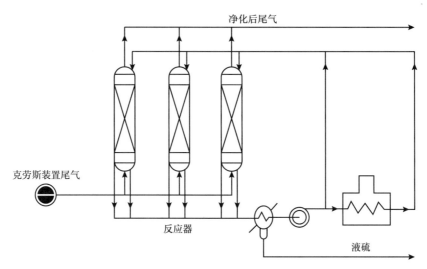

图 6-15　萨弗林法的原理流程

再生过程分为加热再生和冷却两个阶段。加热阶段是用一股经处理的尾气，由风机加压，并在加热炉中加热至约 350℃，使催化剂上吸附的液硫基本脱附。再生气经冷凝分离硫黄后循环使用。

4. Clinsulf-SDP 工艺

德国 Linde 公司开发的 Clinsulf-SDP 法是亚露点硫黄回收工艺的一项重要技术改进，核心是利用新开发的等温反应器与传统的绝热反应器组合，进一步提高亚露点工艺的总硫回收率。

Clinsulf-SDP 法的工艺流程如图 6-16 所示。该流程主要包括常规克劳斯燃烧炉、一级反应器(热段)和二级反应器(冷却)三个部分。

原料酸气经分离液态水后预热至约 225℃，大部分酸气进入燃烧炉，其余小部分酸气(约 10%)直接进入燃烧炉的二次燃烧区。出燃烧炉的过程气经废热锅炉回收能量后，在一级冷凝冷却器(也称"冷凝器)中降温至约 130℃。分离液硫后的过程气在一级再热器中加热至 225℃后进入一级反应器(假定处于再生状态)上部的(常规克劳斯催化剂+有机硫水解催化剂)床层中进行反应。过程气约在 315℃下进入反应器下部，在恒温条件下继续进行克劳斯反应。出一级反应器的过程气温度约 285℃，在二级冷凝冷却器中降温至约 130℃，分离液硫后在二级再热器中升温至 198℃，进入二级反应器。该反应器中催化剂的装填方式虽与一级反应器相同，但由于温度较低(约 125℃)，仅进行亚露点克劳斯反应。

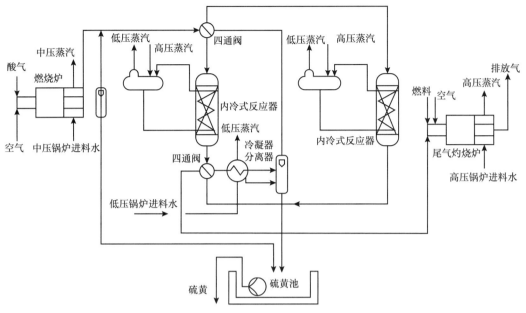

图 6-16 Clinsulf-SDP 法的工艺流程示意图

当处于"冷态"的反应器中的催化剂床层吸附液硫达到一定量时，其吸附能力大幅度降低，此时应通过四通阀外部将其切换至"热态"——再生状态。

5. CPS 工艺

CPS 工艺是中国石油工程设计有限公司西南分公司结合现有 MCRC 和 CBA 工艺技术，总结其优点，认识其不足，进一步改良而成的具有自主知识产权的新技术。目前，西南油气田公司天然气净化总厂万州分厂、遂宁天然气净化有限公司 $40×10^8 m^3/a$ 净化装置和新疆塔中天然气处理厂硫黄回收装置均采用 CPS 工艺。

1）工艺流程

CPS 工艺流程图如图 6-17 所示。酸气与空气在主燃烧炉内按一定配比进行克劳斯反应，约 68% 的 H_2S 转化为元素硫。自主燃烧炉出来的高温气经废热锅炉后降至 330℃，然后进入一级过程气再热器的管程，将来自热段硫黄冷凝冷却器的过程气从 170℃加热至280℃。从一级过程气再热器管程出来的过程气进入热段硫黄冷凝器冷却至 170℃进入一级过程气再热器的壳程，过程气中绝大部分硫蒸气在此冷凝分离；从一级过程气再热器壳程出来的 280℃的过程气进入克劳斯反应器，气流中的 H_2S 和 SO_2 在催化剂床层上继续反应生成元素硫，克劳斯反应器的过程气经过克劳斯硫黄冷凝器冷却至 126.8℃，分离出元素硫。出克劳斯硫黄冷凝器的过程气经使用尾气烟气作为热源的二级过程气再热器后，温度升至 344℃左右。再生初期，自克劳斯硫黄冷凝器出来的过程气通过两通调节阀进入二级过程气再热器，温度达到 344℃后，进入一级 CPS 反应器，催化剂床层上吸附的液硫逐步汽化。当达到规定的再生温度进行催化剂的再生后，则进入一级 CPS 硫黄冷凝器，冷却至126.8℃，分出其中冷凝的液硫，然后直接进入二级 CPS 反应器，过程气在其中进行低温

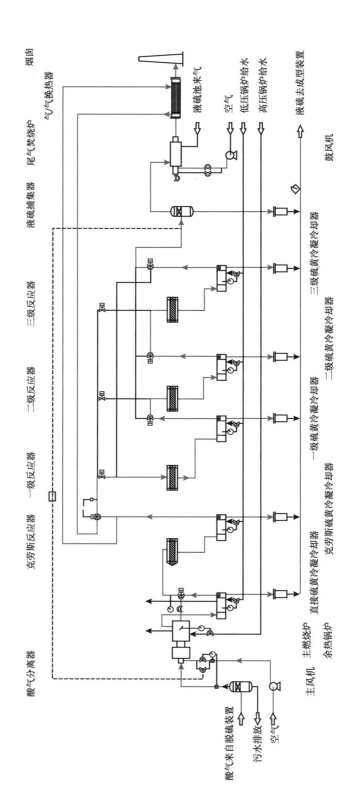

图 6-17　CPS 工艺流程图

克劳斯反应。出二级 CPS 反应器的过程气进入二级 CPS 硫黄冷凝冷却器至 126.8℃后进入三级 CPS 反应器，在其中进行低温克劳斯反应。出三级 CPS 反应器的过程气进入三级 CPS 硫黄冷凝器冷却，分离出其中冷凝的液硫，经液硫捕集器后进入尾气灼烧炉。

在一个切换周期内，均有两个反应器处于低温吸附态，而每个反应器经历逐步升温再生、稳定再生、逐步预冷、稳定冷却几个阶段。

2）技术特点

（1）先对催化剂再生后的反应器进行预冷，待再生态的反应器完全过渡到低温吸附态时，下一个反应器才切换至再生，全过程中均有两个反应器处于低温吸附，有效避免了切换期间的硫黄回收率波动，提高了总硫回收率。

（2）一级反应器出口过程气经二级硫黄冷凝冷却器冷却至 126.8℃，由于该气体分离掉绝大部分硫蒸气，则进入高温再生反应器中的硫蒸气含量低，有利于化学反应向生成元素硫方向推进。在高温再生反应器中已将大量的硫化物转化为单质硫，出口过程气中的 H_2S 和 SO_2 等未转化的硫化物含量低。进入低温吸附态反应器的过程气中的 H_2S 和 SO_2 等未转化的硫化物含量低，低温吸附态反应器内元素硫少，总硫回收率高，催化剂吸附饱和的时间长。

（3）总硫回收率稳定。装置总硫回收率约 99.25%，废气中的 SO_2 排放量能满足环保要求；设备压力较低，设备质量容易保证；开、停工过程较短；生产操作简单、灵活可靠；装置操作成本及总投资较 MCRC 工艺和 CBA 工艺低；装置能耗较 MCRC 工艺和 CBA 工艺低。

（4）自主专利技术，国内可独立完成基础设计和详细设计。设备、材料采购立足国内，只有关键设备和在线分析仪需引进。初步设计时间较短，保证工期较短，有利于业主的建设。

三、选择性氧化工艺

表 6-7 中列出了几种选择性氧化工艺的特点。

表 6-7 选择性氧化工艺的主要特点

类型	工艺名称	主要特点、操作条件及应用范围	装置总收率（%）
选择性氧化	SuperClaus	流程与常规 Claus 装置相似，只是在最后一级转化器装填 SuperClaus 选择性氧化催化剂，将原料气中 85%以上 H_2S 转化为元素硫	98.5~99.3
	Modop	尾气经加氢反应器，硫化物转化为 H_2S，冷却后水含量由 35%降至 4%。H_2S 在高于 160℃下由空气直接氧化为元素硫，反应在气相条件下进行	99.5
	BSR-Selectox	在 BSR 段，尾气进入还原反应器，硫化物转化为 H_2S，气体经冷却器冷却并产生低压蒸汽，再经过热蒸汽降温/接触冷凝器进一步冷却，水含量由 35%降至 5%。H_2S 进入 Selectox 段，将硫化氢转化为元素硫	99.0~99.5
	BSR-Hi-Activity	除不需要 BSR 段过热蒸汽降温/接触冷凝器外，流程基本上与 BSR-Selectox 工艺相似	99.5

选择性氧化工艺以超级克劳斯(SuperClaus)工艺为代表。超级克劳斯工艺由原荷兰Comprimo公司(已更名为Jacobs公司)开发。该工艺包括两种构型,SuperClaus-99及SuperClaus-99.5,前者总硫收率为99%,后者总硫收率为99.5%。目前,西南油气田公司天然气净化总厂忠县分厂硫黄回收装置均采用SuperClaus工艺。

SuperClaus工艺的流程简洁,又是稳态反应过程,所以在其工业化后发展很快,成为颇受欢迎的一种可达到99%或更高的总硫收率的工艺。该工艺把Claus反应与催化氧化反应相结合,原理流程如图6-18所示。图6-18中左边是常规的Claus流程,右上部为硫回收率约99%的SuperClaus-99流程,它在二级转化器以前的部分与常规Claus法相同,但在三级转化器中放置了特殊的催化氧化剂。超级克劳斯法的另一个特点是不再要求过程气中H_2S/SO_2比值为2,只要求H_2S过剩。右下部所示则为硫回收率可达99.5%的SuperClaus-99.5的流程。它与SuperClaus-99的区别是在催化氧化反应器前增加了一个加氢反应器,把过程气中的含硫化合物全部还原为H_2S后再进行催化氧化。

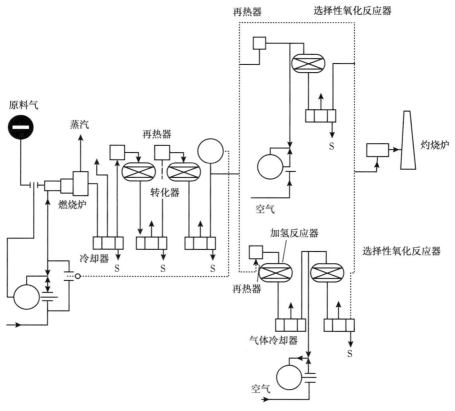

图6-18 超级克劳斯工艺流程

SuperClaus工艺在过程气中氧量稍有富余的条件下运转可以保证催化剂始终以氧化物的形态存在。SuperClaus的设备皆可用普通碳钢制作,公用工程消耗与常规Claus法相当。

四、富氧克劳斯工艺

富氧克劳斯工艺是指从提高装置处理能力的角度出发，以氧气或富氧空气代替空气来增加装置处理能力的一系列新型克劳斯工艺，如德国 Lurgi 公司开发的 OxyClaus 工艺、英国 BOC 公司的 SURE 工艺和美国 Air Products & Chemical Inc. 公司的 COPE 工艺等。具体的工艺特点见表 6-8。

表 6-8　富氧克劳斯工艺

类型	工艺名称	主要特点、操作条件及应用范围	装置总收率（%）
富氧克劳斯	OxyClaus	在氧气直接燃烧下进行 Claus 反应，专用热反应燃烧器可采用 80%~90% 氧含量。燃烧温度调节不用任何气体循环。氧气与酸气在极高温度的火焰中心燃烧，在火焰外侧引入空气，与余下酸气燃烧。当达到热力学平衡时处在火焰中心的 H_2S 分解成 H_2 和硫黄，CO_2 也被还原成 CO，这些吸热反应提供的温度调节，可使用常规耐火或绝热砖材料。工艺还可处理含氨的酸性汽提（SWS）尾气，只需在单独的中心燃烧器炉腔用空气在接近氧化的条件下燃烧	较常规工艺提高 0.5~1.0
	SURE	用纯氧或富氧空气作氧化剂，使 H_2S 在二段或多段进行燃烧，提高 Claus 装置生产能力。一部分氧化剂与所有或部分酸气或者含氨酸气一起被送入第一燃烧区，反应后对混合物进行冷却，剩下气体进入第二燃烧区，冷凝硫黄后余下气体送入一个或多个 Claus 转化器，压力接近大气压	较常规工艺提高 0.5~1.0
	COPE	工艺分两个阶段：在 COPE Ⅰ 段不采用循环气体，可将生产能力提高 50%，温度达到反应炉耐火材料最大极限 1482~1538℃；在 COPE Ⅱ 段通过采用工艺内部循环气体控制燃烧温度，可使 O_2 含量达到 100%，并大大降低流经反应器和尾气处理装置的气体流量。在较高的富氧燃烧温度下可使氨和烃等杂质分解和热转化得到改善	较常规工艺提高 0.5~1.0

对于富氧克劳斯工艺而言，燃烧炉温度随着富氧程度的增加而上升。如图 6-19 所示。

富氧克劳斯工艺的基本原理是：若假定一个理想的克劳斯装置处理 100mol 硫化氢含量为 100% 的原料气（即纯硫化氢），按克劳斯反应当量计算则需供给含 50mol 氧气的空气，并随空气带入 188mol 氮气。如此，在生产 100mol 硫黄（以 S_1 计）的同时，将产生 Q 的热量及 288mol 的尾气。当以纯氧取代空气时，在同样的装置上处理 288mol 的纯硫化氢则仅需供给 144mol 纯氧。如此，在同样产生 288mol 尾气的前提下，可以生产出 288mol 硫黄及 2.88Q 的热量，因而对理想状态的克劳斯装置而言，以纯氧替代空气，装置的处理能力及产生的热量均可提高约 3 倍。

燃烧炉能够承受的最高温度取决于耐火材料和燃烧器结构，一般来讲，实际燃烧炉的耐火材料要求炉温不超过 1550℃，而且火嘴的适应性和废热锅炉的负荷也有一定限制，故不采取相应措施，空气中的氧浓度只能提高至 25%~28%。富氧克劳斯装置的操作总体上与常规 Claus 装置类似。但常规 Claus 工艺改造为富氧克劳斯工艺以后，硫收率会得到极

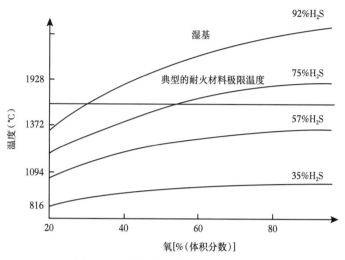

图 6-19　燃烧炉温度与氧浓度的关系

大提高。表 6-9 为一套硫产率为 4800kg/h 的常规 Claus 装置改造为富氧克劳斯工艺后，产率提高了 2.2 倍，热反应段与催化反应段的产率分别也发生了很大变化。但随着整个装置各级冷凝器液硫排出温度的升高，其中溶解的 H_2S 量也大幅度升高，故脱气装置的操作条件也应作相应的调整，见表 6-10。

表 6-9　装置热反应段和催化反应段的产率分布

液硫产出部位	采用常规克劳斯工艺		以氧基工艺改造后	
	产量（kg/h）	占总产量比例（%）	产量（kg/h）	占总产量比例（%）
热反应段冷凝器	1010	21.0	4554	43.0
一级冷凝器	1484	30.9	2553	24.1
二级冷凝器	1678	35.0	2290	21.6
三级冷凝器	459	9.6	878	8.3
四级冷凝器	169	3.5	325	3.0
总产量	4800	100.0	10600	100.0

表 6-10　液硫 H_2S 的平衡溶解度

液硫所在部位	采用常规克劳斯工艺		以氧基工艺改造后	
	温度（℃）	H_2S 含量 [10^{-6}（质量分数）]	温度 （℃）	H_2S 含量 [10^{-6}（质量分数）]
热反应段冷凝器	255	791	274	859
一级冷凝器	180	495	201	585
二级冷凝器	182	295	187	448

液硫所在部位	采用常规克劳斯工艺		以氧基工艺改造后	
	温度（℃）	H_2S 含量 $[10^{-6}$（质量分数）$]$	温度 （℃）	H_2S 含量 $[10^{-6}$（质量分数）$]$
三级冷凝器	164	53	171	155
四级冷凝器	132	3	147	13
液硫槽	192	450	224	620

富氧克劳斯工艺中最先投入工业应用的是美国 Air Products & Chemical Inc. 公司设计的 COPE 法，1985 年 3 月在美国路易斯安那州的 Lake Charles 炼厂用 COPE 法改建了 2 套原有的克劳斯装置。以 55%的富氧空气取代空气后，装置处理量提高了 85%，达到 200t/d。

COPE 法的技术关键有两点：一是使用特殊设计的火嘴以保持火焰稳定；二是用循环风机将第一级冷凝器排出的部分过程气返回燃烧炉以调节炉温。

继 Lake Charles 炼厂后，美国得克萨斯州 Champlin 炼厂的两套克劳斯装置也改为 COPE 法工艺，使用浓度为 29%的富氧空气，由于氧浓度较低而取消了过程气循环系统，装置的处理量则从 66t/d 提高至 81t/d。

五、直接氧化工艺

直接氧化工艺的特点是不设置燃烧炉，原料气经预热并和空气混合后，进入转化器进行直接氧化。由于其流程简单，直接氧化工艺适用于规模较小的回收装置，并可与尾气处理装置结合，将处理贫酸气的硫黄回收装置的总硫回收率提高到 99%以上。表 6-11 中列出了几种直接氧化工艺的特点。

表 6-11 直接氧化工艺

类型	工艺名称	主要特点、操作条件及应用范围	装置总收率（%）
直接氧化工艺	Clinsulf-DO	采用内冷式反应器，在催化剂床上半部分进行绝热反应，大部分 H_2S 转化为元素硫；在下半部分保持低温，剩余 H_2S 与生成的 SO_2 反应生成硫黄，冷却可使 H_2S 转化率达到最大。对原料 H_2S 浓度无下限要求，操作弹性大。适用于处理 H_2S 含量低于 30%的酸气	94
	ENsulf	在 Clinsulf-DO 工艺基础上采用廉价材料（碳钢）简化反应器材质。在气相条件下直接将气体中 H_2S 转化为元素硫，冷凝后获得高纯度硫黄，分为直接氧化和亚露点两种流程	94
	Selectox	基本流程分直流式工艺，处理含 H_2S 2%~5%酸气；循环式工艺，将硫黄冷凝器出来的气体部分循环以稀释原料酸气，控制 Selectox 反应器温度，使其出口温度保持在约 371℃，适用于处理 H_2S 含量为 5%~30%的酸气	84~97

直接氧化工艺以 Clinsulf-DO（Direct Oxidation）工艺为代表，其流程如图 6-20 所示。如同 Clinsulf-SDP 的反应器，上部催化剂床层为绝热段，使床温迅速上升加快反应，下部则是等温段，可通过有效冷却控制温度略高于硫露点，使之有更高的转化率。由于不存在反应器的切换运行问题，流程也更为简单，催化剂使用氧化钛基催化剂。

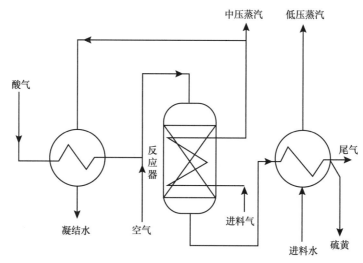

图 6-20 Clinsulf-DO 工艺流程

六、主要工艺参数影响分析

在克劳斯硫黄回收装置生产中，影响硫黄回收率的主要因素有六个：（1）酸气中 H_2S 含量；（2）酸气与过程气中的杂质组分；（3）燃烧炉配风比；（4）H_2S/SO_2 的比例；（5）空速；（6）硫蒸气损失和硫雾夹带。

1. 酸气中 H_2S 含量

酸气中 H_2S 含量的高低可直接影响到装置的总硫回收率和投资建设费用。H_2S 含量越高，硫回收率就越高，装置投资也会下降。提高酸气中 H_2S 含量的方法是在上游脱硫装置采用高效选择性脱硫工艺，降低酸气中 CO_2 含量的同时使得 H_2S 含量得到提高，这对于确保硫黄回收装置长、稳、优运行非常重要。

2. 酸气与过程气中的杂质组分

这里所指的杂质组分包括 CO_2、烃类、NH_3 和水蒸气等。（1）酸气中的 CO_2 不仅起稀释作用，且与 H_2S 在反应炉内生成 COS、CS_2。（2）烃类的存在会增加反应炉内 COS 和 CS_2 生成量，影响硫的转化率，而没有完全反应的烃类会在催化剂上形成积碳，降低催化剂活性。（3）炼厂气中不可避免地存在 NH_3，NH_3 的危害主要是其必须在高温反应炉内与 O_2 发生氧化反应而分解为 N_2 和水，否则会形成铵盐结晶而堵塞下游管线设备，导致维修费增加，甚至停产。此外 NH_3 在高温下可形成氮氧化物，使 SO_2 氧化成 SO_3，导致设备腐蚀和催化剂硫酸盐中毒。为使 NH_3 燃烧完全，反应炉配风需随含 NH_3 量而变化，使 H_2S/SO_2 调节更复杂。（4）过程气中水的存在会抑制 Claus 反应，降低总硫转化率。

3. 配风比

配风比是指进反应炉的气体中，空气和酸气的体积比。空气量不足或过剩均会使硫转化率降低。配风比对硫转化率的影响情况见表6-12。

表6-12　配风比对硫转化率的影响

配风比（%）（过程气中 $H_2S:SO_2=2:1$）		空气不足			空气过剩			
		97	98	99	100	101	102	103
硫转化率损失（%）	两级	3.60	3.12	2.70	2.53	2.56	2.79	3.20
	三级	3.10	2.14	1.32	1.05	1.20	1.54	2.10

4. H_2S/SO_2 比例

理想的 Claus 反应要求过程气 H_2S/SO_2 的比例为2:1，才能获得高的转化率，这是硫黄回收装置最重要的操作参数。转化率与过程气中 H_2S/SO_2 比值变化的关系如图6-21所示。

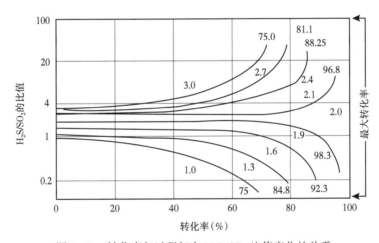

图6-21　转化率与过程气中 H_2S/SO_2 比值变化的关系

从图6-21可以看出，若反应前过程气中 H_2S/SO_2 比值与2有微小偏差，均对反应后的总硫转化率产生更大偏差。

5. 空速

空速对硫黄回收装置性能也会产生一定影响。空速过高，过程气在燃烧炉内和催化剂床层上的停留时间不够，部分物料来不及充分接触和反应，导致硫转化率降低，加重后续设备负担，而空速太低则会使设备效率降低。

6. **硫蒸气损失和硫雾夹带**

硫黄回收装置操作中应尽可能降低末级冷凝器出口温度，并在末级冷凝器后安装液硫捕集器，以减少硫蒸气损失，提高装置硫黄回收率。

第三节　硫黄回收催化剂

近年来，国内通过消化吸收引进的硫黄回收工艺及催化剂先进技术，在大型硫黄回收装置国产化方面，工艺、设备及仪表控制等日趋成熟，初步形成了与之配套的具有自主知识产权的系列化催化剂产品。

催化剂由载体、活性组分和助催化剂构成。载体使催化剂具有合适的形状与粒度，具有大的比表面积，能增强催化剂活性和机械强度。活性组分是催化剂催化作用的主体，可单独作为催化剂。助催化剂本身无活性，具有提高活性组分催化活性的作用。

衡量催化剂优劣的因素有三个。一是催化活性。催化剂催化活性高有助于提高产品产量。二是选择性。催化剂选择性好可提高原料利用率。三是稳定性。催化剂稳定性包括热稳定性、机械稳定性和抗毒稳定性。催化剂的制备方法应保证所制得的催化剂具有所需要的性质，如稳定的化学组成，大的比表面积，最佳的孔结构，以及牢固地负载在载体上的活性组分，以保证催化剂在使用时不会因烧结或流体力学等因素而发生显著变化。活性组分负载于载体上的方法较多，一般有混捏法、浸渍法和沉淀法等。

按功能分，硫黄回收催化剂可分为常规克劳斯催化剂、低温克劳斯催化剂、有机硫水解催化剂和硫化氢选择性氧化制硫催化剂。

一、常规克劳斯催化剂

1. 活性氧化铝催化剂

1）活性氧化铝催化剂简介

活性氧化铝常规克劳斯催化剂通常是指以氧化铝为主要载体的用于克劳斯装置一级、二级、三级反应器的硫黄回收催化剂。硫黄回收装置早期使用天然铝矾土催化剂，催化剂强度低、易破碎和粉化，且二级克劳斯装置总硫转化率只有 80%~85%。20 世纪 60 年代初，活性氧化铝实现了工业化生产，逐步作为常规克劳斯催化剂，代替铝矾土。与天然铝矾土催化剂相比，活性氧化铝具有催化活性高、床层压降小、强度高、磨耗低等特点。

国内外常规克劳斯催化剂主要有法国 Axens 公司 CR 系列、美国 Alcoa 公司 S 系列和西南油气田天然气研究院 CT 系列等。催化剂主要情况见表6-13。

表6-13　国内外常规克劳斯催化剂情况

公司	美国 Alcoa 公司	法国 Axens 公司	美国 La Roche 公司	西南油气田 天然气研究院
催化剂型号	DD-431	CR-3S	S-201	CT6-2B
堆密度（kg/L）	0.67	0.68	0.72	0.66~0.76
比表面（m²/g）	285	320	340	≥260
孔体积（mL/g）	0.42	0.45	0.38	0.40
压碎强度（N/颗）	160	135	160	≥160
磨耗率（%）	0.10	0.15	0.11	≤0.50

2) 催化剂应用

西南油气田天然气研究院开发的常规克劳斯催化剂 CT6-2B 在独山子石化公司硫黄回收装置推广应用，装置规模为 $5 \times 10^4 t/a$，是独山子石化加工进口哈萨克斯坦含硫原油炼油及乙烯技术改造工程的工艺装置之一。催化剂装填方案见表 6-14，装置考核数据见表 6-15。

表 6-14　独山子石化公司 $5 \times 10^4 t/a$ 装置催化剂装填方案

一级转化器（R-101）					
序号	催化剂型号	设计装填数据		实际装填数据	
		装填高度（mm）	装填质量（t）	装填高度（mm）	装填质量（t）
1	ϕ30mm 瓷球	100	4.67	100	3.75
2	ϕ10mm 瓷球	50	1.56	50	1.75
3	CT6-2B	950	22.55	950	22.56
4	ϕ10mm 瓷球	100	3.10	30	1.30
二级转化器（R-102）					
序号	催化剂型号	设计装填数据		实际装填数据	
		装填高度（mm）	装填质量（t）	装填高度（mm）	装填质量（t）
1	ϕ30mm 瓷球	100	4.67	100	3.75
2	ϕ10mm 瓷球	50	1.56	50	1.75
3	CT6-2B	800	21.25	900	21.24
4	ϕ10mm 瓷球	100	3.10	30	1.425

表 6-15　独山子石化公司装置化验分析数据

取样日期	组分	占比[%（体积分数）]			
		清洁酸性气	R-101 入口过程气	R-101 出口过程气	R-102 出口过程气
2010—5—7	二氧化碳	1.08	2.11	2.31	2.36
	硫化氢	96.9	0.67	1.14	0.40
	二氧化硫	—	0.70	0.46	0.10
	氢气	—	3.92	3.10	3.16
2010—5—8	二氧化碳	1.22	2.31	2.62	2.55
	硫化氢	96.53	0.97	1.16	0.35
	二氧化硫	—	1.36	0.41	0.18
	氢气	—	4.13	3.26	3.22

取样日期	组分	占比[%(体积分数)]			
		清洁酸性气	R-101入口 过程气	R-101出口 过程气	R-102出口 过程气
2010—5—9	二氧化碳	4.79	2.47	2.94	2.93
	硫化氢	90.24	1.21	1.27	0.40
	二氧化硫	—	0.85	0.25	0.22
	氢气	—	4.30	3.54	3.42
2010—5—10	二氧化碳	3.36	2.41	2.78	2.68
	硫化氢	88.23	1.02	0.93	0.45
	二氧化硫	—	1.19	0.27	0.16
	氢气	—	4.47	3.31	3.27

独山子石化公司在应用CT6-2B后，克劳斯装置总硫收率达到95.5%。而环保采样数据表明，装置排放尾气中二氧化硫含量为35~100mg/m³，低于国家环保要求。

2. 助剂型催化剂

1)助剂型催化剂简介

活性氧化铝催化剂在使用过程中，因过程气中存在的SO_2和微量氧，催化剂上会逐渐形成硫酸盐，从而导致催化剂失活。失活后的催化剂克劳斯转化率与有机硫水解率都会下降。为避免这一问题，研发了助剂型硫黄回收催化剂。助剂型硫黄回收催化剂在活性氧化铝载体上浸渍铁盐或镍盐，可有效脱除过程气中的微量氧，避免催化剂的硫酸盐化。

助剂型硫黄回收催化剂主要有法国Axens公司CRS系列、AM系列，以及西南油气田天然气研究院CT系列。催化剂主要情况见表6-16。

表6-16 国内外助剂型硫黄回收催化剂情况

公司	法国 Axens公司	美国 La Roche公司	西南油气田 天然气研究院
催化剂型号	AM	S-501	CT6-4B
堆密度（kg/L）	0.75	0.83	0.75~0.85
比表面（m²/g）	250	250	≥240
孔体积（mL/g）	0.40	—	0.45
压碎强度（N/颗）	140	150	≥160
磨耗率（%）	0.30	0.25	≤0.50

2）催化剂应用

助剂型硫黄回收催化剂 CT6-4B 广泛应用于国内石油石化及化工行业硫黄回收装置上，为装置平稳运行并实现达标排放提供了支撑。以克拉玛依石化为例，CT6-4B 催化剂在该公司 4000t/a 硫黄回收装置上推广应用，装填方案见表 6-17，考核数据见表 6-18。

表 6-17 克拉玛依石化公司 4000t/a 硫黄回收装置催化剂装填方案

一级克劳斯反应器				
序号	催化剂型号	设计装填数据		实际装填数据	
		装填高度（mm）	装填质量（t）	装填高度（mm）	装填质量（t）
1	ϕ30mm 瓷球	100	0.9	100	0.9
2	ϕ10mm 瓷球	50	0.6	50	0.6
3	CT6-4B	550	4.0	550	4.0
4	ϕ10mm 瓷球	100	0.6	100	0.6
二级克劳斯反应器				
序号	催化剂型号	设计装填数据		实际装填数据	
		装填高度（mm）	装填质量（t）	装填高度（mm）	装填质量（t）
1	ϕ30mm 瓷球	100	0.9	100	0.9
2	ϕ10mm 瓷球	50	0.6	50	0.6
3	CT6-4B	550	4.0	550	4.0
4	ϕ10mm 瓷球	100	0.6	100	0.6

表 6-18 克拉玛依石化公司装置考核数据

项目	时间		
	2010—5—10	2010—5—11	2010—5—12
酸性气组成	硫化氢 35.275% 二氧化碳 15.37% 烃类 0.752%	硫化氢 28.49% 二氧化碳 32.34% 烃类 1.156%	硫化氢 27.32% 二氧化碳 20.16% 烃类 0.091%
酸性气流量	726m³/h	755m³/h	760m³/h
R3502 出口组成	硫化氢 1.04% 二氧化硫 0.43%	硫化氢 1.25% 二氧化硫 0.23%	硫化氢 0.94% 二氧化硫 0.88%

从考核数据可见，尽管装置酸气流量偏低，负荷不足，且酸气中硫化氢浓度较低（低于 40%），但克劳斯装置总硫转化率达到了 92.0%~93.5%，排放尾气中二氧化硫含量达到国家环保要求。

二、低温克劳斯催化剂

1. 低温克劳斯催化剂简介

低温克劳斯催化剂通常是指以活性氧化铝为主要载体，应用于 CPS、MCRC、CBA、

Clinsulf-SDP 等低温克劳斯工艺的硫黄回收催化剂。由于催化剂在使用过程中会经历硫黄吸附—再生过程，因此低温克劳斯工艺对催化剂提出了特殊的大孔结构和高孔容要求。低温克劳斯催化剂稳定硫容通常要求在 0.5g 硫黄催化剂以上。

国内外低温克劳斯催化剂主要有美国 Porocel 公司的 M727 与 SD-A 系列、法国 Axens 公司 CRS 系列和西南油气田天然气研究院 CT 系列等。催化剂主要情况见表 6-19。

表 6-19　国内外低温克劳斯催化剂情况

公司	美国 Porocel 公司	美国 Alcoa 公司	美国 La Roche 公司	西南油气田天然气研究院		山东齐鲁科力化工研究院公司
催化剂型号	M727(SD-A)	DD-831	S-2001	CT6-4	CT6-15	LS-02
堆密度(kg/L)	0.58	0.75	0.67	0.75~0.85	0.65~0.75	0.60~0.75
比表面(m²/g)	343	310	320	≥260	≥330	≥320
孔体积(mL/g)	0.50	0.46	0.40	0.45	0.50	0.45
压碎强度(N/颗)	120	150	120	≥120	≥130	≥120
磨耗率(%)	0.45	0.20	0.20	≤0.50	≤0.50	≤0.50

2. 催化剂应用

2014 年 9 月，西南油气田天然气研究院开发的低温克劳斯催化剂 CT6-4 在西南油气田公司天然气净化总厂遂宁天然气净化有限公司 $40×10^8m^3/a$ 净化装置上应用。该厂建有四列相同规模的 CPS 硫黄回收装置，单列装置硫黄产量为 38t/d。催化剂装填方案见表 6-20，装置考核数据见表 6-21。

表 6-20　遂宁天然气净化有限公司 CPS 硫黄回收装置单套装填方案

项目			装填量(m³)	项目			装填量(m³)
反应器1	上部	CT6-4	4.50	反应器3	上部	CT6-2B	6.75
	下部	CT6-2B	9.00		下部	CT6-4	6.75
反应器2	上部	CT6-2B	6.75	反应器4	上部	CT6-2B	6.75
	下部	CT6-4	6.75		下部	CT6-4	6.75
合计		CT6-2B	29.25m³(约20.5t)				
		CT6-4	24.75m³(约21t)				

表 6-21　遂宁天然气净化有限公司 CPS 硫黄回收装置（Ⅰ套）考核数据

时间		第一日	第二日	第三日
总酸气量(m³/h)		2042	2043	2089
总风量(kg/h)		1707	1794	1816
酸气分析(%)	H_2S	46.86	46.88	46.99
	CO_2	52.59	52.56	52.41
	C_{1+}	0.55	0.56	0.55

续表

时间		第一日	第二日	第三日
尾气分析（%）	N_2	62.200	62.000	62.200
	H_2S	0.233	0.245	0.191
	SO_2	0.025	0.004	0.066
	CS	0.007	0.006	0.008
收率（%）		99.34	99.33	99.34

从表 6-21 所列的数据可以看出，装填 CT6-4 后，遂宁天然气净化有限公司硫黄回收装置运行状况良好，总硫回收率均略高于设计值 99.25%。克劳斯装置尾气中 H_2S 和 SO_2 总量小于 0.26%，大大降低了尾气处理装置的负荷。

三、有机硫水解催化剂

1. 有机硫水解催化剂简介

硫黄回收装置燃烧炉出口通常含 0.1%~1% 的有机硫（主要为 COS 和 CS_2）。有机硫必须水解为 H_2S 后才能通过克劳斯反应转化为硫黄。未水解的有机硫将在灼烧炉中灼烧为 SO_2 后排放，造成总硫回收率损失和环境污染。常规克劳斯催化剂、低温克劳斯催化剂和助剂型硫黄回收催化剂应用于有机硫水解效果差，水解率通常不超过 50%。因此，开发了二氧化钛型有机硫水解催化剂，将装置有机硫水解率提高到 90% 以上，且基本不存在催化剂硫酸盐化失活的问题。国内外常规克劳斯催化剂生产厂家主要有法国 Axens 公司 CRS 系列、美国 Alcoa 公司 S 系列和西南油气田天然气研究院 CT 系列。催化剂主要情况见表 6-22。

表 6-22　国内外有机硫水解催化剂情况

公司	法国 Axens 公司	美国 La Roche 公司	西南油气田 天然气研究院
催化剂型号	CRS-31	S-701 （S-7001）	CT6-8
堆密度（kg/L）	0.95	0.90	0.70~1.00
比表面（m^2/g）	120	250	≥110
孔体积（mL/g）	—	—	0.3
压碎强度（N/颗）	90	120	≥150
磨耗率（%）	1.0	0.8	≤2.0

2. 催化剂应用

西南油气田天然气研究院开发的有机硫水解催化剂 CT6-8 于 2013 年 5 月 7 日获中国石油天然气集团公司自主创新重要产品证书，并已在几十家单位应用，取得了较好的应用效果。以兰州石化为例，CT6-8 在兰州石化公司 $1.5×10^4$t/a 硫黄回收装置推广应用，催化剂装填方案见表6-23，装置考核数据和考核结果分别见表6-24和表6-25。

表6-23 兰州石化公司 1.5×10⁴t/a 装置催化剂装填方案

一级克劳斯反应器					
序号	催化剂型号	设计装填数据		实际装填数据	
		装填高度（mm）	装填质量（t）	装填高度（mm）	装填质量（t）
1	φ30mm 瓷球	100	0.75	100	0.75
2	φ10mm 瓷球	50	0.40	50	0.40
3	CT6-8	300	2.50	300	2.50
4	CT6-4B	500	3.50	500	3.50
5	φ10mm 瓷球	100	0.70	100	0.70
二级克劳斯反应器					
序号	催化剂型号	设计装填数据		实际装填数据	
		装填高度（mm）	装填质量（t）	装填高度（mm）	装填质量（t）
1	φ30mm 瓷球	100	0.75	100	0.75
2	φ10mm 瓷球	50	0.40	50	0.40
3	CT6-4B	800	6.00	800	6.00
4	φ10mm 瓷球	100	0.70	100	0.70

表6-24 兰州石化公司装置分析化验数据

日期	部位	含量（%）									
		入口 CO_2	出口 CO_2	入口 H_2S	出口 H_2S	入口 COS	出口 COS	入口 SO_2	出口 SO_2	入口 CS_2	出口 CS_2
2010年 5月26日	一级反应器	11.54	12.76	6.64	2.75	0.78	0.016	2.76	0.33	0.26	0.0103
	二级反应器	14.44	13.85	2.83	0.61	0.157	0.095	1.23	0.46	0.016	0.014
	一级反应器	11.05	12.22	4.97	1.57	0.76	0.03	4.54	1.08	0.07	0.0055
	二级反应器	13.41	14.07	1.95	0.43	0.03	0.08	1.36	0.46	0.013	0.011
2010年 5月27日	一级反应器	12.46	15.03	4.9	1.53	0.8	0.05	3.92	1.5	0.18	0.012
	二级反应器	14.99	14.97	1.73	0.31	0.03	0.085	1.48	0.69	0.027	0.018
	一级反应器	12.30	14.89	4.61	1.36	0.74	0.046	4.56	1.83	0.18	0.014
	二级反应器	14.21	14.76	1.53	0.22	0.044	0.08	1.54	1.03	0.025	0.021
	一级反应器	12.01	15.04	4.56	1.88	0.76	0.013	4.42	1.04	0.19	0.018
	二级反应器	15.23	15.84	2.14	0.60	0.04	0.10	1.28	0.25	0.03	0.017
	一级反应器	12.56	15.48	4.60	2.06	0.76	0.022	4.13	1.09	0.23	0.013
	二级反应器	16.10	15.89	2.34	0.67	0.03	0.07	1.23	0.11	0.024	0.021
2010年 5月28日	一级反应器	12.42	15.47	4.68	2.89	0.78	0.02	4.42	0.73	0.19	0.009
	二级反应器	15.63	17.35	3.07	1.72	0.027	0.06	0.97	0.02	0.018	0.017
	一级反应器	12.08	15.72	4.72	2.77	0.76	0.02	4.21	1.19	0.17	0.007

续表

日期	部位	含量(%)									
		入口 CO_2	出口 CO_2	入口 H_2S	出口 H_2S	入口 COS	出口 COS	入口 SO_2	出口 SO_2	入口 CS_2	出口 CS_2
2010年5月28日	二级反应器	15.18	16.06	2.97	0.75	0.03	0.068	1.24	0.02	0.017	0.017
	一级反应器	12.53	16.62	4.83	1.56	0.78	0.05	3.37	1.19	0.34	0.031
	二级反应器	14.89	15.33	1.59	0.35	0.04	0.08	1.22	0.44	0.047	0.039
	一级反应器	12.24	15.57	4.85	1.52	0.75	0.03	3.80	0.88	0.35	0.033
	二级反应器	14.77	15.58	1.75	0.41	0.04	0.074	1.10	0.18	0.054	0.049

注：表中各气体为干基浓度。COS 和 CS_2 组成用形态硫分析仪分析，其余气体用色谱仪分析。

表6-25 兰州石化公司装置考核结果

一级反应器平均克劳斯转化率(%)	70.94
一级反应器平均 COS 水解率(%)	96.37
一级反应器平均 CS_2 水解率(%)	93.54
二级反应器平均克劳斯转化率(%)	69.74
装置平均总硫转化率(%)	95.98

装置考核数据计算结果表明，克劳斯装置平均总硫转化率为 95.98%；一级反应器平均克劳斯转化率 70.94%，平均 COS 水解率 96.37%，平均 CS_2 水解率 93.54%；二级反应器平均克劳斯转化率 69.74%。一级反应器温升 70~80℃，二级反应器温升 15~25℃。催化剂在一级反应器和二级反应器中基本达到了平衡转化率。

四、硫化氢选择性氧化催化剂

1. 硫化氢选择性氧化催化剂简介

随着超级克劳斯工艺在国内外的快速发展，各催化剂开发机构陆续开展了硫化氢选择性氧化制硫催化剂的研究工作，并形成了相应的催化剂产品。硫化氢选择性氧化制硫催化剂所用载体为 α 氧化铝或二氧化硅，活性组分为金属氧化物。这些催化剂的主要情况见表6-26。

表6-26 硫化氢选择性氧化制硫催化剂情况

公司	荷兰 Jacobs 公司	荷兰阿克苏—诺贝尔公司	法国 Axens 公司	西南油气田天然气研究院	
催化剂型号	D-1631	KF756	CT739	CT6-9	CT6-12
催化剂用途	硫化氢选择性氧化制硫	二氧化硫选择性加氢催化剂	催化焚烧催化剂	硫化氢选择性氧化制硫	二氧化硫选择性加氢催化剂
堆密度(kg/L)	0.55	0.76	0.60	0.50~0.60	0.70~0.90
比表面(m^2/g)	40	254	40~50	35~50	≥220
孔体积(mL/g)	0.42	0.30	—	0.40~0.60	0.41
压碎强度(N/颗)	135	86	130	≥120	≥100
磨耗率(%)	0.66	0.50	0.70	≤1.00	≤1.00

2. 催化剂应用

西南油气田天然气研究院开发的硫化氢选择性氧化制硫催化剂 CT6-9 在忠县分厂 II 套装置上推广应用，催化剂装填方案见表 6-27。

表 6-27　忠县分厂超级克劳斯反应器 CT6-9 催化剂装填方案

设备	催化剂及瓷球	装填数量（t）	装填高度（mm）
R1404	φ6mm 瓷球	0.3	50
	CT6-9	2.3	580
	φ4mm 瓷球	0.3	50
	φ6mm 瓷球	0.3	50

在 CT6-9 催化剂运转了 4 个月后，对 I 套和 II 套超级克劳斯硫黄回收装置作了性能考核。为同时掌握催化剂应用效果和装置总体性能情况，对两套装置酸气、一级克劳斯反应器入口过程气、一级克劳斯反应器出口过程气、超级克劳斯反应器入口过程气和超级克劳斯反应器出口过程气分别作了取样分析。考核结果见表 6-28。

表 6-28　CT6-9 催化剂运转期间两套装置化验分析数据

考核项目		考核时间	分析结果	计算结果
I 套（进口 D-1631E 催化剂，已使用 4 年）	酸气 H_2S 浓度（%）	11 月 5 日	48.12	平均克劳斯转化率：67.50%；平均有机硫（$COS+CS_2$）水解率：85.96%；平均硫化氢转化率：91.17%
		11 月 6 日	47.63	
		11 月 7 日	47.94	
	一级反应器入口 $H_2S/SO_2/COS/CS_2$ 含量（%）	11 月 5 日	10.43/4.26/0.07/0.089	
		11 月 6 日	10.22/4.83/0.09/0.046	
		11 月 7 日	9.16/4.15/0.12/0.045	
	一级反应器出口过程气 $H_2S/SO_2/COS/CS_2$ 含量（%）	11 月 5 日	3.75/1.20/0.01/0.01	
		11 月 6 日	4.11/1.50/0.02/0.01	
		11 月 7 日	3.22/1.72/0.01/0.01	
	超级克劳斯反应器入口 H_2S/SO_2 含量（%）	11 月 5 日	1.45/0.16	平均选择性：89.38%；平均硫回收率：81.49%
		11 月 6 日	0.57/0.29	
		11 月 7 日	0.64/0.27	
	超级克劳斯反应器出口 H_2S/SO_2 含量（%）	11 月 5 日	0.14/0.27	
		11 月 6 日	0.038/0.35	
		11 月 7 日	0.065/0.34	

续表

考核项目		考核时间	分析结果	计算结果
Ⅱ套（CT6-9催化剂）	酸气 H_2S 浓度（%）	11月5日	44.61	平均克劳斯转化率：68.19%；平均有机硫（$COS+CS_2$）水解率：85.52%
		11月6日	45.40	
		11月7日	42.17	
	一级反应器入口 $H_2S/SO_2/COS/CS_2$ 含量（%）	11月5日	9.49/4.10/0.086/0.044	
		11月6日	9.14/4.15/0.075/0.046	
		11月7日	8.86/3.83/0.084/0.042	
	一级反应器出口过程气 $H_2S/SO_2/COS/CS_2$ 含量（%）	11月5日	3.07/1.59/0.01/0.01	
		11月6日	3.38/1.77/0.01/0.01	
		11月7日	3.16/0.89/0.01/0.01	
	超级克劳斯反应器入口 H_2S/SO_2 含量（%）	11月5日	0.59/0.069	平均硫化氢转化率：97.85%；平均选择性：87.61%；平均硫回收率：85.72%
		11月6日	0.65/0.089	
		11月7日	0.37/0.085	
	超级克劳斯反应器出口 H_2S/SO_2 含量（%）	11月5日	0.014/0.14	
		11月6日	0.017/0.163	
		11月7日	0.0054/0.13	

注：部分 COS、CS_2 分析数据为"未检出"，其含量以气相色谱最低检测限，即 0.01% 计。

另外，Ⅰ套和Ⅱ套装置 2005 年 8 月的考核数据见表 6-29。

表 6-29 忠县分厂两套装置投产初期化验分析数据

数据	Ⅰ套装置			Ⅱ套装置		
	超级克劳斯反应器 H_2S 转化率（%）	超级克劳斯反应器硫回收率（%）	装置总硫转化率（%）	超级克劳斯反应器 H_2S 转化率（%）	超级克劳斯反应器硫回收率（%）	装置总硫转化率（%）
数据1	95.14	85.11	99.31	93.83	88.31	99.17
数据2	94.31	84.41	99.17	97.71	83.64	99.28
数据3	97.80	86.12	99.43	95.44	84.77	99.16
平均数据	95.80	85.20	99.50	95.70	85.60	99.40

从表 6-28 和表 6-29 可以看出，通过直接对忠县分厂Ⅰ套和Ⅱ套装置超级克劳斯在用催化剂作对比，运转 4 个月后的 CT6-9 催化剂平均硫回收率达到了 85.72%，而运转了 4 年多的 D-1631 进口催化剂平均硫回收率为 81.49%，前者比后者高出了 4 个百分点。考虑

到进口催化剂使用 4 年后其活性必然有所下降这一因素，将运转 4 个月后的 CT6-9 催化剂与运转初期的两套装置的 D-1631 进口催化剂作对比，前者分别高出了 0.5 和 0.1 个百分点。这说明，国产 CT6-9 催化剂性能比进口 D-1631 催化剂略高。

第四节 硫黄回收技术新进展

一、工艺技术

1. 催化部分氧化制硫工艺（GT-SPOC™）

2013 年美国 GTC Technology US LLC 提出了催化部分氧化制硫工艺（Sulfur Partial Oxidation Catalysis），其核心是称为 GT-CataFlame 的技术，高温下将酸气中 1/3 的 H_2S 快速催化转化为 SO_2（时间小于 1s），并将酸气中的烃转化为 CO、H_2 及 H_2O，将 NH_3 转化为 H_2、N_2 及 H_2O。

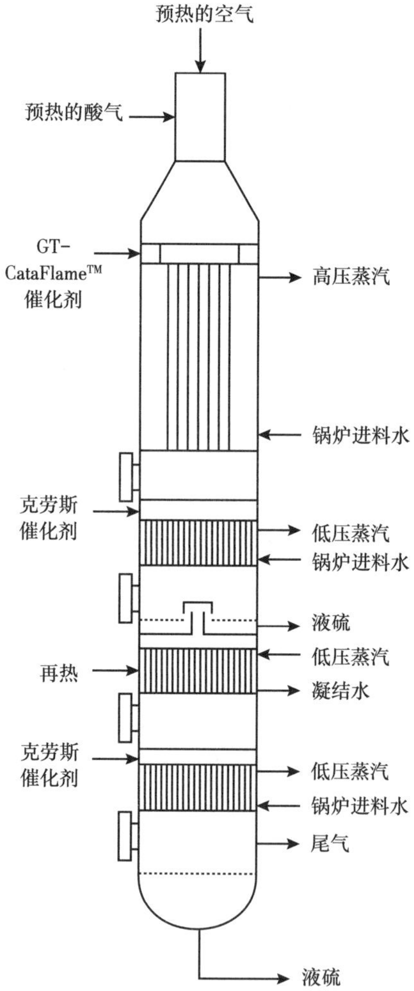

此工艺与克劳斯直接氧化工艺即 Selectox 工艺是不同的，它主要取代燃烧段，对酸气 H_2S 浓度无限制，后者限于处理贫 H_2S 酸气，反应温度控制在 371℃ 以下。

GT-CataFlame 段在炼厂进行了长周期的侧线试验，进料酸气含 80%~82% H_2S，11%~12% CO_2，1%烃。经过此段后，H_2S 转化率大于 80%，元素硫产率 69%~70%，（$COS + CS_2$）生成率小于 1%，H_2 的平均产率为 7%。

在 GT-CataFlame 的基础上，该公司提出了如图 6-22 所示的装置设计。可见，该设计将现有克劳斯装置的平面布置改为垂直布置。其特点还有：

（1）空气及酸气分别预热后进入混合段充分混合；

（2）高温催化段出口气直接进入废热锅炉；

（3）废热锅炉出口气直接进入转化段，省去了常规的一级冷凝器及再热环节。

与目前广泛使用的燃烧炉相比，采用高温催化转化的方法使反应更具可控性，有利于向目标方向进行，从而减少副反应，当然这需要增加催化剂及专利费用。

然而，该公司根据在炼厂进行的长周期侧线试验结果委托独立公司进行了评估，以硫黄产能为 100t/d，酸气组成为：67.8% H_2S，0.20% CO_2，0.24% C_{1+}，11.94% NH_3，0.05% H_2 及 19.8% H_2O

图 6-22 催化部分氧化制硫
（GT-SPOCTM）装置图

预热的空气

预热的酸气

GT-CataFlame™催化剂

克劳斯催化剂

再热

克劳斯催化剂

高压蒸汽

锅炉进料水

低压蒸汽
锅炉进料水

液硫

低压蒸汽
凝结水

低压蒸汽
锅炉进料水

尾气

液硫

为例，新装置的投资费用较常规克劳斯装置可降低 20%~30%。这是因为减少了常规的一级冷凝器和再热炉，燃烧炉体积仅有其 10%，而所需耐火材料更降至 1/40 等。除此之外，新工艺的特点还有：

（1）开、停车更顺畅；

（2）由于 H_2S 的裂解增多，烃转化为 H_2 及 CO 等因素，过程气中的 H_2 浓度可达 7%；

（3）由于取消了一级冷凝器，液硫中的 H_2S 及 H_2S_x 含量大幅下降；

（4）占地面积大幅减少。

此工艺是 2013 年度才推出的，工业化后能否达到预期效果还未可知，高温催化剂的长周期运行性能也值得关注。然而应当指出，该工艺如能实现工业化并取得预期效果，将是克劳斯工艺的又一重大变革。

2. 硫化氢直接分解技术

鉴于克劳斯反应是一个热力学平衡反应，常规条件下其转化率很难超过 90%。因此很多工艺回避了克劳斯反应，代之以平衡常数非常大的反应或不可逆反应。Clinsulf-DO、Selectox、SuperClaus 和 Modop 等工艺以不可逆的硫化氢直接氧化为元素硫的反应来取代克劳斯反应，开创了全新的开发思路。尽管硫化氢直接氧化为元素硫的反应是不可逆反应，但由于副反应的存在和动力学的限制，在目前已商业化的直接氧化类工艺装置上，硫化氢直接氧化为元素硫的反应转化率只能达到 85% 左右，从而使该类工艺最高硫回收率只能达到 99.0%~99.2%。

硫化氢直接分解制硫黄和氢气工艺同样遵循上述思路。硫化氢分解反应所需条件非常苛刻，通常采用热裂解、微波裂解和电解等方式。包括加拿大阿尔伯塔硫黄研究公司（AS-RL）在内的几个研究小组正在研究硫化氢在 1371~1649℃ 温度下的热裂解，并建立了一套半工业规模的试验装置。澳大利亚 RMIT 大学就硫酸镉分解硫化氢为氢气和硫的实验作了研究。另外，为将氢气从元素硫中分离出来，ASRL 专门开发了专用陶瓷膜。美国 Argonne 国家实验室和俄罗斯 Kurchatov 研究所已从事硫化氢微波裂解技术开发多年，一套具有相当规模，应用微波能量的等离子型装置已在俄罗斯的 Orenburg 运行了几年，得到的初步结果令人满意，但尚面临许多需解决的技术难点。

二、催化剂

随着全世界范围内对 SO_2 排放浓度的日益严格，以及硫黄需求量的持续增长，促使此领域的研究学者们不断开发硫黄回收新工艺、新技术，以减少硫黄回收装置尾气 SO_2 排放量。一种方法是在硫黄回收装置尾部增加尾气处理单元，但是为克劳斯装置增设尾气处理单元投资巨大。因此，有必要开发一种无需新建尾气处理单元，仅在硫黄回收单元就能有效提高硫回收率的新工艺。在此理念的影响下，ASRL 开发了催化冷凝技术。

该工艺是在硫黄回收装置的冷凝器管程中装填特定的催化剂，使得一级、二级反应器出口的过程气在冷凝器中进一步发生克劳斯反应生成硫黄，从而提高装置的总硫回收率。催化冷凝技术示意图如图 6-23 所示。

ASRL 在实验室内建设了一套催化冷凝技术实验装置。实验装置流程如图 6-24 所示。

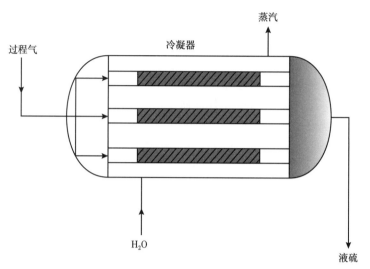

图 6-23 催化冷凝技术示意图

由图 6-24 可以看出，不锈钢反应器和冷凝器相连通，冷凝器通过一个三通与反应器的下端相连接，且反应器和冷凝器均是垂直放置。在冷凝器底部连接有一个硫捕集器。反应器的温度由外部加热带控制，而冷凝器的温度则通过内部热油循环的方式进行控制。为测定反应过程中的气体温度，在反应器和冷凝器的上、中、下三部分分别插入热电偶进行测温。需要指出的是，由于实验室的局限性，冷凝器为等温操作。

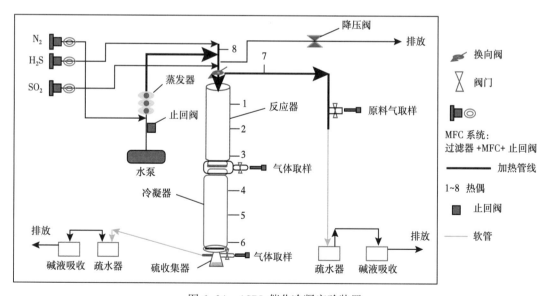

图 6-24 ASRL 催化冷凝实验装置

利用 ASRL 自制的铝基硫黄回收催化剂，在如图 6-24 所示的实验装置上开展了催化冷凝技术的研究。研究结果见表 6-30。

表 6-30   ASRL 催化冷凝技术研究结果

实验装置	热段转化率 （%）	一级转化率 （%）	二级转化率 （%）	三级转化率 （%）
现有硫黄回收装置	71.4	91.0	97.8	99.0
增加催化冷凝器后	76.5	96.8	99.1	99.5

该催化冷凝方法具有以下特点：

（1）在不改变硫黄回收装置主要流程的条件下，显著提高总硫回收率。

（2）整个流程不存在压力降低的情况。

（3）在催化分解作用下，冷凝器中的 H_2S_x 含量显著降低。

第七章 尾气处理技术

采用克劳斯工艺从酸性气中回收硫黄时，由于克劳斯反应是可逆的，受到化学平衡的限制，一般硫的回收率只能达到92%~95%，即使采用活性良好的催化剂和四级反应器，总硫回收率也只能到98%~99%。由于 H_2S 的毒性很大，不允许排放，因此克劳斯装置的尾气先经过灼烧才能排放，将其中的 H_2S 转化成 SO_2。

由于对环保的要求越来越高，很多克劳斯装置尾气直接灼烧后排放不能满足国家环保标准。因此，许多克劳斯装置都还需要配置尾气处理装置，克劳斯尾气处理工艺按照其技术途径大致又可分为还原吸收类和氧化类处理工艺。本章主要从硫磺回收尾气处理技术的基本原理、工艺流程及配套催化剂等方面进行阐述。

第一节 基本原理与主要流程

一、基本原理

天然气净化厂尾气中的污染物主要是硫化物，包括 H_2S、SO_2 及有机硫（COS、CS_2、CH_3SH 和 C_2H_5SH 等）等，要实现达标排放需对所有这些组分进行有效脱除。目前通常作法是首先将各种形态的硫化物转化后再用一种工艺进行处理脱除。从这种意义上来划分，现有尾气处理技术可分为还原吸收法尾气处理技术和氧化吸收法尾气处理技术两大类。

还原吸收法尾气处理技术是将尾气中的 SO_2、元素硫、有机硫等硫化物通过加氢或其他工艺转化为 H_2S，然后从尾气中吸收除去 H_2S。氧化吸收法尾气处理技术则通常是将尾气中的其他硫化物通过某种工艺转化为 SO_2，然后再以溶液吸收除去尾气中的 SO_2。

二、工艺流程

还原吸收法尾气处理技术中最主要的一种方法，是由荷兰 Shell 公司于20世纪70年代初开发的 Claus 尾气处理（SCOT）工艺，Claus 装置尾气中含硫组分被催化转化为 H_2S，冷却之后采用醇胺溶剂将 H_2S 从尾气中选吸出来。在再生塔中，H_2S 从溶剂解吸，并循环回 Claus 装置，SCOT 尾气被送去灼烧，典型流程如图7-1所示。

氧化吸收法尾气处理工艺中，具有代表性的工艺为由加拿大 Cansolv Technologies 公司开发的 Cansolv 工艺。此工艺采用可再生 SO_2 洗涤技术，在脱除 SO_2 的同时又将 SO_2 作为产品进行回收，流程如图7-2所示。Cansolv 工艺流程类似于常规胺法工艺流程，但不同之处是由于绝大多数含 SO_2 气体通常含有硫酸烟雾，因而导致处理溶液中热稳定盐聚集，需要配备热稳定盐脱除装置。

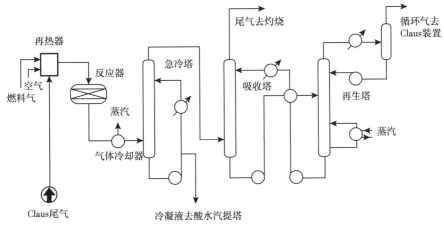

图 7-1　典型 SCOT 工艺流程

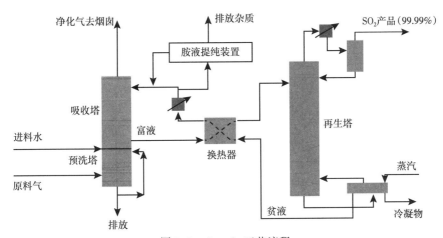

图 7-2　Cansolv 工艺流程

第二节　尾气处理工艺技术分类

一、还原吸收类尾气处理工艺

从 20 世纪 60 年代开始，发达国家开始制定严格的环境保护条令，对于主要和集中产生 SO_2 污染源的克劳斯硫回收生产装置开始实施强制性法规，明确规定 SO_2 的排放浓度不得超过 2000~2500μL/L，美国大多数州和联邦德国及日本则进一步规定，20 世纪 80 年代的克劳斯装置 SO_2 排放浓度必须小于 300μL/L。为此荷兰 Shell 公司于 20 世纪 70 年代初开发了 SCOT 工艺。除 SCOT 工艺外，还原吸收类尾气处理工艺还包括 RAR、SSR、HCR 等工艺（具体工艺类型见表 7-1）。目前，国内建有还原吸收类尾气处理装置 300 余套，其中西南油气田公司、中国石化普光天然气净化厂和元坝净化厂共有 25 套。

1. 工艺原理

还原吸收法用 H_2 或 H_2 和 CO 的混合气体作还原气，使尾气中的 SO_2 和元素硫在催化剂的作用下还原生成 H_2S。尾气中的 COS 和 CS_2 等有机硫水解为 H_2S，再通过选择性脱硫溶剂进行化学吸收，溶剂再生解吸出的酸性气返回至硫回收装置的原料酸性气中，继续回收元素硫。该法硫回收率高达 99.8%，但流程复杂，投资和操作费用较高，适用于大中型硫回收装置或环境要求严格的地区。

表 7-1 还原吸收类尾气处理工艺类型及特点

类型	工艺名称	主要特点、操作条件及应用范围	装置总硫收率(%)
还原吸收法	SCOT	尾气进入在线燃烧器或热交换器中加热到 250~300℃。如果没有 H_2 或 CO，采用在线燃烧器在空气不足条件下制备。所有的硫化物全部转化为 H_2S，并在热回收系统和水冷塔内冷却至 40℃，进入胺吸收塔进行选择性脱除 H_2S，使其含量降到(30~100)×10^{-6}(体积分数)或总硫含量低于 250×10^{-6}(体积分数)	99.8~99.9
	RAR	基本流程与 SCOT 类似，其特点是：(1)加氢反应器入口采用气/气换热提高反应温度，无在线燃烧炉；(2)燃烧炉采用双段分区操作；(3)尾气脱硫塔富胺液与其他脱硫工艺产生的富胺液进行集中再生	99.8~99.9
	SSR	与 SCOT、RAR 和 HCR 工艺基本类似。工艺改进之处在于取消了在线加热炉及其配套的鼓风机等设备，利用焚烧烟气的废热加热克劳斯尾气，使其达到加氢反应的温度	≥99.8
	BSRP	通过混合燃料气和空气的燃烧产物，将尾气加热至反应温度。燃烧在空气不足的条件下进行，提供足够的 H_2 和 CO，所有硫和硫化物都被转化为 H_2S；加热的混合气体经过催化剂床，所有硫化物经加氢和水解生成 H_2S，并在蒸汽发生器中冷却，在进行选择性脱硫之前，与缓冲溶液直接接触。加氢/水解反应器操作温度在 288~399℃。Beavon-MDEA 用于 Claus 尾气处理，可将尾气中 H_2S 降至低于 10×10^{-6}(体积分数)，总硫收率可达到 99.9%	99.9
	LTGT	尾气中不同硫化物在加氢反应器中转化成的 H_2S，在吸收塔用 MDEA 溶剂脱除，富液在蒸汽加热的汽提塔内再生，生成含 H_2S 气体循环至 Claus 装置。采用专用 MDEA 溶剂、结构填料和板式热交换器，装置规模小，投资降低	99.8~99.9
	Resulf	尾气在原料加热器中加热，与含有 H_2 气体混合后进入反应器，所有硫化物被转化为 H_2S。气体在废热蒸汽发生器中冷却，并在水冷却器进一步冷却	99.8~99.9
	HCR	工艺分两部分：含硫化合物(COS、CS_2、S_x、SO_2)的加氢和水解；H_2S 脱除和酸气循环至 Claus 装置。排放气中 H_2S 含量低于 250×10^{-6}(体积分数)。工艺通过调节配风比，增加尾气中 H_2/SO_2 比值；即使上游装置存在干扰，操作都极为平稳，并有较高的伺服因子；加氢反应器不需额外来源的氢气或还原气	99.8~99.9

2. 工艺流程方法

1) SCOT 工艺

SCOT 法主要包括还原段、急冷段和选择脱硫段。还原—吸收工艺流程图如图 7-3 所示。

(1)还原段。

此工序的任务是将尾气中各种形态的硫均转化为 H_2S。在此过程中，SO_2 与元素硫均

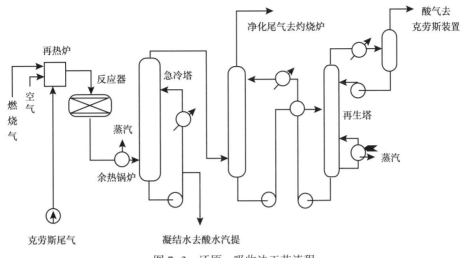

图 7-3 还原—吸收法工艺流程

是加氢反应，有机硫是水解反应。

$$SO_2+3H_2 \Longrightarrow H_2S+2H_2O \tag{7-1}$$

$$S_8+8H_2 \Longrightarrow 8H_2S \tag{7-2}$$

$$COS+H_2O \Longrightarrow H_2S+CO_2 \tag{7-3}$$

$$CS_2+2H_2O \Longrightarrow 2H_2S+CO_2 \tag{7-4}$$

在 $Co-Mo/Al_2O_3$ 或 $Ni-Mo/Al_2O_3$ 催化剂上，当有过量氢存在下，SO_2 和元素硫可完全转化为 H_2S（SO_2 残余含量小于 $10\mu L/L$）；SO_2 加氢反应活化能约 $83.7kJ/mol$，反应对氢为一级，对 SO_2 为 0 级。在正常条件下，COS 浓度可达热力学平衡（约 $10\mu L/L$），CS_2 也可达到平衡（$1\mu L/L$）。

当存在 CO 时，还可能存在 CO 与 SO_2、S_8、H_2S 及 H_2O 的反应。总的说来，CO 的存在对各种形态的硫转化为 H_2S 是有利的，因为 CO 的水气转换反应可产生活性很高的氢气。

在还原—吸收法中，还原工序具有特别重要的意义，因为如果有机硫未完全转化将导致总硫收率不能满足要求；而 SO_2 如不能完全转化不仅影响总硫收率，而且将在后续的选择脱硫工序中与醇胺结合生成热稳定盐，造成胺液活性损失并使后续工序产生腐蚀和堵塞问题。

克劳斯段运行的配风比不当，会给还原吸收法尾气处理装置带来许多麻烦。当配风比偏高时，过程气 SO_2 浓度偏高导致还原段需氢量上升及温升增加，甚至导致 SO_2 "穿透"。

（2）急冷段。

急冷段以循环水将经余热锅炉回收热量后的加氢尾气直接冷却至常温，同时降低其水含量，还可以除去催化剂粉末及痕量的 SO_2。由于气流中的 H_2S 及 CO_2 等酸性组分会溶解于水中，因此需加氨以调节其 pH 值，产生的凝结水送酸水汽提单元处理。

（3）选择脱硫段。

选择脱硫段的任务是将冷却至常温的加氢尾气中的 H_2S 角胺液选择性吸收下来，胺液再生出的酸气返回克劳斯装置，正是由于有选吸工序，还原—吸收法处理尾气的目标才得以实现；如果胺液不具备选吸功能，即同时完全将 H_2S 和 CO_2 吸收下来，并返回克劳斯装置，这就会导致克劳斯装置总酸气 H_2S 浓度的不断下降而无法运行。如图 7-4 所示，当 CO_2 共吸收率趋近100%时（即 CO_2 完全吸收），克劳斯装置总酸气 H_2S 浓度趋于 0。

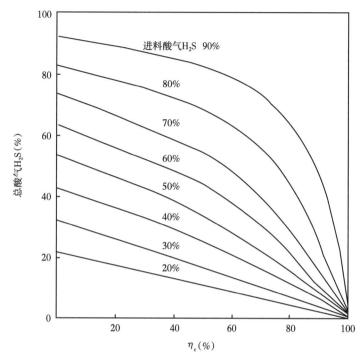

图 7-4　CO_2 共吸收率 η_c 及进料酸气 H_2S 浓度对总酸气 H_2S 浓度的影响

经过四十多年的发展，围绕装置的节能降耗和降低投资，通过不断技术升级，国外在 SCOT 工艺基础上，开发出了串级 SCOT、Super-SCOT 等一系列工艺。

2）串级 SCOT

串级 SCOT 工艺是由荷兰 STORK 公司（原 Comprino 与 Stork 合并而成）开发。和 SCOT 工艺相比较有以下特点：SCOT 工艺需单独设置再生塔，而串级 SCOT 工艺毋需单独设置再生塔，只需将吸收塔底的富液送至上游脱硫装置吸收塔中部，进一步提高富液的酸性气负荷后，再送至共有的再生塔即可。这样既减少了装置溶液的循环总量，亦降低了蒸汽和电力消耗，还可与一个或多个吸收、再生系统相连接，即使上游脱硫装置的吸收塔停工，也可保证连续运行，因此操作非常灵活。所谓串级 SCOT 就是将来自 SCOT 装置的富液与前面的胺法脱硫装置共用一个再生塔，从而降低了能耗、节省了投资。该设计已在生产中获得了成功应用。

3）Super-SCOT

Super-SCOT 工艺是由荷兰康普雷姆（Comprino）公司在传统的 SCOT 还原吸收工艺基础上，为进一步提高尾气净化度和节能降耗而设计的新工艺。Super-SCOT 工艺采用两段再生改善汽提效率而得到半贫液和超贫液，使贫液更"贫"而使蒸汽消耗降低。该工艺的另一项改进是降低超贫液的温度从而改善酸气的吸收效率。在具体的工艺设计中可依情况采取其一或二者兼用。

在 Super- SCOT 工艺中，富液经一段再生后，部分半贫液返回到吸收塔中部，部分半贫液进入二段再生塔进行深度汽提，得到的超贫溶剂送到吸收塔的顶部。由于超贫液 H_2S 的分压很低，当吸收温度进一步降低时，H_2S 在醇胺溶液中的溶解度增加，从而使排入尾气中 H_2S 浓度得到进一步降低，工艺流程如图 7-5 所示。

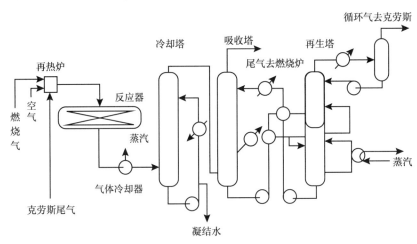

图 7-5　Super-SCOT 工艺流程

Super-SCOT 工艺可降低尾气中 H_2S 浓度到 $10\mu L/L$，总硫低于 $50\mu L/L$。与传统的 SCOT 工艺相比，蒸汽消耗也可下降 30% 左右。

4）LS-SCOT

LS-SCOT 工艺意为低硫(Low Sulfur) SCOT 工艺，其技术关键是在醇胺溶液中添加了一种廉价的添加剂，改善了溶剂的再生，因而可使贫液中 H_2S 的含量进一步降低。这种使用贫度更佳溶剂的工艺可使排放尾气中 H_2S 浓度下降到 $10\mu L/L$ 以下，或者总硫（包括 COS 和 CS_2）低于 $50\mu L/L$。由于使用了专用添加剂，因而 LS-SCOT 装置最好设计为独立的装置，而不要与上游的醇胺吸收—再生联合使用。但是，将 LS-SCOT 工艺与 DIPA 或 MDEA 吸收联合应用的装置也已成功运转。表 7-2 给出了三套 LS-SCOT 装置的操作情况。

表 7-2　三套 LS-SCOT 装置的操作情况

参数	装置 1	装置 2	装置 3
进料中 H_2S 浓度［%(体积分数)］	2.4	2.1	1.4
进料中 CO_2 浓度［%(体积分数)］	7.1	4.0	3.0
净化气总硫($\mu L/L$)	<50	<50	<50
溶剂温度(℃)	35	39	32
溶剂类型	DIPA	MDEA	DIPA
可再生溶剂量［%(质量分数)］	41	52	44
溶剂总量［%(质量分数)］	42	53	48
蒸汽单耗(kg/m^3)	120	135	132
吸收塔塔盘数	11	11	9

在 LS-SCOT 工艺中，由于醇胺溶剂添加助剂改变了平衡条件，从而在溶剂得到相同的再生程度时使蒸汽消耗得以降低，或者说在使用等量蒸汽的条件下，溶剂再生更彻底，达到了节省能耗的目的。

5）低温 SCOT

传统 SCOT 工艺中对于 Claus 尾气的再热方式一般采用在线燃烧炉、气/气换热器、电加热器和导热油加热器等方法，将尾气加热至 280℃ 以上。为了简化加氢段预热操作，减小加氢反应器下游冷却器热负荷，降低能耗，壳牌公司开发出具有更低入口温度的低温 SCOT 催化剂，以及由此带来的对整个工艺设计的改进，称为低温 SCOT 工艺。

（1）在线燃烧炉与废热锅炉的取消。

在传统 SCOT 装置中过程气被加热至 280℃ 以上，由于该温度较高，大部分 SCOT 装置都配备了在线燃烧炉，这是达到此温度最为经济的方法。

尽管在 SCOT 装置中在线燃烧炉的使用非常广泛，但要使其获得良好的操作性却非常困难。在线燃烧炉除了预热过程气，还起到产生还原性气体的作用。如果采用天然气作为燃料，化学计量比例低至 73% 也不会产生积炭。然而，若是采用含有一些 C_3 和 C_{4+} 的气体原料，化学计量比例就不能低于 85%。否则，会生成积炭，并沉积在催化剂床内，造成反应器堵塞和催化剂失活。

低温 SCOT 工艺加氢反应器的入口温度在 220℃ 左右，相比传统 SCOT 加氢反应器入口温度低了 60℃ 以上，这样就可以利用 4MPa 饱和蒸汽加热的单程壳式蒸汽再热器来完成过程气的预热。在 Claus+低温 SCOT 设计中，饱和蒸汽在 Claus 装置的废热锅炉中可以产生，再热器的控制更加灵活，不存在在线燃烧炉所要求的调节比限制。由于蒸汽再热器操作较少依赖于仪表的使用（如火焰扫描仪、燃料气分析仪、流量变送器等），因而再热系统失灵的概率相对较小，从而提高了整个装置的稳定性及可操作性。

传统 SCOT 装置通常是在加氢反应器下游配备有废热锅炉，从反应器出来的过程气温度很高（一般在 320~340℃），利用其热量来产生低压蒸汽。然而，与所产生的蒸汽相比，回收热量的设备被认为是相当昂贵的，且低压蒸汽在许多情况下利用价值不大。而对于低温 SCOT 工艺而言，低温反应器出口温度较低，并且没有使用在线燃烧炉，不需要燃料气，过程气不再被烟气稀释，总体积相应减小，可回收的热量较少，因此不需要设置废热锅炉，过程气可以直接进入急冷塔。

（2）装置操控性的提高。

在低温 SCOT 工艺的设计中，采用了一种新型氢气在线分析仪，具有快速、准确、可靠和便宜等优点。正因为价格较低，可安装两台设备，这样在氢含量较低的情形也能发出关闭信号，以避免造成进一步损坏。

另外，由于采用最新的催化剂技术，加氢反应器装载低温催化剂，使进入反应器的过程气预热温度下降了 60℃ 左右，这样不仅可以取消在线燃烧炉，还可以取消反应器下游的废热锅炉，仅使用蒸汽进行加热就足以满足要求，使过程气的再热控制和安全保护变得更加简单，从而提高了整个装置流程的稳定性和操控性。

6）RAR 工艺

RAR 工艺是由意大利国际动力技术公司（KTI）开发的一种还原、吸收、再循环

（Reduction、Absorption、Recycle）尾气处理工艺。该工艺的基本原理和 SCOT 工艺相同，工艺流程如图 7-6 所示。

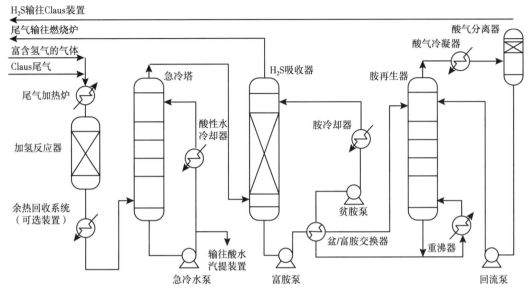

图 7-6　RAR 工艺流程

但 RAR 工艺与 SCOT 工艺仔细比较又有所差别，其主要特点叙述如下：（1）SCOT 工艺采用在线加热炉产生氢源并加热过程气，而 RAR 工艺利用外供氢源，采用气/气换热器（和加氢反应器出口过程气换热）加热过程气，以免燃料气燃烧不完全。（2）SCOT 工艺急冷塔采用注氨或注碱的方式消除腐蚀，急冷塔系统设备材质为碳钢，而 RAR 工艺不注氨或碱，急冷塔系统采用不锈钢制作，以免上游的 Claus 装置或加氢反应器误操作而引起腐蚀。另外，燃烧炉采用双炉膛燃烧技术，有效提高了燃烧温度，有利于处理含氨酸气。

7）HCR 工艺

HCR 工艺（High Claus Ratio Process）是由意大利 SIIRTEC NIGI 公司申请的一种不需要外供 H_2 的硫回收—尾气处理新技术。HCR 工艺在技术上与 Claus—SCOT 工艺没有多大区别，但在操作方式上却有所不同。HCR 工艺过程在克劳斯段操作时仅使用少量的空气，以便增大 H_2S/SO_2 的比率，从而大幅度减少了克劳斯段尾气中需要加氢还原成为 H_2S 的 SO_2 数量。因此在还原吸收段操作时，仅依靠工艺气本身含有的来自克劳斯段高温燃烧炉分解 H_2S 所产生的 H_2，就足以将残余的硫化物在加氢反应器内还原成为 H_2S。由于采用 H_2S/SO_2 高比率运行，还有助于减轻上游装置工况波动带来的影响，使 HCR 装置操作较为平稳，很容易达到 99.8% 总硫回收率水平。第一套规模为 1.5t/d 的工业装置已于 1988 年在意大利 Robassomero 投用，运行效果较好。

8）SSR 工艺

我国三维石化工程股份有限公司（原齐鲁石化公司设计院）开发的 SSR 工艺也是还原吸收类的尾气处理工艺，其与 SCOT 工艺的主要区别是不设在线燃烧炉，且需外供氢气，

表7-3给出了两种工艺的不同之处。

表7-3 SSR与SCOT工艺比较

项目	SCOT工艺	SSR工艺
工艺原理	还原—吸收—再生	还原—吸收—再生
硫回收率	≥99.8%	≥99.8%
氢气产生方式	在线还原炉发生次化学当量反应产生氢源	外供氢源
加氢反应器入口气体的加热方式	在线还原炉	采用气/气换热（进加氢反应器气体与焚烧炉出口烟气换热）

二、氧化类尾气处理工艺

氧化类尾气处理工艺首先是将各种形态的硫转化为SO_2，然后通过不同途径处理SO_2。主要是将吸收所得的SO_2返回Claus装置，也可用于生产液体SO_2产品或用于生产硫酸。

1. Aquaclaus

由美国Stauffer化学公司开发的称之为Aquaclaus工艺是一个基于在水相中进行Claus反应制备元素硫的生产过程。该工艺主要可应用于硫回收装置的尾气处理，以及独立的元素硫生产和烟气脱硫，其中用于尾气处理的工艺流程如图7-7所示。

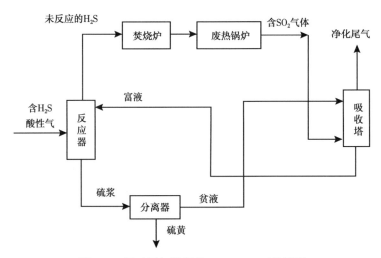

图7-7 用于尾气处理的Aquaclaus工艺流程

尾气中各种形态的硫灼烧转化成SO_2后，采用专用缓冲液（含10%的磷酸、2%的Na_2CO_3，其余为水，pH值在3.5~4.5之间）吸收SO_2，尾气中SO_2含量可降至$50×10^{-6}$（体积分数）。含SO_2的吸收溶液与H_2S反应生成硫黄，溶液获得再生，而硫黄从中分离出来。

进入20世纪90年代，Darnell工程公司对工艺加以改进，关键的改进在两个方面：一是改进了反应系统使之更为有效；二是改进了硫黄的分离，从而避免了沉积导致的堵塞。

2. Clintox

德国 Linde 公司开发的 Clintox 工艺，尾气中的 SO_2 是以一种物理溶剂吸收；经灼烧并急冷除水来脱除气中的 SO_2，净化后尾气中 SO_2 可降至 100×10^{-6}（体积分数）。吸收 SO_2 的溶剂再生，获得的气体中含 SO_2 约 80%，可返回 Claus 装置，使总硫收率超过 99.9%。工艺流程如图 7-8 所示。

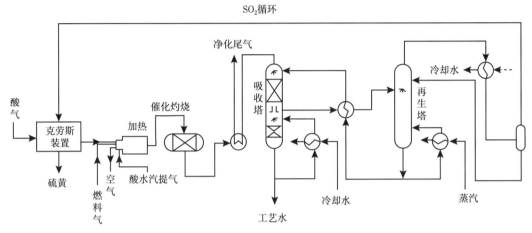

图 7-8　Clintox 工艺流程

将 Clintox 与 Claus 形成联合装置时，在 Claus 段可不需考虑有机硫的转化问题，尾气中的有机硫可灼烧成 SO_2 返回 Claus 段，因此 Claus 催化段可使用较低温度，从而有利于克劳斯平衡转化，甚至可只使用一级转化，而不必设二级转化。由于不必严格控制尾气中 H_2S/SO_2 的比值，所以配风比的调节也比较宽松。

3. 循环床干法

以循环流化床原理为基础，通过吸收剂的多次再循环，使吸收剂与烟气接触的时间长达半小时以上，大大提高了吸收剂的利用率。其不但具有干法工艺的许多优点，如流程简单、占地少、投资小，以及副产品可以综合利用等，而且能在很低的钙硫比情况下（Ca/S 在 1.1~1.2 之间）达到甚至超过湿法工艺的脱硫效率（95%以上）。循环流化床工艺最初由德国 Lurgi 公司成功开发并获得工业化成功应用，目前除该公司技术外，还有德国 Wulff 公司的回流式循环流化床（RCFB）、丹麦 FLS Miljo 公司的气体悬浮吸收（GSA）循环流化床、瑞典 ABB 公司的增湿灰（NID）循环流化床等技术。国内有福建龙净环保公司的 LJ 系列循环流化床工艺、北京中科创新园公司的全新一代循环流化床技术、辽宁大连绿诺环境工程公司的优化气固循环吸收（GSCA）循环流化床技术等。

工艺流程如图 7-9 所示，由吸收剂制备、反应吸收塔、吸收剂再循环、除尘器，以及控制系统等部分组成。未经处理的锅炉烟气从流化床反应吸收塔的底部进入。流化床的底部接有文丘里装置，烟气经文丘里管后速度加快，并与很细的吸收剂粉末互相结合。在这里与水、脱硫剂和具有反应活性的循环干燥副产物相混合，石灰以较大的表面积散布，并且在烟气的作用下贯穿整个反应吸收塔，然后进入上部筒体，烟气中的飞灰和脱硫剂不断进行翻滚、掺混，一部分生石灰则在烟气的夹带下进入旋风分离器，分离捕捉下来的颗粒，通过中间灰仓又被送回循环流化床内。生石灰通过输送装置进入反应塔中，由于接触面积非常大，石灰和烟气中的SO_2能够充分接触，在反应塔内的干燥过程中，SO_2被吸收中和。反应塔的高度提供了恰当的化学反应和水分蒸发吸热时间。吸收剂与SO_2反应，生成亚硫酸钙和硫酸钙。经脱硫后带有大量固体颗粒的烟气由吸收塔的顶部排出，进入吸收剂再循环除尘器中。该除尘器可以是机械式，也可以是电气除尘器前的机械式预除尘器。烟气中的大部分固体颗粒都分离出来，经过一个中间灰仓返回吸收塔。由于大部分颗粒都循环许多次，因此吸收剂的滞留时间很长，一般可达30min以上。中间灰仓的一部分灰根据吸收剂的供给量及除尘效率，按比例排出固体再循环回路，送到灰仓待外运。从再循环除尘器排出的烟气如不能满足排放标准的要求，则需要再安装一个除尘器。经除尘后的洁净的烟气通过引风机、烟囱排入大气。

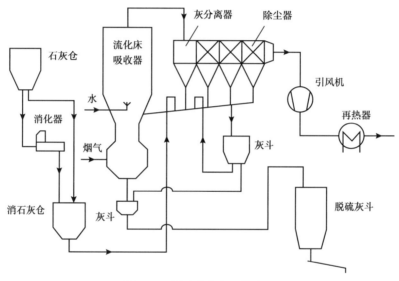

图 7-9　循环流化床工艺流程

吸收剂一般为$Ca(OH)_2$干粉，颗粒很细，在10μm以下。脱硫时，吸收剂输入硫化床吸收塔，同时还要喷入一定量的水以提高脱硫效率。这样可以使喷水后的烟气温度与水露点十分接近，在多种运行条件下达到很高的脱硫效率。该工艺具有占地小，投资少，脱硫效率高，吸收剂利用率高，耗水、电量少，运行及维护费用低，对烟气负荷适应性好，操作简单，运行可靠，副产物为干态，易于综合回收处理，不造成二次污染等优点。

4. 硫酸法

硫酸法主要是通过湿法制酸将硫化物转化为SO_2，进而转化成SO_3，并冷凝回收商品级浓硫酸。主要有 SOP、SCOOP 和 SULFOX 工艺。

1）SOP 工艺

奥地利 P&P 公司开发出由SO_2通过湿法制取硫酸的 SOP 工艺，为SO_2脱除及转化利用提供了一个较好途径。

SOP工艺将废气中的硫化物回收为商品级的浓硫酸，同时进行高效热量回收。SOP工艺适合处理各种含硫气体，包括 H_2S、CS_2、COS、SO_2。该工艺采用催化转化及硫酸冷凝工艺，将硫化物转化成 SO_2，进而转化成 SO_3，并冷凝回收成商品级浓硫酸。SOP工艺对进气的硫化氢浓度要求宽泛，最高可达90%以上，工艺操作弹性大，可以适应原料气流量和硫化物浓度的大范围波动。在实际运行中，即使超出设计范围，也会自动保护，减少酸性气进料量。SOP工艺硫回收率可大于99.95%，废气排放满足严苛的环保要求，是处理各种含硫气体较好的工艺选择。

SOP工艺的原理：采用先进的催化转化及硫酸冷凝工艺，将硫化物转化成 SO_2，进而转化成 SO_3，并冷凝回收成商品级浓硫酸，包括以下过程：(1)热氧化：气体通过燃烧将硫化物氧化转化成 SO_2。(2)催化转化：气体在催化剂床层上将 SO_2 转化成 SO_3。(3)冷凝制酸：催化反应气控温260~280℃送入玻璃管冷凝器，冷凝产生硫酸。(4)二次转化冷凝：在较高的排放要求下，一次冷凝气可通过二级转化将残留的 SO_2 进一步转化成 SO_3，随后冷凝制酸以满足严苛的环保要求。SOP工艺流程如图7-10所示。

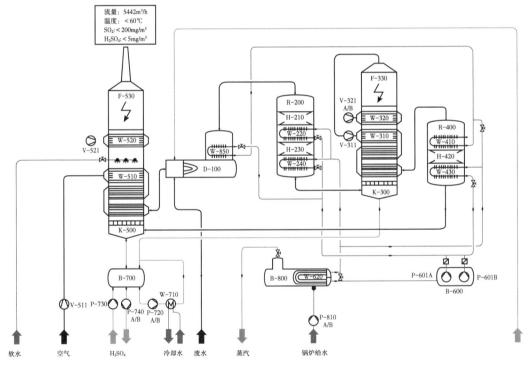

图7-10 SOP工艺流程

SOP工艺的主要特点：(1)采用玻璃冷凝管密封技术。使得高温工艺气与低温的反应空气进行热交换，回收冷凝热量，大幅提高系统能量回收率，达76%。(2)采用铂金催化剂。铂金催化剂可以直接将 H_2S、SO_2、CS_2 等转化为 SO_3，五氧化二钒催化剂只能将 SO_2 转化为 SO_3。铂金催化剂在250℃开始反应，一级转化率最高可达99.5%。五氧化二钒催化剂反应起始温度370℃以上，转化效率低。(3)进气压力低(15kPa)，系统压降小(最大6kPa)，能耗低。催化剂使用寿命长，达5~10年，催化剂性能保持较好。(4)采用高效翅片换热器及热熔盐换热，设备尺寸小，换热器耐压要求低，近似常压运行。（5）高压静电除雾，冷凝后尾气中 SO_3 小于 $5mg/m^3$，设备无腐蚀，系统运行安全。

2）SCOOP 工艺

SCOOP 工艺也是奥地利 P&P 公司开发的，是将 SOP 工艺与常规 Claus 工艺组合用于制取硫黄和硫酸的工艺，相比单独的常规 Claus 工艺，其主要优势体现在：（1）硫回收率高，SO_2 排放低。由于采取成熟的两级克劳斯制硫和催化氧化制酸的组合，整套硫回收单元的硫回收率可以达到 99.9% 以上；排放到大气的尾气中 SO_2 浓度小于 $300mg/m^3$（一级 SOP 时），而且在制硫及制酸系统中没有废液排放。（2）操作弹性大。SOP 制酸既可与克劳斯串联运行，也可独立运行，酸性气可以灵活切换，在保证硫回收率和排放达标的同时，满足各种工况下的操作弹性。在低负荷工况下，进料酸性气气量过少或者浓度过低，克劳斯难以稳定运行时，可以将克劳斯停运，把全部酸性气引入制酸，经焚烧炉焚烧然后在后续两级制酸中转化成硫酸，仍然可以实现 99%（一级 SOP 时）以上的硫回收率。（3）设备尺寸小，占地面积少，比常规克劳斯+尾气吸收工艺少 30% 以上。（4）工艺流程简单，过程控制系统简单。即使克劳斯的空气配比发生偏差，也不会影响整套硫回收装置的稳定运行和达标排放；SOP 制酸装置运行中只需要通过控制燃烧空气流量和换热盐的流量来控制反应器温度即可，操作简单、可靠。（5）能量回收率高，运行费用低。传统的克劳斯尾气处理是一个高能耗的工艺，而 SOP 制酸工艺可回收 76% 以上的反应热，降低了装置的运行费用。

3）SULFOX 工艺

SULFOX 工艺最初由奥地利 KVT 公司在 20 世纪 90 年代初期成功开发，2012 年 2 月被美国杜邦所属 MECS 公司收购。该工艺整合了 KVT 开发的含硫烟气转化反应器催化氧化制酸技术和 MECS 近 100 年来在全球拥有的近 1000 套硫酸装置的专有技术和经验，使得 SULFOX 工艺可以成功地应用在各种不同的工业领域，成为一项处理含硫废气和（或）废液，并将其中几乎所有硫资源加以回收利用的高效、节能环保技术。

SULFOX 工艺是湿法硫酸工艺，可有效处理各种工况下的含硫气体或废液等化合物。化合物中含有的 H_2S、CS_2、COS 和 SO_2 通过转化反应器催化剂氧化工艺，最终生成 SO_3，与过程气含有的水蒸气形成硫酸蒸汽最后冷凝生成产品硫酸。工艺可根据待处理废气或废水的不同性质和组成，设计不同的工艺流程，具有很大的灵活性，与同类湿法工艺相比，最大限度地降低投资和操作成本。SULFOX 装置实际设计时，可根据每个具体工业应用的不同，分别采用并组合成不同的适合工艺要求的设计。图 7-11 为工艺所包含的典型的四个过程。

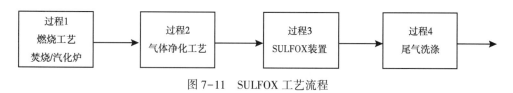

图 7-11　SULFOX 工艺流程

每个过程适用的工况说明如下：过程 1 适用于含硫液体进料和含高浓度 H_2S 气体进料，以及含有大量有机烃类的尾气；过程 2 适用于含各类粉尘等杂质的气体进料，包括焚烧后的烟气净化；过程 3 是所有工况均包括的过程（转化反应器、热交换系统、冷凝器、湿式电除雾器、活性炭过滤器）；过程 4 适用于尾气浓度低于 100×10^{-6}（体积分数）SO_2 排放。

在此工艺中，废气大约在 900℃ 下进行燃烧，采用蒸发器将气体冷却到反应器第一段钒催化剂床层的操作温度。在该反应器中，SO_2 催化转化成 SO_3。由于是强放热反应，而催化剂的最高使用温度大约在 600℃，因此必须将催化剂床分成几层并进行层间冷却，催化剂床的层数根据 SO_2 的浓度来确定。换热器可以使气体的温度降至下一层催化剂的操作温度。含硫酸的气体离开转化器时温度大约在 420℃，必须在后面的换热器中降温至 280℃ 左右，然后进入玻璃管式冷凝器。

在反应器内及反应器后的换热器采用熔盐作为传热介质，催化过程的过剩热量用来产生蒸汽。气体流过玻璃管冷凝器的壳程，被冷却到大约 80℃，同时发生硫酸的冷凝和浓缩。为此，将常温空气鼓入冷凝器，高浓度硫酸在塔的底部被收集。离开浓缩塔的气体中仍含有硫酸雾，采用电除雾器收集。在电除雾器底部收集到的酸用泵打入吸收塔。在电除雾器的顶部，还有 1 台活性炭捕沫器，用来降低尾气中的 SO_2 含量。活性炭层的各段定期用水冲洗，所收集的稀酸喷入电除雾器的气流中，以提高除雾效率。系统的总转化率大约为 99.5%。

5. 石灰石/石膏法

石灰石/石膏法具有吸收剂资源丰富、成本低廉等优点，成为世界上应用得最多的一种烟气脱硫工艺。该技术采用石灰石—石灰浆液作为洗涤剂，在反应塔（吸收塔）中对尾气灼烧炉出口进行洗涤，从而除去烟气中的 SO_2，工艺流程如图 7-12 所示。烟气经除尘器除去粉尘后进入吸收塔，从塔底向上流动，石灰石或石灰浆液从塔顶向下喷淋，烟气中的 SO_2 与吸收剂充分接触反应，生成亚硫酸钙和硫酸钙沉淀物，落入沉淀池。洁净烟气通过换热器加热后经烟囱排向大气。循环氧化槽中鼓入空气，使亚硫酸钙充分氧化生成石膏，氧化率高达 99%。脱硫副产品是石膏，可以回收利用。这种工艺技术成熟，脱硫效率高（90%~98%），适应性强，性能可靠，吸收剂资源丰富、价格低廉，副产品易回收；但初期投资和运行费用较高，耗水量大，占地面积比其他工艺要大。

石灰石/石膏法产生了大量的烟气脱硫副产物——脱硫石膏。此副产物主要是 $CaSO_4$ 和 $CaSO_3$ 的混合物，性质与天然石膏相似，并含有丰富的 Ca、S、B、Mo、Si 等植物所必需或有益的矿质营养。若这些副产物处置不当，不仅浪费了大量可利用的矿物质营养资源，而且也易引起二次污染和土地占用问题。因此，应寻求烟气脱硫石膏的综合利用途径，实现废物的资源化利用。目前，脱硫石膏的工业利用途径主要是在建筑材料业中生产建筑石膏、粉刷石膏、水泥缓凝剂、自流平石膏砂浆、路基回填材料、石膏砌块和充填尾砂胶结剂等。日本、德国是世界上脱硫石膏的主要生产国和利用国，脱硫石膏利用率高达 80%~90%。另外，S 是排在 N、P、K 之后的第四种植物营养元素，脱硫石膏在农业上可用作土壤的肥料；含 S 肥料除提供作物养分之外，还可以调整土壤的碱性和盐性（土壤含过多的 NaCl 和碳酸盐），促进农业增产。

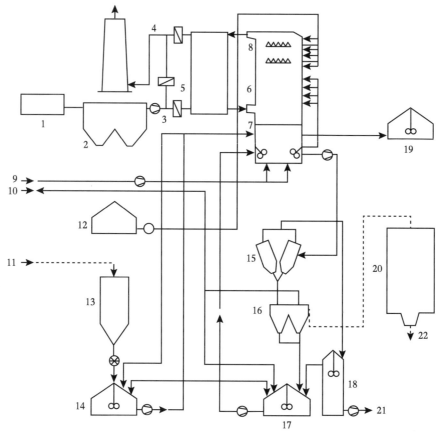

图 7-12 石灰石/石膏湿法烟气脱硫装置流程

1—锅炉；2—电力除尘器；3—待净化烟气；4—净化烟气；5—气/气换热器；6—吸收塔；7—持液槽；8—除雾器；
9—氧化用空气；10—工艺过程用水；11—粉状石灰石；12—工艺过程用水；13—粉状石灰石贮仓；14—石灰石中
和剂贮箱；15—水力旋转流分离器；16—皮带过滤机；17—中间贮箱；18—溢流贮箱；19—维修用塔槽贮箱；
20—石膏贮仓；21—溢流废水；22—石膏

第三节 尾气处理催化剂及应用

一、常规加氢还原催化剂

1. 常规加氢还原催化剂简介

克劳斯硫黄回收+还原吸收型尾气处理是满足二氧化硫达标排放的常用工艺。其中加氢还原段的作用是将克劳斯尾气中的二氧化硫和硫黄加氢转化为硫化氢，同时将有机硫也水解为硫化氢。常规加氢还原反应器操作温度为 300~330℃。其使用的催化剂为常规加氢还原催化剂。常规加氢还原催化剂通常以活性氧化铝作载体，氧化钴与氧化钼作活性组分。

常规加氢还原催化剂主要有法国 Axens 公司 TG 系列、荷兰 Shell 公司 C 系列和西南油气田天然气研究院 CT 系列。催化剂主要情况见表7-4。

表7-4　国内外常规加氢还原催化剂情况

公司	法国 Axens 公司	荷兰 Shell 公司	西南油气田 天然气研究院
催化剂型号	TG103	C534	CT6-5B
堆密度（kg/L）	0.90	0.85	0.80~1.00
比表面（m^2/g）	270	280	≥220
孔体积（mL/g）	0.42	0.41	0.42
压碎强度（N/颗）	130	150	≥130
磨耗率（%）	0.6	0.5	≤0.5

2. 催化剂应用

西南油气田天然气研究院开发的常规加氢还原催化剂 CT6-5B 已在国内硫黄回收装置上广泛应用。以四川石化为例，CT6-5B 催化剂于 2012 年 5 月在四川石化 $10×10^4$t/a 硫黄回收联合装置上装填，装填方案见表7-5，装置运行数据见表7-6。

表7-5　CT6-5B 催化剂及瓷球装填情况

层数	规格型号	装填质量（t）	装填高度（mm）
1	ϕ9mm 瓷球	5.1	100
2	CT6-5B 催化剂	21.5	700
3	ϕ9mm 瓷球	6.2	100

表7-6　装置加氢反应器和吸收塔化验数据（Ⅱ套）

时间	加氢反应器入口	加氢反应器出口	尾气吸收塔出口	装置总硫转化率 （%）	烟气 SO_2 含量 （mg/m^3）
2015-11-17 16:00	CO_2 5.89%， H_2S 0.92%， SO_2 1189μL/L， 有机硫 751μL/L	CO_2 7.27%， H_2S 1.48%， SO_2<0.1μL/L， 有机硫 11.1μL/L	CO_2 6.18%， H_2S 37.8μL/L， 有机硫 9.45μL/L	99.98	173
2015-11-18 10:00	CO_2 6.01%， H_2S 0.78%， SO_2 1965μL/L， 有机硫 793μL/L	CO_2 7.15%， H_2S 1.46%， SO_2<0.1μL/L， 有机硫 10.6μL/L	CO_2 6.60%， H_2S 46.7μL/L， 有机硫 9.7μL/L	99.97	180
2015-11-18 16:00	CO_2 6.03%， H_2S 1.97%， SO_2 1669μL/L， 有机硫 758μL/L	CO_2 7.12%， H_2S 1.47%， SO_2<0.1μL/L， 有机硫 11.6μL/L	CO_2 6.48%， H_2S 39.7μL/L， 有机硫 9.2μL/L	99.98	193

时间	加氢反应器入口	加氢反应器出口	尾气吸收塔出口	装置总硫转化率（％）	烟气 SO_2 含量（ mg/m^3 ）
2015-11-19 10:00	CO_2 6.14%，H_2S 0.82%，SO_2 2403μL/L，有机硫 1008μL/L，H_2 4.84%	CO_2 7.37%，H_2S 1.51%，SO_2<0.1μL/L，有机硫 10.9μL/L，H_2 5.06%	CO_2 6.17%，H_2S 40.3μL/L，有机硫 9.9μL/L	99.98	188
2015-11-19 16:00	CO_2 6.03%，H_2S 0.82%，SO_2 1928μL/L，有机硫 866μL/L，H_2 5.09%	CO_2 7.04%，H_2S 1.43%，SO_2<0.1μL/L，有机硫 10.8μL/L，H_2 4.84%	CO_2 5.93%，H_2S 61.8μL/L，有机硫 9.0μL/L	99.97	187

从表 7-6 可见，四川石化硫黄回收及尾气处理装置运行情况良好。加氢反应器二氧化硫加氢性能和有机硫水解性能均达到了较高水平，加氢反应器出口过程气中除硫化氢外总硫含量低至 9~12μL/L。装置总硫转化率达到 99.97%~99.98%，烟气二氧化硫浓度为 173~193mg/m³，满足达标排放要求。

二、低温加氢还原催化剂

1. 低温加氢还原催化剂简介

在常规加氢还原技术的基础上，为降低能耗，研发了低温加氢还原技术。其加氢还原反应器操作温度降低到 230~250℃。与常规技术相比，其在线燃烧炉燃料气消耗量可降低 20% 以上。其使用的催化剂为低温加氢还原催化剂。低温加氢还原催化剂通常以活性氧化铝或硅铝作载体，氧化钴与氧化钼作活性组分。

国内外低温加氢还原催化剂主要有法国 Axens 公司 TG 系列、荷兰 Shell 公司 C 系列和西南油气田天然气研究院 CT 系列。催化剂主要情况见表 7-7。

表 7-7　国内外低温加氢还原催化剂情况

公司	法国 Axens 公司	荷兰 Shell 公司	西南油气田天然气研究院
催化剂型号	TG107	C234	CT6-11
堆密度（kg/L）	0.85	0.60	0.60~0.80
比表面（m²/g）	300	320	≥220
孔体积（mL/g）	—	0.48	0.42
压碎强度（N/颗）	150	120	≥150
磨耗率（%）	0.35	1.05	≤0.50

2. 催化剂应用

西南油气田天然气研究院开发的低温加氢还原催化剂 CT6-11 已在近 20 套尾气处理装置上应用。以塔河石化为例，CT6-11 催化剂于 2012 年 6 月在塔河石化 $2×10^4$ t/a 硫黄回收装置上应用，催化剂装填方案见表 7-8。装置运行 3 个月后，在 2012 年 9 月 24 日至 2012 年 9 月 29 日对催化剂的性能进行了标定考核，其化验分析数据见表 7-9。

表 7-8　CT6-11 催化剂及瓷球装填情况

层数	规格型号	装填质量（t）	装填高度（mm）
1	φ9mm 瓷球	0.5	100
2	CT6-11 催化剂	2.0	700
3	φ9mm 瓷球	0.6	100

表 7-9　标定期间 R5503 反应器进出口气体组成化验分析数据

取样位置	组成	含量（%）					
		24 日	25 日	26 日	27 日	28 日	29 日
加氢反应器入口	H_2S	1.25	0.86	0.77	0.82	0.79	0.91
	SO_2	0.18	<0.02	0.07	<0.02	<0.02	0.04
	COS	0.24	0.35	0.37	0.26	0.21	0.31
	H_2	7.66	7.32	7.63	7.63	7.63	7.63
加氢反应器出口	H_2S	2.7	1.98	2.02	1.82	1.64	1.87
	SO_2	未检出	未检出	未检出	未检出	未检出	未检出
	COS	0.001	未检出	未检出	未检出	未检出	未检出
	H_2	5.52	4.37	4.08	5.12	4.73	6.02

注：表中数据为标定期间每天 2:00、10:00、18:00 化验分析数据的平均值。

由表 7-9 可见，净化后排放尾气中 SO_2 质量浓度远低于装置设计的 SO_2 排放指标 $602mg/m^3$，排放尾气中 SO_2 质量浓度平均值在 $234.27mg/m^3$ 左右，表明 CT6-11 低温加氢水解催化剂在低温条件下具有很好的加氢还原性能，其低温性能完全能满足装置的使用要求。

第四节　尾气处理技术新进展

一、工艺技术

1. SO_2 吸附技术

ASRL 对 SO_2 吸附和再生提出一个理论模型，如图 7-13 和图 7-14 所示。

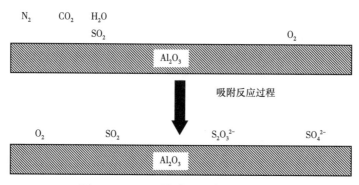

图 7-13 ASRL 设计的吸附剂吸收原理

研究认为：在吸附剂材料上，SO_2 和 O_2 随原料气扩散到吸附剂的孔道内，再分别被吸附剂上的活性位吸附，一部分吸附的 SO_2 在吸附剂表面与 O_2 和水蒸汽反应生成 SO_4^{2-}、$S_2O_3^{2-}$、SO_3^{2-} 等含硫化合物。表面发生反应的示意图如 7-13 所示。

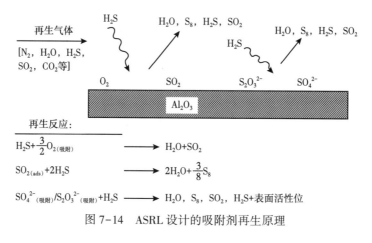

图 7-14 ASRL 设计的吸附剂再生原理

由图 7-14 可以看出：吸附位上的 SO_2、SO_4^{2-} 和 $S_2O_3^{2-}$ 都可以在一定温度下与 H_2S 发生反应，生成 S_8 等产物，表面活性位恢复。

克劳斯尾气 SO_2 可再生吸附工艺如下所示，从二级或者三级 Claus 反应器出来的尾气全部通过焚烧炉，将硫化物转化为 SO_2，再冷却到 $80 \sim 120 \text{℃}$，热量经废热锅炉回收，冷却后的含 SO_2 混合气体经过吸附床进行吸附，吸附后尾气中只含 N_2、H_2O 和 CO_2，可以直接排放；吸附剂吸附饱和后，通过再生可重复利用。再生条件是：在 300℃ 下通入含 10% 左右的 H_2S 气体，与吸附的部分 SO_2 发生 Claus 反应，再生排出气体先经过冷凝，分离单质硫，过量 H_2S 和未反应完的 SO_2 尾气返回到 Claus 反应器。还可以采用加热分解再生方式，再生尾气也返回至 Claus 反应器。具体的工艺流程如图 7-15 所示。

2. 有机胺脱除 SO_2 技术

Cansolv 工艺采用的胺溶液性能十分稳定，对 SO_2 具有很高选择性，其基本原理是在水溶液中，溶解的 SO_2 进行水解和离子化，生成亚硫酸氢盐：

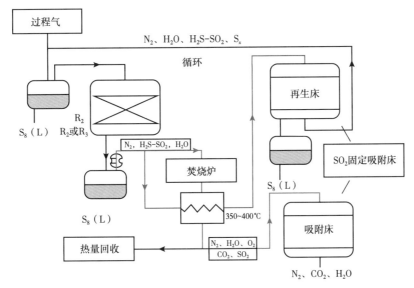

图 7-15　克劳斯尾气-ASRL 固体吸附工艺流程

$$SO_2+H_2O \Longrightarrow H^+ + HSO_3^- \qquad (7-5)$$

在溶液中添加一种缓冲剂，如胺，以提高 SO_2 溶解的量，使得上述反应向右进行，胺和氢离子反应生成铵盐：

$$R_3N+H^+ + HSO_3^- \Longrightarrow R_3NH^+ + HSO_3^- \qquad (7-6)$$

上述两个反应表明，随着原料气中 SO_2 浓度的增加，平衡反应向右进行，溶液中溶解的 SO_2 量也随之增加。反之，将负载 SO_2 的溶液在逆流多段塔中进行蒸汽汽提，使反应向左进行，吸收溶液获得再生。Cansolv 工艺的技术关键在于采用了一种能够很好平衡 SO_2 吸收和再生能力的二元醇胺作为处理溶剂。这种独特的胺有两种功能：第一种是呈强碱性（pH 值在 9~10）和非热再生性，它和 SO_2 或强酸进行反应，在洗涤过程中保持为盐的状态，将得到的非质子化胺作为贫液用于 SO_2 的洗涤吸收：

$$NR_1R_2R_3NR_4R_5+HX \Longrightarrow H^+NR_1R_2R_3R_4R_5N+X^- \qquad (7-7)$$

第二种功能的碱性要弱于第一种，可处在 pH 值为 4~5 范围内的缓冲介质中运行，达到 SO_2 吸收和再生的最佳平衡：

$$H+NR_1R_2R_3R_4R_5N+SO_2+H_2O \Longrightarrow H+NR_1R_2R_3R_4R_5NH^+ + HSO_3^- \qquad (7-8)$$

采用这种二元醇胺，其中一种胺功能总是处于盐状态，这样可防止胺产生蒸发损失而进入净化气，同时也避免了溶剂污染副产的 SO_2 产品；通过使 SO_2 吸收和再生达到最佳平衡，可使净化气获得很高纯度，而再生能耗降至最小；此外，即使在有氧气存在下，胺也具有很好的热和化学稳定性，而且很低的发泡倾向。Cansolv 工艺性能良好，易于操作，多数情况下相当容易就可将 SO_2 脱除降至 $100×10^{-6}$（体积分数）以下。

其工艺流程如图 7-16 所示：含硫尾气首先经过焚烧炉将各种硫化物转化为 SO_2；通过文丘里预洗涤器多级水洗急冷除去粉尘杂质和少量 SO_3；通过湿法电除雾器除去酸雾、杂质和水雾；通过吸收塔中贫胺液逆流吸收 SO_2，排放净化气；富胺液进入再生塔通过蒸汽间接加热再生，并通过冷凝获得高纯度的 SO_2 并进行后续利用（返回 Claus 单元或制硫酸等产品）；贫胺液换热降温返回吸收塔；部分贫胺液通过胺液净化系统过滤并除去多余热稳定盐。

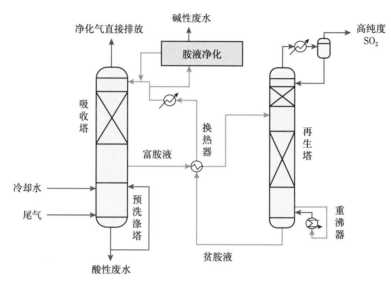

图 7-16　Cansolv 工艺流程

二、新产品

1. 克劳斯尾气 SO_2 吸附剂

克劳斯尾气 SO_2 可再生吸附工艺属于一种新型的含硫尾气处理方法，处理的原料气中的 SO_2 含量高，一般在 0.5% 以上。吸附材料则需要具备硫容高、吸附反应速率快、可再生循环使用的特点。国内外还没有研究出适合该工艺的吸附剂，现阶段的研究进展，主要集中在负载型吸附剂、水滑石类吸附剂及尖晶石类吸附剂的研制。

负载型吸附剂最大的优点是利用载体本身的孔道来提高吸附剂的物化性能，但是由于载体负载活性组分的量少或者分散性不够等，造成吸附硫容都比较低。ASRL 制备出一种 $\gamma\text{-}Al_2O_3$ 用于硫黄回收尾气中 SO_2 的吸附，以 MgO 或 CaO 对表面进行修饰时，吸附硫容为 7.0%，经过 10 个吸附、再生循环后，吸附硫容保持平稳。

水滑石类吸附剂硫容很高、吸附速率快，不同浓度的 H_2 都可以作为再生气，再生效果较好。西南油气田天然气研究院制备类水滑石吸附剂，见表 7-10，样品的强度为 122N/cm，磨耗率为 0.19%，堆密度为 0.72g/mL。在原料气 SO_2 含量为 0.7%~1.2% 的条件下，单级吸附时尾气 SO_2 含量低于 $500mg/m^3$，硫容达到 10% 以上，而且多次再生循环后，吸附硫容稳定；在两级吸附、一级再生流程下，尾气 SO_2 含量低于 $100mg/m^3$，经过 10 个吸附、再生循环，单次硫容达到 20% 以上。

表 7-10 吸附剂样品基本物性

项目	测试值
外观	黄色条状
尺寸（mm×mm）	$(\phi 2.8 \sim \phi 3.0) \times (5 \sim 10)$
平均强度（N/cm）	122
比表面积（m^2/g）	107
堆密度（kg/L）	0.72
磨耗率（%）	0.19

负载型和类水滑石吸附剂都有各自的优点。负载型吸附剂具有较好的物化性能，而硫容较低；类水滑石吸附剂具有较高的吸附硫容和吸附速率，而强度差、有毒。如果研制的吸附剂兼顾这两者的优势，就可以开发出一种高硫容、吸附速率快、物化性能优良的吸附剂。尖晶石类吸附剂强度低、硫容低、SO_2 吸附速率慢，只适用于尾气中 SO_2 较低的工艺条件，很难满足现有克劳斯装置尾气 SO_2 吸附技术的要求。

2. 可再生 SO_2 脱硫溶液

鉴于早期的可再生 SO_2 脱除工艺脱硫溶液都具有较为明显的缺陷，如脱硫效率不足以满足严格的排放标准、溶液抗氧化能力弱、吸收/再生过程副反应较多、易结晶堵塞管路等，加拿大联合碳化公司于 20 世纪 90 年代研发出一种以有机二元胺为主要成分的 SO_2 脱除溶液，有效改善了早期的可再生 SO_2 脱硫溶液中的主要缺陷，在实现低浓度排放的同时兼顾了可接受的工艺投资和较高的生产运行稳定性。随后 Cansolv 公司成立并于 2001 年将该工艺实现工业应用并逐步推广，该公司在 2008 年成为壳牌全球解决方案的全资子公司后，Cansolv 工艺更取代 SCOT 成为壳牌公司着力推介的工业硫化物减排方案。

除壳牌 Cansolv 公司外，杜邦的孟莫克（MECS Inc.）公司（SolvR 工艺）和洛阳石化工程公司（RASCO 工艺）也研发出了类似的有机胺 SO_2 脱除溶液并形成了相应的完整工艺，但尚未得到推广应用。另外，成都华西化工有限公司开发出离子液 SO_2 脱除技术（专利申请号：CN 101274204A）也可能使用了类似的有机胺脱硫溶液，已在攀枝花钢铁公司、广西金川公司及巴彦淖尔紫金有色金属公司得到小范围应用。

鉴于有机胺法对 H_2S 的选择性脱除取得的巨大成功，人们很早就开始尝试利用其脱除 SO_2。美国陶氏化学公司早在 20 世纪 80 年代就报道了一种以哌嗪酮或吗啉酮衍生物的水溶液为主要组分的选择性 SO_2 脱除溶液，国内的相关单位在溶液吸收体系研究中也做了大量工作，取得一定成果。

西南油气田天然气研究院对有机胺 SO_2 脱除工艺的核心有机胺脱硫溶液进行了研发，开展了相关机理的深入研究。研发出了一种高效的溶液体系，该溶液可兼顾高脱硫率、高气液比和较高的选择性，且其展示出相对较低的溶液腐蚀性，相对更适用于天然气净化厂 Claus 尾气减排，脱硫溶液基本物性见表 7-11。

表 7-11 脱硫溶液基本物性

项目	测试值
外观	透明澄清、浅黄色
有机胺含量 [%(质量分数)]	<50
pH 值	新鲜脱硫溶液 25℃下小于 7.0
运动黏度（mm²/s）	新鲜脱硫溶液 25℃下，小于 10.0

该溶液具有较小的黏度，有利于整个 SO_2 吸收/再生过程，以及溶液的循环流动；其运行过程中热稳定盐 SO_4^{2-} 的生成速率约为 0.03%（质量分数）/h，具备了一定的抗氧化能力。该脱硫溶液可实现 SO_2 小于 $100mg/m^3$ 的超低排放，并同时兼顾高 SO_2 负荷、极高的脱硫选择性，以及高稳定性，实现硫黄回收装置的达标排放。

第八章　胺液净化技术

以 MDEA 为脱硫溶剂主剂的脱硫工艺是目前国内外各天然气净化厂普遍采用的脱硫工艺。近年来，天然气工业对环保节能方面的要求愈加严格，对脱硫装置的平稳运行提出了更高要求。脱硫装置的性能、故障率，以及经济指标等与醇胺脱硫溶液（简称胺液）质量的变化有着密切关系，因此对胺液的质量管理也愈加重视。胺液在运行过程中将不可避免地发生一些不可逆化学变化或受外来杂质污染，造成胺液变质从而导致性能下降。弄清净化厂 MDEA 溶液变质特点，是做好胺液质量管理的前提，也是分析、解决天然气脱硫装置故障的重要依据。以往受限于分析技术，对于天然气净化过程中 MDEA 变质特点缺乏全面认识，胺液变质导致生产出现问题后难以找准原因，无法采取有效措施防止故障再次发生。为保障脱硫装置平稳运行，西南油气田天然气研究院对天然气净化厂胺液变质情况进行了研究，阐明了净化厂胺液变质特点及危害，并在此基础上研发了解决胺液发泡、腐蚀与脱硫性能降低问题的胺液净化新技术。

第一节　天然气净化厂胺液变质特点及危害

一、MDEA 化学变质产物及变质机理

最初人们认为，与 MEA、DEA、DGA 相比，MDEA 分子中氮原子上无活性氢，具有更强抗氧化能力，且不易与 CO_2、COS 和 CS_2 发生变质反应，所以其变质应很轻微。但国外多套净化装置运行情况表明，MDEA 似乎比 DEA 对热稳定性盐和氧污染更敏感。加拿大 Chakma 等详细研究了 CO_2 所致的 MDEA 变质问题，鉴定出了十几种变质产物。从国内外对 MDEA 化学变质的研究情况来看，其主要化学变质产物根据形成的机理可归纳为三类：氧化变质产物、CO_2 所致变质产物，以及热变质产物。需要说明的是，常提到的热稳定盐一部分是 MDEA 的氧化产物，例如甲酸盐、乙酸盐、草酸盐等；另一部分是硫化氢的氧化产物，如硫代硫酸盐、硫酸盐等；还有一些是原料气带入系统的盐，如氯化物、硝酸盐等。

1. 氧化变质

MDEA 在运行过程中的氧化降解是来自其乙醇基的氧化反应，其反应历程如图 8-1 所示。

有研究表明，在 N_2 保护条件下，50%MDEA 溶液即使加热到 199℃ 也未检测到 DEA；而通入空气后，即使在 82℃ 这种较低温度下也会有 DEA 生成。

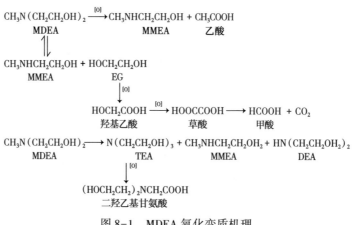

图 8-1　MDEA 氧化变质机理

2. CO_2 所致变质

温度是影响 CO_2 所致 MDEA 变质的主要因素：不高于 120℃时，CO_2 所致变质可以忽略；但在 140℃下仅 300h，有约 20%的 MDEA 发生变质。变质速率也随 CO_2 分压的升高而加快，但其影响不如温度显著：160℃下，当 CO_2 分压分别为 0.5kPa、5kPa 时，对应的 MDEA 变质总速率常数依次为 0.0018L/h、0.0028L/h；而 CO_2 分压均为 0.5kPa，温度分别为 160℃、200℃时，对应的 MDEA 变质总速率常数依次为 0.0018L/h、0.018L/h。

有研究表明，温度只影响变质速率，不改变变质产物。主要的变质产物有 6 种：三甲胺（TMA）、乙二醇（EG）、二甲基乙醇胺（DMEA）、1，4-二甲基哌嗪（DMP）、2-羟乙基-4-甲基哌嗪（HMP）、N，N-二（2-羟乙基）哌嗪（BHEP）。

除了与 O_2、CO_2 发生化学变质，当系统中存在其他物质，例如甲醇、氰化物、SO_2、有机硫等，MDEA 也会与这些物质反应生成其他变质产物。

3. 热变质

有文献报道，MDEA 的热变质非常轻微，即使在 200℃的温度下，如有 N_2 保护，MDEA 浓度的下降并不显著；如改在相同温度的 CO_2 气氛中，则 MDEA 的变质速率显著增大（50h 变质约 75%）。西南油气田天然气研究院相关研究表明，当温度达到 145℃时，即使在 N_2 气氛中，MDEA 就开始发生缓慢的热变质。

二、MDEA 溶液在天然气净化厂的变质特点

近年来，西南油气田天然气研究院对 11 套天然气脱硫装置中的胺液变质情况进行了连续监测与研究，明确了 MDEA 在净化天然气过程中的变质特点。

1. 主要变质类型

所监测的 11 套脱硫装置中，有 1 套用于 SCOT 尾气脱硫，另外 10 套用于天然气脱硫，其中 1 套装置处理的天然气中有机硫含量较高。

在 11 套脱硫装置的胺液中很少能检测到 CO_2 所致的变质产物，即使在 SCOT 尾气脱硫装置中——其处理的尾气 CO_2 含量高达 20%，其胺液中出现的 CO_2 所致变质产物也是

微乎其微的。可见，在正常运行的脱硫装置中，由 CO_2 所致的 MDEA 变质产物是不易形成的。值得一提的是，MDEA 原料自身会带来乙二醇（EG）、1,4-二甲基哌嗪（DMP）、4-甲基吗啉等杂质，这些原料杂质常被误认为是由 CO_2 所致的变质产物。在处理含硫醇、羰基硫、二硫化碳等有机硫天然气的胺液中，变质产物种类与其余 9 套天然气脱硫装置中胺液的变质产物种类相同。可见，有机硫所致化学变质非常轻微。但是，在 SCOT 尾气胺液中，检测出多种硫酮类变质产物，胺液中硫代硫酸根的含量也明显高于其他胺液，这说明尾气中的 SO_2 与 MDEA 发生了变质反应，SO_2 会增加 MDEA 溶液变质产物的种类与含量。可见，SO_2 对 MDEA 的变质影响较大，生产过程中应对这种组分进行严格监控。

11 套脱硫装置在监测期间胺液温度控制正常，胺液发生的热变质十分轻微。但如果胺液温度长期控制不当，则胺液中也会生成较多的 MDEA 热变质产物，其带来的影响将不容忽视。

分析结果表明，胺液中含量相对较高的杂质是甲酸根、乙酸、乙醇酸、草酸、硫酸、硫代硫酸、二羟乙基甘氨酸、甲基单乙醇胺、二乙醇胺等氧化变质产物。说明工况正常时，氧化是 MDEA 在净化天然气过程中发生的主要变质类型。

天然气开采中各种油田化学药剂的添加必不可少，这些药剂的残余物会被原料天然气携带进入脱硫装置。特别是上游原料气管线清管、通球作业常常会导致原料天然气夹带较多的污物进入脱硫装置，使胺液中杂质组成发生很大的变化。在监测期间，有 8 套装置先后发生过受污染发泡拦液情况，受污染后胺溶液中杂质种类会增至 30 种以上。

综上所述，对于天然气脱硫装置中的 MDEA 溶液，CO_2、有机硫，以及加热所致变质都是不易发生的，氧化变质与受上游化学药剂残余物污染是 MDEA 溶液变质的主要原因。SCOT 尾气处理装置中的 MDEA 溶液，主要发生 SO_2 所致的变质。

2. 变质速率

如图 8-2 监测结果所示，酸根离子在 MDEA 溶液投入使用的初期会以较快的速率增长，但随后增长缓慢。在工况正常的情况下，天然气脱硫装置中的 MDEA 溶液氧化变质的速率是很慢的，即使 MDEA 溶液在装置中已经运行了五年以上，其热稳定盐含量也没有超过 1%。

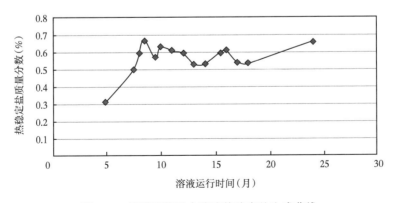

图 8-2　某脱硫装置中胺液热稳定盐生成曲线

但如果脱硫装置受到污染，胺液中的氯离子质量分数会从几十或一百多微克每克迅速增至几千甚至上万微克每克，导致胺液中热稳定盐总含量超过1%。所以，受上游化学药剂残余物污染是导致净化厂胺液变质速率加快的主要原因。

3. 添加剂对MDEA变质的影响

所监测的11套脱硫装置采用的溶剂有MDEA、以MDEA为基础的配方溶剂CT8-5和环丁砜-MDEA配方溶剂。变质产物分析结果显示，三种胺液中的变质产物种类是相同的，CT8-5中的活性添加剂和环丁砜的加入并没有改变MDEA溶液的变质产物种类，也没有加快MDEA的变质速率。可见，环丁砜和CT8-5中的添加剂不会加剧MDEA的变质。实际上，添加剂对MDEA溶液变质的影响，主要取决于添加剂在脱硫系统中的化学反应活性与热稳定性。由此就不难理解，当MDEA溶液中添加了伯胺、仲胺等物质时，胺液的变质情况会变得更复杂。

三、胺液变质对其性能的影响

1. 变质产物对醇胺溶液脱硫脱碳性能的影响

醇胺溶液的性能，主要是指溶液的脱硫脱碳性能、腐蚀性和起泡趋势。溶液的这些性能直接影响天然气脱硫装置的运行情况。

变质产物对胺液性能影响的研究结果表明，影响MDEA溶液脱硫脱碳性能的主要变质产物有：热稳定胺盐、N-甲基单乙醇胺、二乙醇胺、N-羟乙基-N'-氨乙基哌嗪和长链羧酸。质量分数低于2.0%的热稳定胺盐，能提高MDEA溶液的脱硫效率和H_2S选吸性能，有利于提高H_2S净化度，但热稳定胺盐质量分数大于1.0%后，会增大装置运行不平稳的可能性；MDEA溶液中的N-甲基单乙醇胺、二乙醇胺和N-羟乙基-N'-氨乙基哌嗪总量达到0.6%时，溶液的脱硫效率和H_2S选吸性能会明显变差。因此，溶液中的热稳定胺盐含量不宜高于1.0%，N-甲基单乙醇胺、二乙醇胺和N-羟乙基-N'-氨乙基哌嗪总量不宜高于0.6%。长链羧酸会使MDEA溶液的脱硫、脱碳性能变差。

2. 变质产物对醇胺溶液腐蚀性的影响

研究表明，变质产物在不同程度上增大了MDEA脱硫溶液的腐蚀速率：草酸的腐蚀性最强，其质量分数达到$1000\mu g/g$时溶液的腐蚀速率甚至大于高酸气负荷溶液（即45%MDEA富液）的腐蚀速率；N，N'-2(2-羟乙基)甘氨酸、氧化物乙酸、甲酸和硫酸也表现出了较强的腐蚀性；质量分数不高于0.5%的N，N，N'，N'-四乙基乙二胺、N-甲基-N，N'-2(2-羟乙基)乙二胺、N-甲基单乙醇胺、羟乙基氨乙基哌嗪、长链羧酸等物质对MDEA溶液的腐蚀性影响不大。

3. 变质产物对醇胺溶液起泡趋势的影响

研究表明，对MDEA溶液起泡趋势影响最大的是长链羧酸等在胺液中具有表面活性的杂质；要使胺液起泡实验的消泡时间低于60s，则胺液中长链羧酸的质量分数应控制在$100\mu g/g$以下，而热稳定盐的质量分数不高于2%即可。

三甘醇等醇类变质产物具有消泡作用。但醇和酸类变质产物共存时，胺液的起泡趋势出现增大的情况。因此在胺液中存在酸类变质产物时，醇类物质含量也应控制，醇类物质总的质量分数应不大于3%。

第二节　现有胺液净化技术及其特点

一、减压蒸馏

减压蒸馏胺液净化技术是在胺液中加入碱后，使各种热稳定胺盐中的胺"游离"出来，然后减压蒸馏出胺和水。该技术不仅能脱去热稳定盐，也能脱除与醇胺挥发性不同的其他杂质。

在使用MEA的时代，因为MEA沸点低，利用蒸馏净化胺液的技术在工业上获得广泛应用；而DEA、DIPA和MDEA则需要使用减压蒸馏，否则会发生严重分解。中国石油西南油气田公司曾利用加碱减压蒸馏的办法处理卧龙河引进SCOT尾气处理装置中DIPA溶液，DIPA回收率达到86%。

因DEA容易热降解，且降解产物的沸点和DEA接近，故其用减压蒸馏法净化的效果不佳；MDEA变质程度比MEA和DEA轻，采用减压蒸馏方法回收其经济性差，一些与MDEA沸点相近的杂质得不到很好的分离，因此MDEA溶液净化较少采用减压蒸馏的方法。

二、活性炭吸附

活性炭对大部分有机物都有一定的吸附作用，但活性炭对有机杂质的脱除率低，易饱和，当胺液发生了较严重的变质或污染时，即使频繁更新活性炭，胺液的腐蚀、发泡问题也得不到解决。而且，当胺液中添加了消泡剂后，活性炭因为吸附消泡剂会很快饱和。对于活性炭的饱和状态目前缺少监测方法，活性炭的更换频率没有客观的科学依据。此外，活性炭本身的质量也参差不齐，一些活性炭投用后由于粉化等原因反而导致胺液出现发泡现象。

三、离子交换

离子交换法脱除热稳定盐阴离子的原理与加碱中和法类似，都是通过用OH^-取代与胺结合的阴离子而达到"释放"束缚胺的目的；不同的是离子交换法是以阴离子树脂引入OH^-。

热稳定盐阴离子是增加胺液腐蚀性的主要变质产物，因此当胺液的主要问题是腐蚀时，采用离子交换法净化胺液是最佳的选择：在得克萨斯州的Pasadena皇冠中心炼油厂、镇海炼化、大港石化等炼油厂的应用情况表明，采用离子树脂交换法脱除热稳定盐是有效的，胺液净化后腐蚀情况得到明显改善。中国石油西南油气田公司也引进了离子交换胺液复活装置，将胺液中热稳定盐从1.5%脱除至0.4%或更低的浓度水平。

离子交换不使用高温、胺损失少、容易再生、易连续运行，故应用广泛。但其主要缺点不容忽视——不能脱除非离子态的杂质，所以离子交换法对长链羧酸与烃等这些难电离杂质的脱除能力差，见表8-1。此外，离子交换法胺液复活装置在天然气净化厂的应用结果表明，该技术虽然能解决热稳定盐导致的腐蚀问题，但胺液复活后其 H₂S 选吸性有所降低。

表 8-1　离子交换法复活醇胺脱硫溶液前后分析结果

组分	检测结果（μg/g）	
	胺液净化系统入口胺液	胺液净化系统出口胺液
长链羧酸	147	146
热稳定盐阴离子	3420	675

四、电渗析

电渗析分离是利用离子选择膜在电场中选择性地使阴离子或阳离子通过，从而达到分离胺液中阴、阳离子的目的。电渗析与离子交换法一样，在处理盐类变质产物方面具有优势，都能脱除胺液中的热稳定盐。例如 Dow 化学公司研制出以电渗析法去除胺液中热稳定盐的在线式处理设备——UCARSEP 系统，在不影响装置正常运转的情况下，每天可以从装置的循环溶液中去除 1300kg 左右热稳定盐，显著地改善设备传热效果和减少蒸汽用量。但由于离子选择膜容易受损和堵塞，投资和操作费用比离子交换法高，目前工业应用得最多的还是离子交换法。与离子交换法一样，电渗析不能去除难电离的杂质。

五、SSX 工艺

SSX 工艺可以将脱硫溶液中的固体微粒吸附在玻璃纤维等介质上，吸附了固体微粒的介质用水再生即可。SSX 介质一般不会堵塞，系统压差也较小。SSX 能去除胺液中小于 1μm 的微粒。

六、SigmaPure

SigmaPure 清洁系统采用鼓泡法去除胺液中的发泡剂和其他任何可以随泡沫带走的杂质。脱硫装置中的一部分胺液被引出装置，这部分胺液在 SigmaPure 系统的发泡区发泡，胺液中的表面活性剂和其他可导致溶液发泡的物质被吸附在气泡表面而被带走，而不发泡的成分则沉降下来并被输送回脱硫装置。该系统可以去除胺液中几乎所有导致胺液发泡的物质，但因胺液损失太大，实际应用价值低。

七、HCX 工艺

HCX 工艺采用一种可再生的吸附剂深度脱除胺液中烃类杂质（包括柴油、汽油、石蜡和苯系物等），吸附剂可用热水原位再生。该工艺在炼油厂使用情况良好，目前主要用于含油废水的处理。其局限在于不能去除非烃类杂质，对致泡性强的长链羧酸等杂质的脱除率低。

八、OXEX 工艺

OXEX 工艺的优点在于它能将恶唑烷酮重新转化成可吸收酸气的胺，反应产生的废物只包括水、碳酸盐和硫酸盐，这些废水对于废水处理厂而言处理起来并不困难。改进后的 OXEX 工艺降低了运行成本并提高了产出，每次处理恶唑烷酮的转化率可以达到 95% 以上。羟丙基甲基恶唑烷酮是二异丙醇胺的主要变质产物，因此该工艺普遍用于二异丙醇胺及其配方溶液的净化，其经济性优于蒸馏。

上述几种胺液净化技术各具特色，每种技术都有其独到之处，但各自又都有局限性和缺点，见表8-2。

表8-2　胺液净化技术的比较

项目	蒸馏	离子交换	电渗析	SSX	活性碳过滤	Sigma Pure	HCX	OXEX
优势	能去除固体杂质和非挥发性杂质	能去除盐类杂质	能去除电离度较大的杂质	能去除直径小于1μm的微粒	能去除有机杂质	能去除致泡性杂质	能脱除烃类杂质	能将恶唑烷酮转化成醇胺
局限	能耗高，MDEA等醇胺需减压蒸馏，沸点接近的杂质难以去除	不能去除难电离的杂质	不能去除难电离的杂质	只能去除微粒，不能去除溶解于胺液中的其他杂质	易饱和，对烃类杂质脱除率较高，对其他杂质的脱除率低	醇胺损失大	不能去除热稳定盐和长链羧酸等杂质	不能转化和去除其他杂质

第三节　胺液净化技术新进展

胺液中对脱硫装置安全平稳运行危害最大的杂质有两类，一是腐蚀性杂质——热稳定盐；二是导致脱硫装置发泡拦液甚至临停的致泡性杂质。

目前已经工业化的胺液净化技术中，有能脱除热稳定盐的技术和脱除烃类杂质的技术，但缺少能脱除胺液中长链羧酸等强致泡性杂质的技术，净化厂最头疼的胺液发泡问题得不到解决。此外，采用离子交换法脱除胺液中热稳定盐后，胺液 H_2S 选吸性变差问题也困扰着净化厂。西南油气田天然气研究院为了解决胺液净化存在的这两个技术难题，自主研发了胺液深度复活技术。

一、热稳定盐脱除性能

用胺液深度复活技术和国外胺液复活技术分别对净化厂 MDEA 脱硫溶液进行了热稳定盐脱除性能测试。性能测试结果显示，两种技术对热稳定盐脱除能力相当，见表8-3；胺液深度复活技术脱除热稳定盐后胺液 H_2S 选吸性能恢复至新鲜 MDEA 溶液水平，见表8-4，有效解决了现有技术导致的胺液 H_2S 选吸性能下降问题。

表8-3　两种技术热稳定盐脱除性能测试结果

样　　品		热稳定盐（以 MDEA 计）［%（质量分数）］
净化厂 MDEA 脱硫溶液	净化前	2.53
	国外胺液复活技术净化后	0.19
	醇胺脱硫溶液深度复活技术净化后	0.19

表 8-4　两种技术对胺液脱硫脱碳性能的影响测试结果

样　　品	净化气	
	CO_2（%）	H_2S（mg/m³）
净化厂 MDEA 溶液经国外胺液复活技术净化后	2.08	21.60
净化厂 MDEA 溶液经胺液深度复活技术净化后	2.30	3.34

二、致泡杂质脱除性能

用胺液深度复活技术和国外胺液复活技术分别对净化厂 MDEA 脱硫溶液进行了致泡杂质脱除性能测试。性能测试结果显示，经国外胺液复活技术净化后的脱硫溶液起泡趋势并未下降；而经胺液深度复活技术净化后的脱硫溶液起泡高度和消泡时间大大降低，其发泡趋势恢复至新鲜 MDEA 溶液水平，见表 8-5。脱硫溶液有机物组成分析结果显示，经胺液深度复活技术净化后脱硫溶液中杂质减少了 53 种，只剩下 MDEA、环丁砜、二乙二醇、三乙二醇和单质硫，如图 8-3 所示。

表 8-5　两种技术致泡杂质脱除性能测试结果

样品		起泡高度（mm）	消泡时间（s）
净化厂受污染的 MDEA 脱硫溶液	净化前	>500	>3600
	国外胺液复活技术净化后	>500	>3600
	胺液深度复活技术净化后	19	<9
新鲜 MDEA 溶液		5~20	4~19

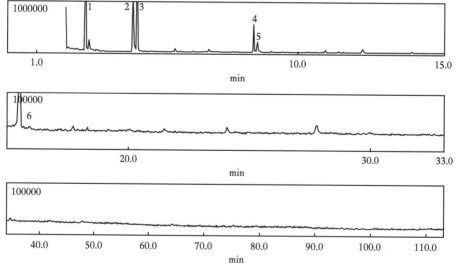

图 8-3　受污染脱硫溶液经胺液深度复活技术净化后组成分析谱图

1—溶剂；2—二乙二醇；3—MDEA；4—三乙二醇；5—环丁砜；6—单质硫

为了保障天然气脱硫装置的平稳运行，西南油气田天然气研究院研究了含硫原料气管网中天然气携带污染物的情况，对各个分离站的分离水进行了取样分析，结果表明原料气管网中天然气携带了致泡性杂质。将原料气的分离液添加到 MDEA 溶液中，溶液的起泡趋势变大，且添加阻泡剂对发泡抑制作用有限，表明阻泡剂对受污染严重的胺液发泡抑制效果不佳，见表 8-6。

表 8-6 阻泡剂对脱硫溶液发泡的抑制作用考察实验结果

项目	MDEA 水溶液+龙王庙总站分离水				
	未添加阻泡剂	添加阻泡剂（μg/g）			
		40	120	470	2400
起泡高度（mm）	>500	440	382	370	348
消泡时间（s）	>600	393	364	349	336

将发泡 MDEA 硫溶液分别采用活性炭过滤、胺液深度复活技术净化。结果表明，经活性炭过滤后的 MDEA 溶液起泡趋势仍然较大；经胺液深度复活技术净化后的 MDEA 溶液起泡趋势恢复至新鲜 MDEA 溶液水平，见表 8-7。

表 8-7 活性炭与胺液深度复活技术净化效果对比实验结果

净化方法	净化前胺溶液		净化后胺溶液	
	起泡高度（mm）	消泡时间（s）	起泡高度（mm）	消泡时间（s）
活性炭过滤	>500	>600	320	464
胺液深度复活技术净化	>500	>600	10	6

综上所述，中国石油西南油气田公司自主研发的胺液深度复活技术与现有技术相比，其脱除的杂质种类更多、对杂质的脱除率更高；在降低受污染脱硫溶液起泡趋势方面，其效果优于引进的离子交换胺液复活技术，也优于添加阻泡剂与活性炭过滤；在腐蚀性杂质热稳定盐脱除方面，解决了离子交换胺液复活技术存在的脱除热稳定盐后胺液 H_2S 选吸性能变差的问题。

第九章　天然气净化工艺模拟计算

近年来，随着计算机技术的飞速发展，化工工艺的模型化和软件化成为化工领域的重要发展趋势。开发化工工艺的计算模型和相应的模拟计算软件，不仅能对该工艺的工程化提供技术支撑，更重要的是，在研究工艺模型的过程中，能够更加全面地掌握该工艺的基础数据，理解工艺过程的机理。

醇胺法脱硫和硫黄回收是天然气净化工艺的两个重要的组成部分，本章将分两部分介绍醇胺法脱硫和硫黄回收工艺计算模型的建模方法，以及相关计算软件的开发情况，以便读者能够对天然气净化工艺模拟计算有更加深入的了解。

第一节　脱硫工艺模拟计算

醇胺法脱硫工艺是天然气净化工程中最为重要和常用的处理工艺，目前世界各地较大规模的天然气净化厂绝大部分采用醇胺法工艺。因此，研究醇胺法工艺计算模型，并将之软件化，对于该工艺的工程设计、工艺参数选择，以及运行情况预测有着非常重要的意义。

对于天然气中酸气组分在醇胺脱硫溶液体系中相关计算的模型化，长期以来国内外专家进行了大量的研究。20 世纪 70 年代 Kent 及 Eisenberg 提出了关联有限个平衡数据的 Kent-Eisenberg 平衡溶解度模型(简称 K-E 模型)，可对不同条件下 CO_2、H_2S 在醇胺脱硫溶液中的平衡溶解度进行计算。裴方元等以 Kent-Eisenberg 平衡溶解度模型为基础提出了 H_2S-CO_2-MDEA-H_2O 体系的平衡溶解度模型。1994 年，Li 和 Mather 运用 Clegg-Pitzer 超额吉布斯能量方程对 MDEA-CO_2-H_2O 及 MEA-CO_2-H_2O 体系的 VLE（气液平衡）数据进行关联，以对 MDEA- MEA-CO_2-H_2O 体系进行预测；DB·Robinson and Associates Ltd. 于 1999 年以 Kent-Eisenberg 模型及 Li-Mather 电解质模型为基础开发的 AMSIM 软件可用来模拟醇胺脱硫溶液体系的工艺过程参数。而对于醇胺脱硫溶液体系中加入物理吸收溶剂环丁砜的研究，1991 年 MacGregor 和 Mather 测量了在 40℃ 和 100℃ 的条件下 CO_2、H_2S，以及它们的混合物在甲基二乙醇胺—环丁砜—水脱硫溶液中的溶解度，并将数据应用于 Deshmuch-Mather 溶解度模型的修正；清华大学及加拿大 Alberta 大学的研究人员也使用 Clegg-Pitzer 超额吉布斯能量方程对甲基二乙醇胺—环丁砜—二氧化碳—水，以及甲基二乙醇胺—环丁砜—硫化氢—水体系的 VLE（气液平衡）数据进行关联，并对甲基二乙醇胺—环丁砜—二氧化碳—硫化氢—水体系的 VLE 数据进行预计；壳牌公司成功开发了 SULFINOL 法脱硫工艺后，又成功开发了相应的工艺计算软件。对于此类模型的研究，一方面研究人员试图通过大量更为准确的实验数据来对现有模型或相关方程中的某些关键参数/变量进行修正，从而提高模型预测的准确性；另一方面试图通过在混合溶液相关参数的计算中使用更先进的混合规则，并通过更具理论基础或准确性更高的方程而非经验公式来进行模型的研究，使建立的模型对相关参数的预测具备更高的准确性，从而对工程设计及工艺参数的优化更具指导意义。

从 20 世纪 70 年代以来，西南油气田天然气研究院在醇胺法工艺计算模型的建模方面做了大量的工作，经过 40 年的努力，取得了丰硕的成果。1985 年朱利凯和陈赓良在西南油气田天然气研究院多年积累的大量溶解度数据的基础上，按 K-E 模型的开发思路，进一步考虑到醇胺溶液吸收酸性气体的工艺过程绝大多数是在 pH 值在 8~10 的范围内进行，据此对 K-E 模型中的有关平衡关系做了适当的简化，导出 Zhu-Chen 模型。

一般认为，醇胺法脱硫脱碳主要存在以下几个反应。其中 K_i 为各反应的平衡常数。

$$RNH_3^+ \xrightleftharpoons{K_1} H^+ + RNH_2 \tag{9-1}$$

$$RNHCOO^- + H_2O \xrightleftharpoons{K_2} HCO_3^- + RNH_2 \tag{9-2}$$

$$CO_2 + H_2O \xrightleftharpoons{K_3} HCO_3^- + H^+ \tag{9-3}$$

$$H_2O \xrightleftharpoons{K_4} H^+ + OH^- \tag{9-4}$$

$$HCO_3^- \xrightleftharpoons{K_5} H^+ + CO_3^{2-} \tag{9-5}$$

$$H_2S \xrightleftharpoons{K_6} H^+ + HS^- \tag{9-6}$$

$$HS^- \xrightleftharpoons{K_7} H^+ + S^{2-} \tag{9-7}$$

Zhu-Chen 模型应用于伯醇胺、仲醇胺时，模型用下列方程组表示：

$$p_S = \frac{AH_S[H^+]}{K_6} \tag{9-8}$$

$$K_1 K_3^2 p_C^2 + (mK_1K_3H_C[H^+] + K_1K_2K_3[H^+] - K_1K_3BH_C[H^+] + K_2K_3H_C[H^+]^2)p_C - (K_1K_2BH_C^2[H^+]^2 + BK_2H_C^2[H^+]^3) = 0 \tag{9-9}$$

$$[H^+]^3 - \frac{K_3 p_C}{BH_C}[H^+]^2 - \frac{K_1K_3 \, p_C}{K_2H_C}[H^+] - \frac{K_1K_3K_6 \, p_C \, p_S}{K_2BH_CH_S} = 0 \tag{9-10}$$

应用于 MDEA 之类的叔醇胺时，则用下列方程表示：

$$p_S = \frac{AH_S[H^+]}{K_6} \tag{9-11}$$

$$p_C = \frac{BH_C[H^+]}{K_3} \tag{9-12}$$

$$[H^+] = \frac{1}{\dfrac{m}{K_1(A+B)} - \dfrac{1}{K_1}} \tag{9-13}$$

式中　p_S，p_C——气相中 H_2S 和 CO_2 的分压；

H——亨利系数；

m——胺的摩尔浓度，mol/L；

K——各反应式的平衡常数；

A，B——中间参数。

Zhu-Chen 模型形式上更为简洁，能够方便地推导出各种醇胺的拟平衡常数 K_1，K_2。

1992 年，常宏岗提出了适用于砜胺溶剂的溶解度模型，称为 Chang 模型，其本质上可以视为电解质模型与拟平衡常数模型的结合，即在建立模型时利用前者的思路，再用后者的方法对亨利系数和活度系数进行校正。该模型提出了一种高精度处理 CO_2、H_2S 混合气体在砜胺溶剂中的溶解度的方法，在实验的分压范围内，模型计算值与实测值吻合较好，平均误差小于 10%。

按照 Chang 模型，H_2S、CO_2 在 MDEA 水溶液中和在环丁砜–MDEA–H_2O 体系中液相发生的主要化学反应如下：

$$R_3N+H_2S \overset{K_{eq,1}}{\rightleftharpoons} R_3NH^+ + HS^- \tag{9-14}$$

$$R_3N+HS^- \overset{K_{eq,2}}{\rightleftharpoons} R_3NH^+ + S^{2-} \tag{9-15}$$

$$R_3N+CO_2+H_2O \overset{K_{eq,3}}{\rightleftharpoons} R_3NH^+ + HCO_3^- \tag{9-16}$$

$$R_3N+HCO_3^- \overset{K_{eq,4}}{\rightleftharpoons} R_3NH^+ + CO_3^{2-} \tag{9-17}$$

以活度表示的反应平衡关系如下所示：

$$K_{eq,1} a_{R_3N} a_{H_2S} = a_{R_3NH^+} a_{HS^-} \tag{9-18}$$

$$K_{eq,2} a_{R_3N} a_{HS^-} = a_{R_3NH^+} a_{S^{2-}} \tag{9-19}$$

$$K_{eq,3} a_{R_3N} a_{CO_2} = a_{R_3NH^+} a_{HCO_3^-} \tag{9-20}$$

$$K_{eq,4} a_{R_3N} a_{HCO_3^-} = a_{R_3NH^+} a_{CO_3^{2-}} \tag{9-21}$$

物料平衡关系式和电荷平衡关系式如下：

$$ma_S = [H_2S] + [HS^-] + [S^{2-}] \tag{9-22}$$

$$ma_C = [CO_2] + [HCO_3^-] + 2[CO_3^{2-}] \tag{9-23}$$

$$m = [R_3N] + [R_3NH^+] \tag{9-24}$$

$$[R_3NH^+] = [HS^-] + [HCO_3^-] + 2[S^{2-}] \tag{9-25}$$

若以 K_C 和 K_S 分别表示醇胺水溶液吸收单独酸性气体组分 CO_2 和 H_2S 时的平衡常数，则有：

$$K_{eq,1} = \frac{K_6}{K_S} \tag{9-26}$$

$$K_{eq,2} = \frac{K_7}{K_S} \tag{9-27}$$

$$K_{eq,3} = \frac{K_3}{K_C} \tag{9-28}$$

$$K_{eq,4} = \frac{K_S}{K_C} \tag{9-29}$$

组分 i 的活度以式(9-30)计算：

$$a_i = \gamma_i m_i \tag{9-30}$$

式中　a_i——组分 i 的浓度；

　　　r_i——组分 i 的活度系数。

在 Chang 模型中假定中性分子的活度系数为 1，离子的活度系数按照 Davies 方程计算：

$$\lg r_{\pm} = -0.509 |Z_+ Z_-| \left(\frac{\sqrt{I}}{1+\sqrt{I}} - 0.3I \right) \tag{9-31}$$

式中　$r_{\pm}$——离子化盐类的活度系数；

　　　Z_+——阳离子电荷数；

　　　Z_-——阴离子电荷数。

式(9-18)至式(9-31)经化简后，最终可组成由 9 个方程组成的非线性方程组，由于 K_5 和 K_7 很小，因此 S^{2-} 和 CO_3^{2-} 的生成可以忽略不计。经过重排后，可得 Chang 模型的基本形式，解此方程组就可以求得 CO_2 和 H_2S 在液相中的浓度〔CO_2〕和〔H_2S〕。

$$K_{eq,1} \cdot [H_2S] \cdot \{m(1-a_C-a_S)+[H_2S]+[CO_2]\}$$
$$= r_{\pm}^2 \cdot \{ma_S-[H_2S]\} \cdot \{m(a_C+a_S)-[H_2S]-[CO_2]\} \tag{9-32}$$

$$K_{eq,2} \cdot [CO_2] \cdot \{m(1-a_C-a_S)+[H_2S]+[CO_2]\}$$
$$= r_{\pm}^2 \cdot \{ma_S-[CO_2]\} \cdot \{m(a_C+a_S)-[H_2S]-[CO_2]\} \tag{9-33}$$

Chang 模型还对 CO_2 和 H_2S 的亨利系数进行了研究，根据实验数据回归得出亨利系数与离子强度 I 的关系式，能够更加准确地计算气相 CO_2 和 H_2S 分压。

Zhu-Chen 模型和 Chang 模型都可以对醇胺溶液体系的气液平衡进行较为精确地模拟。但这些模型是基于实验数据进行拟合得到的，在实验范围内与实测值吻合很好，但外推后的误差比较大，如果要在更大范围内精确模拟，则需要引入更多的影响因子，从而带来很大的计算量。进入 21 世纪后，随着计算机技术的发展，使得复杂计算具备了可行性。2004 年，西南油气田天然气研究院和清华大学合作，借鉴了 Zhu-Chen 模型和 Chang 模型的一些思路和基础数据，建立了活度—逸度模型。该模型建立时将气液两相分开考虑，气相部分采用 P-R 方程计算有关组分的逸度，液相用 Chen-NRTL 模型计算有关部分的活度，从而成功建立了 MDEA-H_2O-CO_2-H_2S 体系的酸性气体溶解度模型。该模型将三种建立严格模型的思路结合为一体，从单独酸性气体的溶解度数据拟合得到 Chen-NRTL 模型中的二元交互作用因子后，可以直接应用于对混合酸性气体溶解度的预测，不需要再另外增加参数。2008 年，在活度—逸度模型的基础之上，进一步建立了 MDEA 脱硫工艺的全流程工艺计算模型，能够对

MDEA 脱硫工艺进行全流程的模拟计算，计算结果和实际实验数据对比，误差在 10% 以内，并以此模型为基础，开发了"天然气研究院脱硫工艺模拟系统"，采用计算机对脱硫过程进行模拟计算，大大提高了效率和精确性。此后，西南油气田天然气研究院陆续开展了一系列实验工作，对该软件进行不断更新，到目前为止，已经可以对包括 MDEA、砜胺法、CT8 系列在内的多种醇胺溶剂进行全流程模拟计算。在本节的第二部分，将以甲基二乙醇胺—环丁砜为例，详细介绍醇胺法脱硫脱碳工艺计算模型的建模方法。

一般来说，建立一套完整的醇胺法工艺计算模型，需包含以下三个部分：（1）热力学模型；（2）动力学模型；（3）主要设备的工艺计算模型。最后根据物料衡算和能量衡算，将各单元的工艺计算模型关联起来，形成全流程的工艺计算模型。因为在砜胺体系中，既存在化学反应，又存在物理吸收，体系中同时存在 H_2S、CO_2、有机硫和烷烃，其吸收过程和相互作用较为复杂。因此在本书中，以甲基二乙醇胺—环丁砜脱硫脱碳溶剂体系为例来说明醇胺法工艺计算模型的建模过程。

一、热力学模型

1. H_2S 和 CO_2 气体溶解度的热力学模型

在 N-甲基二乙醇胺-环丁砜水溶液（MDEA-TMS-H_2O）脱除 H_2S 和 CO_2 的体系中，既存在化学吸收（主要是 H_2S 和 CO_2 与甲基二乙醇胺的反应），又存在物理吸收（主要体现在环丁砜对 CO_2 的吸收）。现探讨如下：

1）气液平衡

体系中的气液平衡指 CO_2（H_2S）、H_2O、MDEA 和 TMS 在气液两相中的平衡。气液平衡计算采用亨利常数法，即：

$$f_i = x_i \gamma_i^* H_i^o \tag{9-34}$$

式中　f_i——气相组分的逸度，由 Peng-Robinson 方程计算；

　　　x_i——组分 i 的摩尔分率；

　　　γ_i^*——组分 i 的逸度系数；

　　　H_i^o——组分亨利常数。

$$\ln H(H_2S) = 18.1937 - 2808.5/T + 2.5629\ln T - 0.01868T \tag{9-35}$$

$$\ln H(CO_2) = 110.035 - 6789.0/T - 11.452\ln T - 0.01045T \tag{9-36}$$

式中　H——亨利常数；

　　　T——温度。

气体 CO_2 和 H_2S 的亨利常数的参考态是在纯水中的无限稀释态，和反应常数中的参考态一致。

H_2O、MDEA 和 TMS 的计算采用标准蒸汽压的方法，即：

$$f_i = x_i \gamma_i^* p_i^o \tag{9-37}$$

式中　f_i——组分在气相中的逸度，由 Peng-Robinson 方程计算；

　　　p_i^o——各组分在标况下的蒸汽压，也由 Peng-Robinson 方程计算。

2) 溶液中的化学反应

MDEA-TMS 水溶液吸收酸性气体 CO_2 和 H_2S 时，在水溶液中存在的各种反应见表 9-1。其中包括水的离解、MDEA 的质子化，以及 CO_2 和 H_2S 的一级和二级水解。这些反应在计算模型中必须考虑。

表 9-1 中的平衡常数考虑组分活度系数，MDEA、H_2O 和 TMS 的活度系数的参考态是纯态，而各种离子和气体的活度系数的参考态是在水中的无限稀释态。这些参考态必须和后面介绍的活度系数计算方程，以及气体溶解度亨利常数的参考态一致。在平衡常数的表达式中，所有的浓度均以组分的摩尔分数表示。

表 9-1 MDEA-TMS-H_2O-CO_2-H_2S 体系中的各种反应及其平衡常数（ $\ln K = A + B/T + C\ln T$ ）

反应	反应式	A	B	C
水的离解	$H_2O \Longleftrightarrow H^+ + OH^-$	132.9	−13446.0	−22.480
MDEA 的质子化	$MDEAH^+ \Longleftrightarrow MDEA + H^+$	−56.2	−4044.8	7.848
CO_2 的一级水解	$CO_2(aq) + H_2O \Longleftrightarrow HCO_3^- + H^+$	231.5	−12092.1	−36.780
CO_2 的二级水解	$HCO_3^- \Longleftrightarrow CO_3^{2-} + H^+$	216.05	−12431.7	−35.480
H_2S 的一级水解	$H_2S + H_2O \Longleftrightarrow HS^- + H^+$	214.58	−12995.4	−33.547
H_2S 的二级水解	$HS^- \Longleftrightarrow S^{2-} + H^+$	−32.0	−3338.0	0

3) 溶液中各组分活度系数的计算

计算气体溶解度的关键是溶液中各组分的活度系数的计算。对于典型的电解质溶液混合体系，公认的计算活度系数的方法是 Chen-NRTL 方程。该方程是一个非线性方程，用于描述活度系数与液相摩尔分率的关系，对于 MDEA、H_2O 和 TMS 这样的极性溶剂的电解质体系，它能较好地计算各组分的活度系数。

采用 Chen-NRTL 模型，电解度体系的超额自由能由三部分组成：

$$\frac{g_{ex}^*}{RT} = \frac{g_{ex,PDH}^*}{RT} + \frac{g_{ex,Born}^*}{RT} + \frac{g_{ex,NRTL}^*}{RT} \tag{9-38}$$

长程项（PDH）表示离子和离子间的相互作用的贡献：

$$\frac{g_{ex,PDH}^*}{RT} = -\sum_k^k x_k \left(\frac{1000}{M_s}\right)^{0.5} \left(\frac{4A_\phi I_x}{\rho}\right) \ln(1 + \rho I_x^{0.5}) \tag{9-39}$$

其中：

$$A_\phi = \frac{1}{3}\left(\frac{2\pi N_0 d}{1000}\right)^{1/2}\left(\frac{e^2}{D_W kT}\right) \tag{9-40}$$

$$I_x = \frac{1}{2}\sum x_i Z_i^2 \tag{9-41}$$

式中 N_0——阿伏加德罗常数；

d——溶剂密度；

e——电子电荷；

D_W——水的介电常数;

k——Boltzmann 常数;

ρ——离子间平均距离,此处取值 14.9Å;

M_s——溶剂分子量;

Z——离子电荷数,如 H^+ 的 $Z=+1$。

波尔校正项(Born)离子的参考态从纯水无限稀释状态转到胺水溶液中的无限稀释态的贡献:

$$\frac{g^*_{ex,Born}}{RT} = \left(\frac{e^2}{2kT}\right)\left(\frac{1}{D_m} - \frac{1}{D_W}\right)\frac{\sum_i x_i Z_i^2}{r} \times 10^2 \tag{9-42}$$

式中 r——离子半径,$r=3\times10^{-10}$m;

D_m——MDEA-H_2O 混合溶剂的介电常数。

短程局部浓度项(NRTL)则代表溶液中所有的粒子间的短程相互作用的贡献:

$$\frac{g^*_{ex,NRTL}}{RT} = \sum_m x_m \frac{\sum_j x_j G_{jm}\tau_{jm}}{\sum_k x_k G_{km}} + \sum_c x_c \sum_{a'} \frac{x_{a'}}{\sum_{a''} a''} \frac{\sum_j G_{jc,a'c}\tau_{jc,a'c}}{\sum_k x_k G_{kc,a'c}}$$

$$+ \sum_a x_a \sum_{c'} \frac{x_{c'}}{\sum_{c''} c''} \frac{\sum_j G_{ja,c'a}\tau_{ja,c'a}}{\sum_k x_k G_{ka,c'a}} \tag{9-43}$$

式中 m——溶剂;

c——阳离子;

a——阴离子。

$$G_{cm} = \frac{\sum_a X_a G_{ca,m}}{\sum_{a'} X_{a'}} \qquad G_{am} = \frac{\sum_c X_c G_{ca,m}}{\sum_{c'} X_{c'}} \tag{9-44a}$$

$$\alpha_{cm} = \frac{\sum_a X_a G_{ca,m}}{\sum_{a'} X_{a'}} \qquad \alpha_{am} = \frac{\sum_c X_c G_{ca,m}}{\sum_{c'} X_{c'}} \tag{9-44b}$$

$$X_j = x_j C_j \quad (\text{其中对于离子,} C_j = Z_j; \text{对于中性分子,} C_j = 1) \tag{9-45a}$$

$$G_{i,j} = \exp(-\alpha_{i,j}\tau_{i,j}) \tag{9-45b}$$

式中 α——非随机因子(根据实测数据回归,均取 0.2);

τ——相互作用参数。

各组分活度系数的计算公式为

$$\ln\gamma_i = \left[\frac{\partial(n_t g^*_{ex}/RT)}{\partial n_i}\right]_{T,p,n_{j\neq i}} \tag{9-46}$$

式中 n_i——组分 i 的摩尔数;

n_t——溶液总的摩尔数。

对于溶剂 MDEA 和 H_2O 的活度系数的计算，从式(9-46)可直接得到各组分的活度系数。但是对于各种离子，由于在反应平衡常数表达式中的参考态是在水中的无限稀释态，所以各离子的活度系数应为式(9-46)计算的活度系数减去该离子在纯水中的无限稀释活度系数[也用式(9-46)计算，水浓度为1，该离子浓度趋于零]：

$$\ln\gamma'_i = \ln\gamma_i - \ln\gamma''_i \tag{9-47}$$

4) 气体溶解度计算

根据已有的实验数据，可对气体溶解度进行计算，并拟合出 Chen-NRTL 方程中的相互作用参数。二元相互作用参数列于表9-2，三元相互作用参数列于表9-3。同时将实验数据和计算结果进行比较，如图9-1和表9-4、表9-5所示，其中 CO_2 的气体溶解度(以摩尔分数计算，下同)的平均计算误差为1.2%，H_2S 气体的溶解度的平均计算误差为1.6%。

从这些计算结果可以看出，此处建立的热力学计算模型是可靠的，可以用于建立吸收过程的模拟计算程序。

表9-2　**MDEA-TMS-H_2O-CO_2-H_2S 体系的 Chen-NRTL 二元相互作用参数**

离子对	a	b
H_2O-MDEA	9.7560	-1489.8
	-2.6001	-114.60
H_2O-TMS	-14.758	4195.5
	5.8090	-1263.1

表9-3　**MDEA-TMS-H_2O-CO_2-H_2S 体系的 Chen-NRTL 三元相互作用参数**

离子对	a	b
MDEA-MDEAH$^+$-HS$^-$	11.53	217.7
	-0.4289×10^{-2}	-1.397
H_2O-MDEAH$^+$-HS$^-$	1.232	155.4
	-1.179	-26.47
H_2S-MDEAH$^+$-HS$^-$	-0.8940	-287.2
	0.2188	-74.02
TMS-MDEAH$^+$-HS$^-$	34.23	-3446
	-36.23	13720
MDEA-MDEAH$^+$-HCO$_3^-$	95.76	-28400
	-30.69	13080
H_2O-MDEAH$^+$-HCO$_3^-$	-10.28	1588
	-11.07	4300
CO_2-MDEAH$^+$-HCO$_3^-$	-21.71	4546
	-0.8820	2241
TMS-MDEAH$^+$-HCO$_3^-$	-31.51	9463
	2.838	-182.8

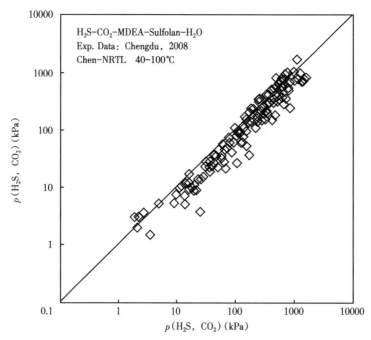

图 9-1　在砜胺水溶液中的平衡溶解度的计算值和实验值的比较

表 9-4　CO₂ 在砜胺水溶液中的平衡溶解度的计算误差

MDEA(%)	TMS(%)	H₂O(%)	实验温度(℃)	CO₂ 计算误差(%)
40	45	15	40	2.5
50	30	20	40	2.4
40	40	20	40	1.4
40	40	20	70	0.8
50	30	20	100	1.1
50	30	20	135	0.5
40	45	15	135	0.2
40	40	20	100	0.7
平　　　均				1.2

表 9-5　H₂S 在砜胺水溶液中的平衡溶解度的计算误差

MDEA(%)	TMS(%)	H₂O(%)	实验温度(℃)	H₂S 计算误差(%)
40	45	15	40	2.3
40	40	20	40	1.7
50	30	20	70	2.9
50	30	20	100	0.7
50	30	20	135	0.4
平　　　均				1.6

2. CH_3SH、COS 气体溶解度的热力学模型

有机硫在砜胺水溶液中的溶解，以物理溶解为主，直接采用二次多项式的方法进行计算：

$$p = a + b\alpha + c\alpha^2 \tag{9-48}$$

式中 p——分压；

a，b，c——拟合系数；

α——气体在液相中的溶解度。

根据西南油气田天然气研究院提供的有机硫在砜胺水溶液中的溶解度数据，关联多项式中的参数，建立相应的溶解度计算模型。

甲硫醇 CH_3SH 在砜胺水溶液中的溶解度数据如图 9-2 所示，同时采用二次多项式将 CH_3SH 的分压关联成在溶液中的负荷的函数，关联式的参数见表 9-6。

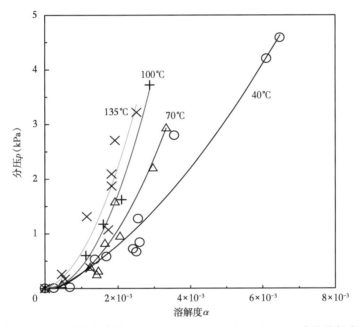

图 9-2 有机硫 CH_3SH 在砜胺水溶液 MDEA（40%）-TMS（40%）-H_2O 中的溶解度和分压的关系

表 9-6 有机硫 CH_3SH 在砜胺溶液 MDEA（40%）-TMS（40%）-H_2O
中的溶解度和分压的关系参数表参数表

温度（℃）	40	70	100	135
a	−0.10950	−0.018105	0.021061	−0.0033167
b	326.65	33.842	−100.75	207.78
c	62687	255530	472420	452660
误差（kPa）	1.2	0.75	0.32	1.2

羰基硫 COS 在砜胺水溶液中的溶解度数据如图 9-3 所示，同时采用·次多项式将 COS 的分压关联成在溶液中的负荷的函数，关联式的参数见表 9-7。

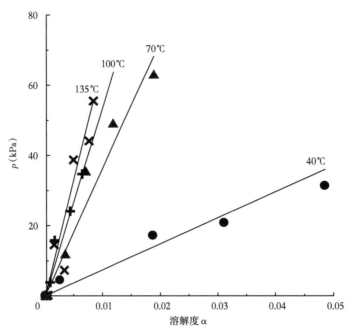

图 9-3　有机硫 COS 在砜胺水溶液 MDEA（40%）-TMS（40%）-H_2O 中的溶解度和分压的关系

表 9-7　有机硫 COS 在砜胺水溶液 MDEA（40%）-TMS（40%）-H_2O 中的亨利系数表

温度（℃）	40	70	100	135
亨利系数 H	741. 51	3611. 27	5311. 21	6548. 64
误差（kPa）	3. 2	3. 6	1. 7	4. 6

3. 甲烷在砜胺水溶液中的溶解度模型

甲烷在砜胺水溶液中的溶解也属于物理溶解，采用亨利常数的方法进行计算。亨利常数按 CH_4 在 MDEA 水溶液中的亨利常数，以及在环丁砜中的亨利常数，进行平均计算：

$$p_{CH_4} = p_1 x_{MDEA+H_2O} + p_2 x_{TMS} \tag{9-49}$$

式中　p_1——CH_4 在 MDEA+H_2O 中的分压，kPa；

　　　p_2——CH_4 在 TMS 中的分压，kPa；

　　　x_{MDEA+H_2O}——MDEA+H_2O 的摩尔分数；

　　　x_{TMS}——环丁砜的摩尔分数。

CH_4 在 MDEA 水溶液中的分压 p_1 的计算公式，可通过数据拟合得到：

$$\begin{aligned} Y = &1. 909 \times 10^{-2} - 2. 28 \times 10^{-4} A_{CO_2} + 9. 0 \times 10^{-7} A_{CO_2}^2 + \\ &(1. 03 \times 10^{-4} - 1. 975 \times 10^{-6} A_{CO_2} + 1. 125 \times 10^{-8} A_{CO_2}^2) T \end{aligned} \tag{9-50}$$

式中　A_{CO_2}——CO_2 负荷，m^3/t（溶液）；

　　　T——温度，℃；

Y——溶解度系数，$m^3/(t \cdot bar)$。

那么 CO_2 在 MDEA+H_2O 中的浓度为 x_{CO_2} 的情况下的分压是：

$$p_1 = x_{CO_2} \frac{22.4}{W/Y} \qquad (9-51)$$

式中　W——溶液中胺的质量分数，%。

同理 CH_4 在环丁砜中的分压 p_2 的计算，如图9-4所示。

$$p_2 = H_{CO_2} x_{CO_2} \qquad (9-52)$$

其中：

$$H_{CO_2}(MPa) = 17.6277 + 1.18859T - 0.00175108T^2$$

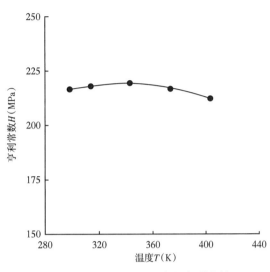

图9-4　甲烷在环丁砜中的亨利常数

二、动力学模型

酸性气体组分在砜胺水溶液中的反应动力学及其机理的研究对于酸气处理装置的模拟计算而言是必不可少的。本书以渗透膜理论为基础并考虑离子间的相互耦合扩散对酸性气体组分的吸收/解吸动力学模型进行研究，并对模型方程进行数学求解。由于液相中硫化氢与 MDEA 间的反应，为瞬时反应，以及吸收装置的水力学条件决定了硫化氢的传质阻力基本上是在气相中，因此对吸收动力学影响较小。而 CO_2 与 MDEA 间的反应速率是很慢的，并且传质阻力主要处于液相，环丁砜的加入会对其反应动力学产生明显的影响，因此需要做 CO_2 在砜胺水溶液中的动力学实验。将 CO_2 吸收的动力学数据和溶剂体系的组分、温度和 CO_2 负荷关联起来，用于确定传质计算中的 CO_2 塔板效率。对于高温解吸条件，考虑到其动力学解吸速度快，影响小，可以从低温（如40℃、70℃）的情况进行推算。在多种酸性气体组分被同时吸收的情况下，气相传质阻力是不能被忽略的。对于动力学研究过程中所需的各酸性气体组分在砜胺水溶液中的溶解度数据由前面所建立的平衡溶解度计算模型计算得到。由于在动力学模型的研究过程中为了便于研究而进行了不同的假设，模型准确度具有不确定性，但可以通过可靠的中间放大实验装置或工业装置的运行数据，对模型参数进行修正来解决这个问题。

1. CO_2 表观吸收速率常数的研究

砜胺水溶液除了吸收 H_2S 和 CO_2 以外，对有机硫的吸收效果也较好。环丁砜的加入对于吸收速度特别是 CO_2 的吸收速度有比较明显的影响，所以需测定不同浓度 MDEA-环丁砜的水溶液吸收 CO_2 的动力学数据，并计算吸收反应表观速率常数。

砜胺水溶液吸收 CO_2 的动力学机理——CO_2 和 MDEA 的水合反应是对于 CO_2 和 MDEA 均为一级的二级反应：

$$MDEA + CO_2 + H_2O \Longrightarrow MDEAH^+ + HCO_3 \qquad (9-53)$$

吸收速度可表示为：

$$r = k c_{\text{MDEA}} c_{\text{CO}_2} \qquad (9-54)$$

式中 r——吸收速度；

       k——吸收速度常数；

       c——水溶液中组分的浓度。

在 MDEA 浓度一定时，可以认为是拟一级反应。CO_2 的浓度对应于其气相分压；用 Peng-Robinson 立方型状态方程将压力 p 转换成物质的量，可得吸收速率方程：

$$\ln \frac{n-n^{E}}{n^{0}-n^{E}} = Kt \qquad (9-55)$$

式中 n^0——开始时吸收室的二氧化碳的物质的量；

       n^E——吸收达到平衡时吸收室内二氧化碳的物质的量；

       n——某一时刻吸收室的二氧化碳的物质的量；

       K——吸收速度；

       t——时间。

气体吸收的动力学模型测定可采取恒定容积法，即通过测定气体在吸收前后的压力变化量得到吸收气体量。根据实验条件，用适当的状态方程可算出气体的量。实验设备包括气体室和吸收室，如图 9-5 所示，标定气液两相体积后，进行吸收，根据气体压降的变化曲线由式(9-55)计算出液体吸收速率，如图 9-6 所示。40%MDEA 水溶液吸收 CO_2 的表观动力学常数见表 9-8。

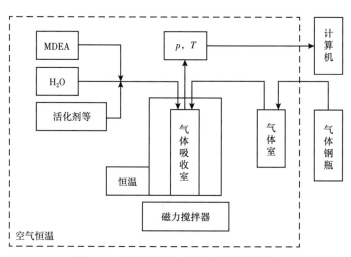

图 9-5   气体吸收速率测定的实验装置

表 9-8   40℃时 MDEA(40%)-H_2O 吸收 CO_2 的表观动力学常数

CO_2 负荷	速率常数（min^{-1}）	CO_2 负荷	速率常数（min^{-1}）
0.032	0.113	0.121	0.056
0.071	0.070	0.159	0.054

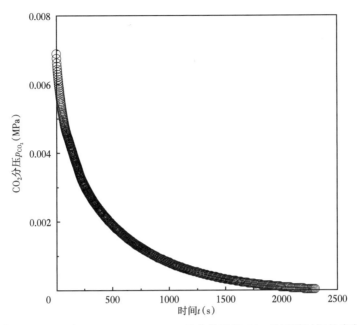

图 9-6　40℃时 MDEA（40%）-H₂O 吸收体系的 CO_2 分压随时间的变化

40℃下，MDEA（40%）-TMS（20%）-H₂O 吸收 CO_2 的表观动力学常数见表 9-9。

表 9-9　40℃时 MDEA（40%）-TMS（20%）-H₂O 吸收 CO_2 的表观动力学常数

CO_2 负荷	速率常数（min⁻¹）	CO_2 负荷	速率常数（min⁻¹）
0.046	0.065	0.218	0.041
0.108	0.052	0.274	0.034
0.167	0.044	0.330	0.032

同样地，可测出 40℃下，MDEA（40%）-TMS（40%）-H₂O 吸收 CO_2 的表观动力学常数。图 9-7 显示了不同浓度的溶液吸收 CO_2 的表观速率常数与 CO_2 浓度的关系。

将上述吸收动力学常数关联成 CO_2 负荷的二次多项式函数（$K = a + b\alpha + c\alpha^2$），结果见表 9-10。

表 9-10　40℃条件下砜胺水溶液吸收 CO_2 的表观速率常数的关联结果

参数	MDEA（40%）-H₂O	MDEA（40%）-TMS（20%）-H₂O	MDEA（40%）-TMS（40%）-H₂O
a	0.0993	0.0741	0.0430
b	-0.1958	-0.2265	-0.1578
c	0.1299	0.3007	0.2496
误差（%）	2.8	5.7	5.2

同理可测得其他温度下的溶剂吸收 CO_2 的表观动力学常数，并对温度进行关联。得到完整的动力学模型，以便进行后续的吸收流程模拟。

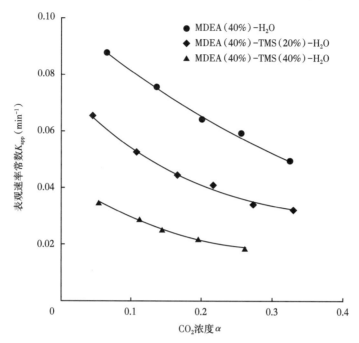

图 9-7　40℃时砜胺水溶液吸收 CO_2 的表观速率常数随 CO_2 浓度的变化

2. CO_2、H_2S、COS、CH_3SH 同时吸收的动力学研究

由于多组分气体同时吸收的过程包含了许多复杂的、相互作用的因素：包括可逆性、平行反应、连续平衡反应、离子扩散等，并且各单一反应速率的不同、体系平衡特性的不同、反应设备的水力学特性的不同，以及各组分的不同物性都会产生非常不一样的相互作用。因此不可能系统地获得单因素对传质速率的影响结果。本书中所用的反应速率表达式具有普遍的形式。这种相对简单的模型体系使单独地研究离子扩散及离子去耦合对传质速率的影响成为可能。模型中结合了所有相关的反应，包括瞬时平衡反应，并通过 Nernst-Planck 方程来描述离子的耦合扩散。

1）模型方程的建立

动力学所要考虑的问题是反应物及产物总反应级数确定的可逆化学反应的传质速率，以下面一个通用的气液反应化学方程式为例：

$$\gamma_a A(g) + \gamma_b B(l) = \gamma_c C(l) + \gamma_d D(l) \tag{9-56}$$

则有式（9-59）所示的反应速率方程：

$$R_a = k_{m,n,p,q}[A]^m[B]^n[C]^p[D]^q - k_{r,s,t,v}[A]^r[B]^s[C]^t[D]^v \tag{9-57}$$

气液体系的大部分反应均可以用与式（9-56）相似的反应速率表达式来进行足够准确的表达，因此在本书中使用这种表达式来对反应速率方程进行描述。气相中的传质用气膜模型来描述而液相的传质则使用滞留膜及渗透模型来描述。对于液相使用两种模型的原因是这两种模型可以视为所有关于扩散影响的理论模型的两个极端情况。然而渗透模型被认为是在前面平衡溶解度数据测定部分所述的搅拌反应器中气液吸收过程中最真实的一个模型。在所研究的砜胺水溶液吸收酸性气体组分的反应体系中，所涉及的反应主要是 H_2S、CO_2 与溶液间的反应，而对于 COS、CH_3SH 则以物理吸收来考虑。

$$CO_2 + R_3N + H_2O \Longrightarrow R_3NH^+ + HCO_3^- \tag{9-58a}$$

$$CO_2 + OH^- \Longrightarrow HCO_3^- \tag{9-58b}$$

$$H_2S + OH^- \Longrightarrow HS^- + H_2O \tag{9-58c}$$

$$HCO_3^- + OH^- \Longrightarrow CO_3^{2-} + H_2O \tag{9-58d}$$

$$R_3NH^+ + OH^- \Longrightarrow R_3N + H_2O \tag{9-58e}$$

$$H_2O^+ + OH^- \Longrightarrow 2H_2O \tag{9-58f}$$

$$HS^- + OH^- \Longrightarrow S^{2-} + H_2O \tag{9-58g}$$

式（9-58a）、式（9-58b）的反应速度是有限的。如果发生了式（9-58a）的反应，二氧化碳与水之间的直接反应就可以忽略。由于反应式（9-58c）至式（9-58g）仅包含着一个质子的传递，因此根据传质假设其为瞬时反应。在数学模型中，瞬时平衡反应是作为具有很高反应速率常数的有限速率反应来进行模型化的。这种平衡条件很容易通过计算的浓度来进行检验：

$$H_2S + R_3N \Longrightarrow R_3NH^+ + HS^- \tag{9-58h}$$

由于式（9-58a）至式（9-58g）相互关联，且存在平衡关系，因此，H_2S 与 MDEA 之间的直接反应式（9-58h）明显地被包括在上述反应中了。

本书根据渗透膜理论对伴随着化学反应的传质现象进行了模型化研究。同时也考虑了静电势能梯度对离子扩散的影响。这样就可以得到如下所示的每种组分 i 的偏微分方程：

$$\frac{\partial C_i(x,t)}{\partial t} = D_i \frac{\partial^2 C_i(x,t)}{\partial x^2} - z_i D_i \frac{RT}{F} \frac{\partial[\phi(x,t)]C_i(x,t)}{\partial x} + R_i(x,t) \tag{9-59}$$

式中 ϕ——静电势能梯度，结合了离子的扩散。

在动态电中性及 Nernst-Einstein 方程的假设条件下，ϕ 可以表达为离子浓度及离子扩散率的函数：

$$\phi(x,t) = \frac{F}{RT} \frac{\sum_{q=1}^{NC} z_q D_q \dfrac{\partial C_q(x,t)}{\partial x}}{\sum_{q=1}^{NC} z_q^2 D_q C_q(x,t)} \tag{9-60}$$

对于每种离子组分，式（9-59）可由静态电中性条件式（9-61）来取代，以保持整个传质区域的电中性：

$$\sum_{i=1}^{NC} z_i C_i(x,t) = 0 \tag{9-61}$$

结合适当的初始条件及边界条件，式(9-59)至式(9-61)有唯一的根。

每种组分的初始条件由式(9-62)给出：

$$t = 0, \quad x > 0: \quad C_i(x, t = 0) = C_{i,\text{bulk}} \tag{9-62}$$

每种组分气/液两相主体一侧的边界条件由式(9-63)给出：

$$t > 0, \quad x = \infty: \quad C_i(x = \infty, t) = C_{i,\text{bulk}} \tag{9-63}$$

在式(9-62)、式(9-63)中的 $C_{i,\text{bulk}}$ 遵循液相主体的质量守恒或液相主体的平衡假设，在本次研究中使用后者。

对于体系涉及的酸性气体组分，在气液界面处的边界条件为：

$$t > 0, x = 0: -D_i \left[\frac{\partial C_i(x, t)}{\partial x} \right]_{x=0} = k_{\text{g},l} \left[C_{\text{g},i} - \frac{C_i(x = 0, t)}{m_i} \right] \tag{9-64}$$

对于溶液中非挥发性中性及离子组分，在气液界面处的边界条件为：

$$t > 0, x = 0: \quad -D_i \left[\frac{\partial C_i(x, t)}{\partial x} \right]_{x=0} = 0 \tag{9-65}$$

$$t > 0, x = 0: z_i D_i \frac{RT}{F} \left[\phi(x, t) C_i(x, t) \right]_{x=0} - D_i \left[\frac{\partial C_i(x, t)}{\partial x} \right]_{x=0} = 0 \tag{9-66}$$

方程中乘积项 $R_i(x, t)$ 是非线性的，因此式(9-59)至式(9-66)为一组非线性偏微分方程组，仅能通过数值模拟求解。

伴随着化学反应式(9-58a)至式(9-58g)的传质现象的每种物质物料衡算可得到下面的方程组：

$$\frac{\partial [A]}{\partial t} = D_{\text{a}} \frac{\partial^2 [A]}{\partial x^2} - R_{\text{a}} \tag{9-67}$$

$$\frac{\partial [B]}{\partial t} = D_{\text{b}} \frac{\partial^2 [B]}{\partial x^2} - \gamma_{\text{b}} R_{\text{a}} \tag{9-68}$$

$$\frac{\partial [C]}{\partial t} = D_{\text{c}} \frac{\partial^2 [C]}{\partial x^2} - \gamma_{\text{c}} R_{\text{a}} \tag{9-69}$$

$$\frac{\partial [D]}{\partial t} = D_{\text{d}} \frac{\partial^2 [D]}{\partial x^2} - \gamma_{\text{d}} R_{\text{a}} \tag{9-70}$$

由于没有解析求解的方法，这四个非线性偏微分方程必须通过数值模拟的方法来进行求解。在单独求解这个方程组之前需要一个初始条件及两个边界条件。假设所考虑的体系在给定的溶质负荷下把处于平衡态作为初始条件：

$$t = 0, x \geqslant 0: [A] = [A]_0 \quad [B] = [B]_0 \quad [C] = [C]_0 \quad [D] = [D]_0 \tag{9-71}$$

式(9-71)中，$[A]_0$、$[B]_0$、$[C]_0$、$[D]_0$满足公式(9-57)$R_a = 0$。通过假设在给定溶质负荷的条件下液相主体也处于化学平衡状态导出$x \to \infty$时的边界条件：

$$t>0, x \to \infty : [A]=[A]_0 \quad [B]=[B]_0 \quad [C]=[C]_0 \quad [D]=[D]_0 \tag{9-72}$$

如果是不可逆化学反应$(K \to \infty)$，由于A的浓度从零变化，液相主体不处于平衡状态而是会发生反应，所以式(9-72)仅可用于$[A]_0 = 0$的情况(或$[B]_0 = 0$，即物理吸收)。在A的初始$[A]_0 \neq 0$的情况下，式(9-72)就不再适用，应采用整个液相主体的物料平衡。在使用平衡组成的情况下，式(9-71)和式(9-72)才是有效的。

假设B、C、D为非挥发性组分，以组分A在气相中的流量与其在液相中的流量相等来获得第二个边界条件。根据模型对传质阻力的一部分来自气相的情况的适用性，使用后面的假设相比于$x=0$时$[A]=[A]_i$的假设要方便得多。

$$k_g ([A]_{g,bulk} - [A]_{g,i}) = -D_a \left(\frac{\partial [A]}{\partial x} \right)_{x=0} \tag{9-73a}$$

$$\left(\frac{\partial [B]}{\partial x} \right)_{x=0} = \left(\frac{\partial [C]}{\partial x} \right)_{x=0} = \left(\frac{\partial [D]}{\partial x} \right)_{x=0} = 0 \tag{9-73b}$$

2)传质系数的计算

酸性气体组分在溶液中进行物理吸收时的液相传质系数可由下面的关系式进行计算：

$$k_L^0 = \frac{\overline{R_A}}{A^i - A^0} \tag{9-74}$$

其中：

$$\overline{R_A} = \frac{R_A}{s} \tag{9-75}$$

$$A^0 = \frac{R_A}{L} \tag{9-76}$$

式中 s——气液接触面积；

k_L^0——$Sh/Sc^{0.5}$对的对数。

这里 Schmidt 数(Sc)的指数选择为 0.5 是因为根据渗透理论k_L^0与$D_A^{0.5}$成比例，并有如下关系：

$$Sh = 0.4315 Re^{0.59} Sc^{0.5} \tag{9-77}$$

式 (9-77) 中，Re 的指数根据经验取 0.59。式(9-74)用来计算 CO_2、H_2S、COS 及 CH_3SH 在 $MDEA-TMS-H_2O$ 溶液中的 k_L^0。

当气相为可溶气体及不可溶气体的混合物时，溶质必须通过后者扩散至液体表面。那么总的来说气液界面处溶质气体的浓度就比气相主体的浓度小，其稳态过程可以写成：

$$\overline{R} = k_G^* (p_B^0 - p_B^i) = k_L^* (B^i - B^0) \tag{9-78}$$

式中 $\overline{R}$——界面传质通量，$\overline{R} = \dfrac{R_B}{s}$；

k_G^*，k_L^*——气相及液相的传质系数；

B^i——界面浓度；

B^0，p_B^0——液相主体浓度和气相主体分压；

p_B^i——界面分压。

当气体组分与溶液进行瞬间反应时：

$$k_L^* = k_L^0 E_i \tag{9-79}$$

式中 E_i——瞬时反应的增强因子。

根据渗透理论有：

$$E_i = \sqrt{\frac{D_B}{D_F}} + \frac{F^0}{B^i}\sqrt{\frac{D_F}{D_B}} \tag{9-80}$$

对于瞬间不可逆反应 B^0 为 0。则结合式（9-78）至式（9-80）有：

$$B^i = \left(\frac{\overline{R}_B}{k_L^0} - F^0\sqrt{\frac{D_F}{D_B}}\right)\sqrt{\frac{D_F}{D_B}} \tag{9-81}$$

式（9-81）用于通过吸收数据来计算界面处溶质气体的浓度。如果计算出的 B^i 为 0，那么吸收过程完全受 B 通过气膜传递的控制，则：

$$\overline{R} = k_G^* p_B^0 \tag{9-82}$$

当气相主体中溶质气体的浓度非常低或液体反应物的浓度非常高时，这种情形占有优势。本次研究所需数据取自 Haimour-Sandall 的相关研究工作，例如：

$$\frac{D_{H_2S}\mu^{0.74}}{T} = 3.476 \times 10^{-14} \tag{9-83}$$

MDEA 的扩散通过关系式（9-84）计算：

$$D_{MDEA} = 10^{-10}(8.74 - 1.51F^0) \tag{9-84}$$

由于气相传质系数受 H_2S 在溶液中高传质速率的影响。传质速率高会减弱扩散边界层的效果从而引起阻力的下降，以及传质系数的增加。这里采用 Bird 等导出并定义的一个修正因子来进行修正：

$$\theta = \frac{k_G^*}{k_G} = \frac{\ln(\phi + 1)}{\phi} \tag{9-85}$$

其中：

$$\phi = \frac{\overline{R}_B + \overline{R}_{N_2}}{k_G^*} \tag{9-86}$$

边界层理论意味着二元传质系数与相应的二元气相扩散率的 2/3 次方相关，即：

$$k_{G12} = k_{G24} \left(\frac{D'_{12}}{D'_{24}}\right)^{2/3} \tag{9-87}$$

其中二元气相扩散率 D'_{ij} 可使用 Fuller 等所提出的经验关联式来进行计算：

$$D'_{12} = \frac{10^{-3} T^{1.75} \left(\frac{Mw_1 + Mw_2}{Mw_1 \times Mw_2}\right)^{1/2}}{p\left[(\sum v)_1^{1/3} + (\sum v)_2^{1/3}\right]^2} \tag{9-88}$$

3. 化学增强因子的计算

在进行脱硫工艺流程模拟的计算中，需要考虑化学反应对传质系数的增强因子的计算。在本章节中只进行 CO_2 增强因子的计算，而对于 H_2S 的吸收反应，由于其反应速度非常快，为瞬时反应，因此只受气相和液相中的扩散传质的影响，不受反应速度的影响，所以不用考虑化学吸收反应对其传质速率的影响；对于 MeSH、COS 的物理吸收，只考虑物理吸收。本书采用已经得到广泛使用的 Wellek 等所提出的模型来进行过程中所涉及的两相传质的计算：

$$I = 1 + \left[1 + (I_i - 1)/(I_1 + 1)^{1.35}\right]^{1/1.35} \tag{9-89a}$$

$$I_1 = \sqrt{M}/\tanh\ (\sqrt{M}) \tag{9-89b}$$

$$M = (D_A k_2 C_B)\ /k_L^{0.2} \tag{9-89c}$$

$$I_i = 1 + (D_B C_B)/(D_A C_{Ai}) \tag{9-89d}$$

式中　D_A，D_B——气体及 MDEA 的扩散系数；

　　　C_B——MDEA 的摩尔浓度，$kmol/m^3$；

　　　k_L——没有化学反应时的传质系数；

　　　k_2——吸收反应的反应速度。

k_2 的计算公式如下：

$$k_2 = 2.01 \times 10^7 \exp(-4579/T) \tag{9-90}$$

在增强因子的计算过程中考虑了化学反应对 MDEA-H_2O 吸收 CO_2 的传质因子及塔效率的影响，然后通过动力学实验考察环丁砜加入后对 CO_2 吸收速度的影响。主要是考虑对 CO_2 吸收的塔效率的影响：

$$E = E_{mw} k''/k' \tag{9-91}$$

式中　k'——CO_2 在 MDEA-H_2O 溶液中的表观吸收速率常数；

　　　k''——CO_2 在 MDEA-TMS-H_2O 溶液中的表观吸收速率常数，这两个常数都由上述动力学实验得到。

4. CO_2、H_2S、COS 及 CH_3SH 同时吸收的计算方法

由于 H_2S 的气相传质阻力非常高，并且 H_2S 与 MDEA 间的反应为瞬时反应，因此这种情况的理论模型必须包括多组分传质公式。该公式也必须经过高速传质对气相及液相传

质系数的影响来进行修正。而界面处多组分吸收体系的分压总的来说比主体中的分压要低且为未知数。求解的方法为一个迭代的过程以求解未知的界面分压。多组分气体吸收体系中的相间传质的速率关系可根据其中一相中传质系数的三维平方矩阵来进行公式化。

气相中的扩散流量为：

$$(J_G) = [k_G^*](y^0 - y^i) \tag{9-92}$$

式中　(y^0-y^i)——组成驱动力的三维柱状矩阵。

相主体的组成是已知的或可以通过计算获得，并且采用稳定态的假设以保证在吸收器中任一给定的位置处主体组成保持为常数，而界面处的组成为未知数。多组分气体的扩散流量必须满足下面的条件：

$$\sum_{i=1}^{4} J_{Gi} = 0 \tag{9-93}$$

而不变的相的总流量 N_i，可由式(9-94)进行计算：

$$N_i = J_{Gi} + y_i^0 N_t \tag{9-94}$$

可使用相类似的方法对液相进行处理。与式(9-89)相类似的形式为：

$$(J_L) = [k_L^*](x^i - x^0) \tag{9-95}$$

式中　$[k_L^*]$——对角矩阵，表示液膜中的分子相互作用是假设可以被忽略的，液膜中的分子相互作用由非对角线元素表示。

对角线元素为：

$$k_{Lii}^* = k_{Li}^* C_L E_i \tag{9-96}$$

式中　E_i——增强因子；
　　　C_L——液相分子密度。

总流量由式(9-97)计算：

$$(N) = [\Lambda_L](J_L) \tag{9-97}$$

$$\Lambda_{Lij} = \delta_{ij} + \frac{x_i^0}{x_4^0} \tag{9-98}$$

式中　x_4^0——液相主体中溶剂的摩尔分数。

这样矩阵 $[\Lambda_L]$ 简化为密度矩阵，结合稳定态的假设及动力学模型方程可对多组分气体的吸收进行计算。在将动力学模型用于后续的工艺模拟计算过程中时需采用双迭代过程，而相关的动力学参数的准确性也可通过最终的工艺模拟计算结果与工业运行数据间的对比来检验。

5. 建立工艺计算模型

1）模型概述

对于砜胺水溶液脱硫体系，采用严格的混合溶剂电解质理论 Chen-NRTL 建立的气体吸收溶解度和吸收热的热力学计算模型，并考虑环丁砜对吸收动力学的影响，进行流程模拟。塔的流程模拟采用逐级计算和级效率的方法，全流程的工艺计算模型可以计算吸收塔、闪蒸塔、换热器和再生塔全流程的工艺参数，也可以单独进行各个装置的计算。

模拟软件分四部分进行计算：（1）吸收塔；（2）闪蒸塔；（3）换热器；（4）再生塔。四部分分别计算到收敛，然后将所有物流进行外循环，直至收敛。整个脱硫过程的模拟计算框图如图9-8所示。

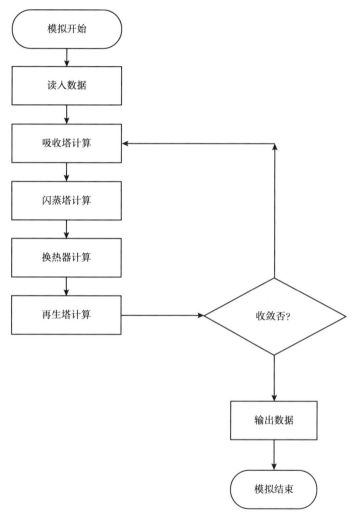

图9-8 脱硫过程模拟计算的主程序框图

2）逐级计算法

（1）物料平衡计算。

最常用的逐级计算方法是Naphtali-Sandholm法。该法的主要优点是适用于高度非理想混合物，而MDEA脱硫体系正是非理想性很高的体系。平衡级计算简图如图9-9所示。

在温度给定的情况下，各组分的物料平衡表达式如下：

$$L_{i,j-1} - (1 + \frac{SL_j}{\sum\limits_{i=1}^{n} L_{i,j}}) L_{i,j} - (1 + \frac{SV_j}{\sum\limits_{i=1}^{n} V_{i,j}}) V_{i,j} + V_{i,j+1} = -F_{i,j}$$

$$i = 1, 2, \cdots, n$$
$$j = 1, 2, \cdots, NT \qquad (9-99)$$

式中　$L_{i,j}$——板 j 上组分 i 的液相摩尔分数，kmol；

　　　　$V_{i,j}$——板 j 上组分 i 的气相摩尔分数，kmol；

　　　　SL_j——板 j 上分流的液相摩尔分数，kmol；

　　　　SV_j——板 j 上分流的气相摩尔分数，kmol；

　　　　$F_{i,j}$——板 j 上进料组分 i 的摩尔分数，kmol；

　　　　n——组分数；

　　　　NT——塔板数。

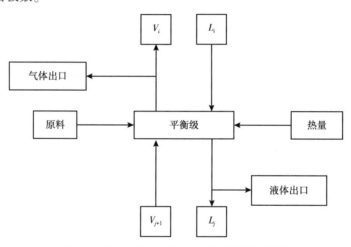

图 9-9　Naphtali-Sandholm 法平衡级计算简图

各级吸收平衡的表达式如下：

$$V_{i,j} = K_{i,j} L_{i,j} \qquad (9-100)$$

式中　$K_{i,j}$—— 板 j 上组分 i 的两相平衡值。

$$K_{i,j} = \frac{y_{i,j} \sum\limits_{i=1}^{n} V_{i,j}}{x_{i,j} \sum\limits_{i=1}^{n} L_{i,j}} \qquad (9-101a)$$

$K_{i,j}$ 通过气体溶解度即气液吸收平衡的计算得到，其计算方法见本节热力学模型部分。为了考虑板效率，用 E 代表，$E=1$ 时为吸收平衡，$E=0$ 时没有任何吸收和解吸，即：

$$K_{i,j} = \frac{y_{i,j} \sum\limits_{i=1}^{n} V_{i,j}}{x_{i,j} \sum\limits_{i=1}^{n} L_{i,j}} RESI + \frac{y_{i,j+1} \sum\limits_{i=1}^{n} V_{i,j+1}}{x_{i,j-1} \sum\limits_{i=1}^{n} L_{i,j-1}} (1 - RESI) \qquad (9-101b)$$

同时式(9-101b)应考虑进料和侧线的影响。对每个组分分别解 Gauss 方程，得到各级该组分流量。所有组分计算后，进行能量平衡计算。

（2）能量平衡计算。

在能量平衡计算时考虑吸收热（或解吸热，含蒸发及冷凝热）和比热，即：

$$
\begin{aligned}
c_{L,j-1}(T_{j-1} - T_0)L_{j-1} &- c_{L,j}(T_j - T_0)(L_j + SL_j) \\
- c_{V,j}(T_j - T_0)(V_j + SV_j) &+ c_{V,j+1}(T_{j+1} - T_0)V_{j+1} \\
&= Q_j + c_{F,j}(T_F - T_0)F_j
\end{aligned}
\tag{9-102}
$$

式中 c——各物流的比热；

T_0——参考温度，293.15K；

Q——吸收热或解吸热。

已知旧的 T_j，从式(9-102)可直接计算得到新的 T_j。

（3）再生塔收敛问题。

在模拟程序的编制过程中，最难实现计算收敛的是再生部分。开始时采用给定重沸器和冷凝器热负荷，所有温度都是通过能量衡算得到的，但这样的算法很难收敛。笔者采用的是将塔顶和塔底的温度直接给定，然后计算重沸器和冷凝器的热负荷，其他各级的温度仍由能量衡算得到。该法虽然容易收敛，但带来的负作用是在考察重沸器和冷凝器的热负荷对模拟计算结果的影响时，必须采用人工试差的方法。

各部分的组分流量的收敛标准为相对误差小于 0.01%，当流量小于 100kmol/h 时，改为 0.1%。温度收敛标准为相对误差小于 0.1%。外循环的收敛标准为贫液中的 H_2S 和 CO_2 含量，贫液中的收敛标准为 0.1%。

3）板效率的计算模型

在上述塔的流程模拟的计算中，除了需要热力学计算模型以外，还需要进行塔板效率的计算。本项目将采用得到广泛使用的 Chan-Fair 模型，进行本流程的两相传质的流程模拟。

Chan-Fair 模型计算板效率的主要公式见公式(9-103)、公式(9-104)和公式(9-105)。*表示达到平衡对应的分压。

$$
E_{mv} = \frac{y_n - y_{n-1}}{y_n^* - y_{n-1}}
\tag{9-103}
$$

$$
E_{ov} = \frac{\ln(\lambda E_{mv} + 1)}{\lambda}
\tag{9-104}
$$

$$
N_{ov} = -\ln(1 - E_{ov})
\tag{9-105}
$$

总的传质单元数 N_{ov} 由气液两相的传质单元数计算：

$$
\frac{1}{N_{ov}} = \frac{1}{N_V} + \frac{\lambda}{N_L}
\tag{9-106}
$$

式中 N_V，N_L——分别为气液两相的传质单元数。

三、脱硫脱碳工艺模拟计算软件

对于醇胺法脱硫工艺模拟计算软件的研究与开发，国外进行得较早，研发了不少软件，如原 DBR 公司的 AMSIM 软件、VMG（Virtual Material Group）的物性参数模拟计算软件、TSWEET（专为壳牌公司授权的 Sulfinol 系列脱硫溶液体系进行计算）、HYSYS 软件等。并且随着科研及生产技术手段的不断进步，各软件也一直致力于各自功能的扩展及升级，以满足不同生产或实验条件的需要。

在上述软件中，AMSIM 软件已升级到 2019 版本，新的版本根据新的实验数据重新拟合了相关经验公式，从而提高了模型计算的准确度，改善了操作界面及使用的灵活性，但该软件不能对溶液体系中含有环丁砜的情况进行计算。BR&E（Bryan Research & Engineering Inc.）开发的 TSWEET 模拟软件可以对胺溶液脱硫净化、硫黄回收及尾气净化工艺中的单元操作参数进行模拟，其中包含了 Sulfinol-M 及 Sulfinol-D 工艺相关参数的计算，可以进行该工艺过程中所有物料及单元设备参数的模拟计算，但这部分内容并没有进行公开地商业化应用，只对 Shell 公司授权的 Sulfinol 系列脱硫溶液体系进行计算，BR&E 对软件作进一步的升级，并将其整合到新开发的 Promax 软件包中从而增强了软件的功能，特别是醇胺法工艺的模拟计算功能。这其中包括了更加完善的热力学模型，更多组分的热力学物性的计算。从而可以对 MEA、DEA、DGA、MDEA、DIPA、TEA，以及 AMP 等胺溶液及其混合溶液进行模拟计算。同时在 Promax 软件包中还增加了 BR&E 的电解质 ELR 模型，该模型是对 TSWEET 软件中所用的 NTRL 酸性气体计算模型的一个重要改进。同时 Promax 软件包中保留了二氧化碳选择吸收的动力学模型。升级后软件可较为真实地模拟胺法工艺的单元操作参数，可对酸性气体组分与胺溶液间的气液平衡做更好的预测，可计算吸收塔/再生塔的理论塔板数及实际塔板数，可对胺的类型、流量，以及重沸器的负荷进行优化。另外该软件包中还增加了液相物流中各离子强度的计算，计算公式为：

$$I = \frac{1}{2} \sum x_i z_i^2 \tag{9-107}$$

软件中涉及天然气脱硫脱碳工艺的液相各组分离子强度如图 9-10 所示。在 Promax 软件包中包含了三种用于气体处理的模型，包括 EOS、超额吉布斯/活度系数模型，以及纯组分物性的计算模型。其中 EOS 用于计算气液组分的物性，可计算纯组分、混合物，以及无限稀释溶液的物性。该软件包提供了 BWRS、Lee-Kesler、Peng-Robinson、Peng-Robinson Polar、SRK、SRK Polar 等多种状态方程。超额吉布斯/活度系数模型则用于液相的计算，这其中又包括了可计算分子态组分的模型，以及计算电解质溶液的模型，分子态的模型包括 Chien Null、DUNIFAC、Margules、NRTL、Regular Solution、Scatchard-Hamer、TK Wilson、UNIFAC LLE、UNIFAC VLE、UNIQUAC、Van Laar、Wilson 等模型；电解质溶液的模型主要用于溶液中存在离解的情况，如有硫化氢或二氧化碳存在的情况下，主要有 Electrolytic ELR、Electrolytic NRTL、Electrolytic Kent-Eisenberg 三种。另外有两种纯物性的计算模型：NBS 及 Heat Transfer Fluid，前者主要用于计算水的热力学性质、物理性质，以及传输性质，后者主要用于计算流体的热传导性质。Shell 公司成功开发 Sulfinol-M 体系后相继开发了其工艺模拟计算的软件，但未见到该软件商业化的报道。

国内虽然也有很多大专院校及科研单位进行过或正进行这方面的研究，但主要还是集中在该类溶液体系吸收热力学、动力学方面的基础研究上，还未见对此类脱硫溶液的工艺模拟计算软件进行具体而深入研究的报道，但有不少高校从事过或正在进行该领域的研究

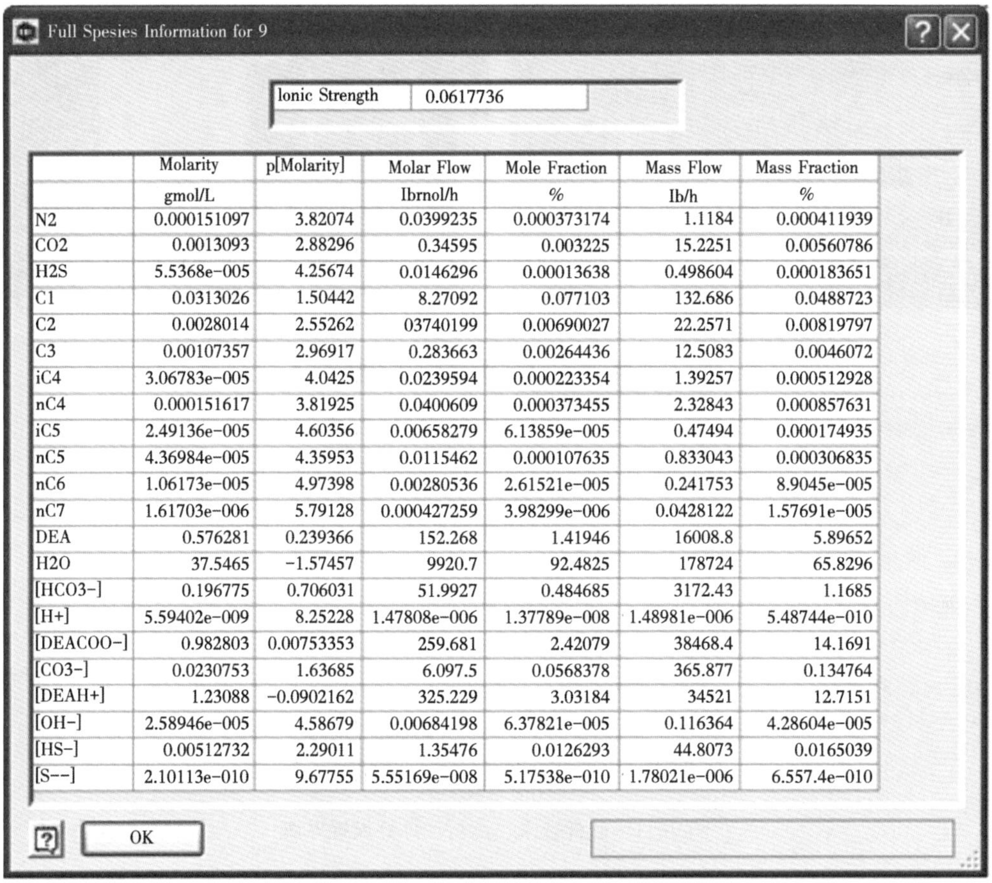

Full Spesies Information for 9

Ionic Strength　0.0617736

	Molarity	p[Molarity]	Molar Flow	Mole Fraction	Mass Flow	Mass Fraction
	gmol/L		lbrnol/h	%	lb/h	%
N2	0.000151097	3.82074	0.0399235	0.000373174	1.1184	0.000411939
CO2	0.0013093	2.88296	0.34595	0.003225	15.2251	0.00560786
H2S	5.5368e-005	4.25674	0.0146296	0.00013638	0.498604	0.000183651
C1	0.0313026	1.50442	8.27092	0.077103	132.686	0.0488723
C2	0.0028014	2.55262	03740199	0.00690027	22.2571	0.00819797
C3	0.00107357	2.96917	0.283663	0.00264436	12.5083	0.0046072
iC4	3.06783e-005	4.0425	0.0239594	0.000223354	1.39257	0.000512928
nC4	0.000151617	3.81925	0.0400609	0.000373455	2.32843	0.000857631
iC5	2.49136e-005	4.60356	0.00658279	6.13859e-005	0.47494	0.000174935
nC5	4.36984e-005	4.35953	0.0115462	0.000107635	0.833043	0.000306835
nC6	1.06173e-005	4.97398	0.00280536	2.61521e-005	0.241753	8.9045e-005
nC7	1.61703e-006	5.79128	0.000427259	3.98299e-006	0.0428122	1.57691e-005
DEA	0.576281	0.239366	152.268	1.41946	16008.8	5.89652
H2O	37.5465	-1.57547	9920.7	92.4825	178724	65.8296
[HCO3-]	0.196775	0.706031	51.9927	0.484685	3172.43	1.1685
[H+]	5.59402e-009	8.25228	1.47808e-006	1.37789e-008	1.48981e-006	5.48744e-010
[DEACOO-]	0.982803	0.00753353	259.681	2.42079	38468.4	14.1691
[CO3-]	0.0230753	1.63685	6.097.5	0.0568378	365.877	0.134764
[DEAH+]	1.23088	-0.0902162	325.229	3.03184	34521	12.7151
[OH-]	2.58946e-005	4.58679	0.00684198	6.37821e-005	0.116364	4.28604e-005
[HS-]	0.00512732	2.29011	1.35476	0.0126293	44.8073	0.0165039
[S--]	2.10113e-010	9.67755	5.55169e-008	5.17538e-010	1.78021e-006	6.557.4e-010

OK

图 9-10　液相中各组分的离子强度

工作，其中清华大学在胺法脱硫脱碳热力学、动力学及流程模拟方面进行了广泛的实验及理论研究；上海交通大学等高校也进行过活化 MDEA 吸收二氧化碳的模拟计算软件的研究与开发工作，但未见其发布软件。

　　西南油气田天然气研究院在对醇胺法脱硫脱碳工艺计算模型研究的基础上，将其软件化，形成了具有自主知识产权的"脱硫工艺模拟系统"（图 9-11），在国内处于领先地位。其核心计算部分采用数值计算功能强大的编程语言 Fortran 开发，精确度很高，界面及运行库采用微软公司 C#集成开发工具开发，可扩展性强，执行效率较高。该软件可以对包括单胺（如 MEA、DEA、MDEA 等）、混合胺、物理化学溶剂（如 MDEA-环丁砜），以及配方型溶剂（CT8 系列脱硫脱碳溶剂）等多种醇胺法工艺进行模拟计算。与国外开发的化工模拟计算软件相比，该软件具有界面简洁、专业针对性强、计算精度高等特点。其基础热力学和动力学数据均由西南油气田天然气研究院在实验室内精确测定，并根据实际工艺装置运行数据，对模型关键参数进行修正。其计算出的脱硫脱碳数据与实际工艺装置运行数据相比，误差基本控制在 5%～10% 之内。该软件可针对西南油气田自主研发的配方型脱硫脱碳溶剂 CT8 系列（如 CT8-5、CT8-16、CT8-23、CT8-25 等）进行精确模拟，这是国外同类软件所不具备的。

(a)登陆界面

(b)运行界面

(c)计算设置界面

图 9-11　软件登录、运行、计算设置界面

"脱硫工艺模拟系统"于 2013 年取得国家版权局软件著作权登记号，并通过中国石油天然气集团公司验收。

软件计算结果的可靠性及准确性是决定该软件能实现工程应用的基本条件，在表 9-11 和表 9-12 中，使用该软件分别对国内净化厂的实际工业运行数据进行了模拟计算，同时也与国外同类计算软件的计算结果进行了对比。由计算结果可见，"脱硫工艺模拟系统"在计算结果准确性上要优于国外同类软件。

表 9-11　软件计算结果与西南油气田公司天然气净化总厂引进分厂
200×10⁴m³/d 工业装置考核数据的对比

初　始　条　件		
MDEA/水		46.03
原料气处理量($10^4\mathrm{m}^3/\mathrm{d}$)		201.3
气液比		3994.64
原料气组成	$H_2S(\mathrm{g/m}^3)$	8.14
	CO_2[%(体积分数)]	2.36
吸收塔压力(MPa)		4.64
再生塔压力(MPa)		0.09967

初 始 条 件				
再生塔顶温度(℃)		99.33		
原料气温度(℃)		21.0		
对比项目		设计值	工业数据	"脱硫工艺模拟系统"计算结果	国外某同类软件计算结果
净化气组成	H_2S(mg/m³)	≤20	8.07	8.5	4.52
	CO_2[%(体积分数)]	≤3	1.67	1.83	1.63
蒸汽量(t/h)		≤7	4.4	6.0	5.54

表 9-12　软件计算结果与引进分厂 400×10⁴m³/d 工业装置考核数据的对比

初 始 条 件				
MDEA/水		46.03		
原料气处理量(10⁴m³/d)		401.3		
气液比		4777.74		
原料气组成	H_2S(g/m³)	8.14		
	CO_2[%(体积分数)]	2.36		
吸收塔压力(MPa)		4.65		
再生塔压力(MPa)		0.08		
再生塔顶温度(℃)		97.33		
原料气温度(℃)		15.0		
对比项目		设计值	工业数据	"脱硫工艺模拟系统"计算结果	国外同类软件计算结果
净化气组成	H_2S(mg/m³)	≤20	10.52	10.39	2.2
	CO_2[%(体积分数)]	≤3	1.74	1.919	1.629
蒸汽量(t/h)		≤15	7.73	7.7	7.86

虽然"脱硫工艺模拟系统"在国际市场上尚无法与国外大公司的软件相抗衡，但在国内多个净化厂、设计院，以及土库曼斯坦阿姆河 A 区天然气处理厂有了多个实际应用案例，并取得了良好效果。

第二节　硫黄回收工艺模拟计算

在硫黄回收及尾气处理工艺开发、装置设计和设备操作优化过程中，配套计算及流程模拟软件是一个不可或缺的部分。一般来说，在炼油厂和天然气净化厂设计和运转过程中，通常需要运用专用软件进行装置物料衡算、大型设备热负荷计算，以及装置性能优化。通用型化工工艺流程模拟软件一般不能直接用于硫黄回收及尾气处理工艺的模拟，因此需要专业的硫黄回收工艺模拟计算软件。本节将对硫黄回收工艺模拟计算模型和软件进行介绍。

一、热力学模型

1. 平衡常数法模型

平衡常数法的原理是：由物料平衡方程和足够数量的任意选择的独立平衡方程（要求已知平衡常数与温度的关系）组成一个方程组，方程式的总数要求等于求解的未知数的个数，通过解方程组来确定平衡组成。

1）图解法模型

从 1953 年 Gamson 和 Elkins 首次发表克劳斯反应的有关热力学数据研究结果以来，国内外均对燃烧炉内的化学平衡反应开展了大量研究。在众多研发思路中，最先取得成功且至今仍在工业实践中使用的图解法模型，是 Fischer 在总结前人经验并结合大量现场测定数据的基础上于 1974 年提出的模型。为便于应用，该模型以原料酸气中的 H_2S 含量与炉温及产物分布的函数关系制成一系列图表，故此模型称为图解法模型，如图 9-12 和图 9-13 所示。

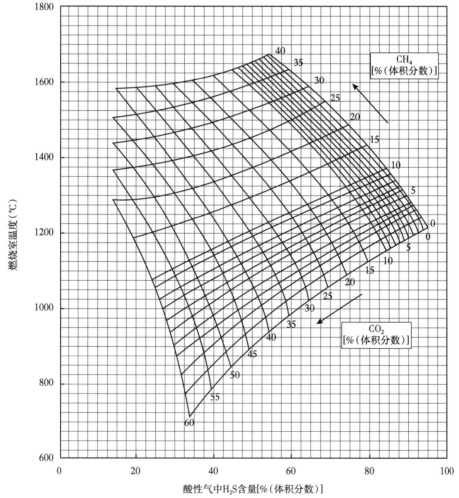

图 9-12　原料酸气 H_2S 含量与燃烧炉温度的关系

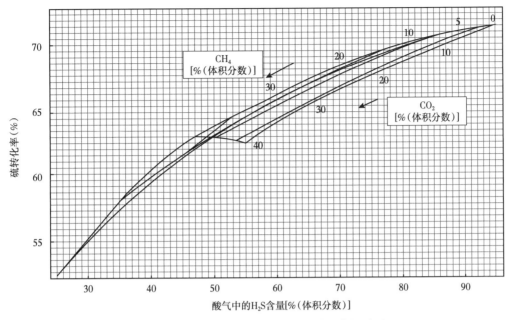

图 9-13 酸气中 H_2S 含量与炉内硫转化率的关系

由于克劳斯装置燃烧炉内反应极其复杂，至少涉及 30 个以上的平衡反应。Fischer 按当时掌握的数据选择了 9 个反应作为建立模型的基础，见表 9-13。

对图解法模型的认识可归纳如下：

(1) 表 9-13 中的反应⑤是 H_2S 与空气中氧发生的部分氧化反应，在温度为 1000℃ 时的平衡常数达到 1×10^{17} 的数量级，即使在 1300℃ 的高温下，仍达到 1×10^{13} 的数量级。因而，此反应实际可视为单向反应，且也是决定燃烧炉温度及（炉内）硫产率最主要的反应。而反应①即克劳斯反应虽也生成硫，但其在高温下的平衡常数远低于反应⑤，故该模型对燃烧炉温度及其相应硫产率的预测与现场的观察结果基本一致。

(2) 表 9-13 中的反应⑦是甲烷的蒸气转化反应，此反应与硫产率无关，但由于是强吸热反应，故对炉温的计算值有影响。然而在原料酸气中甲烷含量不高的情况下影响不大，而且 Fischer 在制作图表时已考虑了对此项影响的修正。

(3) 表 9-13 中的反应⑧和⑨随着温度升高平衡常数进一步减小，表明在高温下单质硫主要以 S_2 的形态存在，这与现场的观测结果完全一致。

(4) 由于当时对燃烧炉内 H_2、CO、COS 和 CS_2 组分在燃烧炉内的形成机理及其相互间的影响关系认识得不够清楚，加之动力学限制因素与 COS 和 CS_2 炉内生成率之间的关系研究得不充分，因而 COS 和 CS_2 生成率的计算值皆偏低，尤其是 CS_2 的模型计算值要比现场观察值偏低约 200 倍。

2) 改进电算模型

在图解法模型的基础上，结合电算技术的应用曾提出过多种平衡常数法的改进模型。下面介绍 1986 年由雷秉义等提出的改进电算模型。

表 9-13　炉内反应及其平衡常数

温度 (℃)	① $2H_2S+SO_2 \Longrightarrow 2H_2O+1.5S_2$		② $COS+H_2S \Longrightarrow CS_2+H_2O$		③ $H_2S+CO_2 \Longrightarrow COS+H_2O$		④ $H_2+CO_2 \Longrightarrow CO+H_2O$		⑤ $H_2S+1.5O_2 \Longrightarrow SO_2+H_2O$		⑥ $CS_2+2H_2S \Longrightarrow CH_4+2S_2$		⑦ $CH_4+2H_2O \Longrightarrow CO_2+4H_2$		⑧ $4S_2 \Longrightarrow S_8$		⑨ $3S_2 \Longrightarrow S_6$	
	平衡常数 K_p	$\lg K_p$	平衡常数 K_p (10^{-2})	$\lg K_p$	平衡常数 K_p	$\lg K_p$	平衡常数 K_p	$\lg K_p$	平衡常数 K_p	$\lg K_p$	平衡常数 K_p (10^{-6})	$\lg K_p$	平衡常数 K_p	$\lg K_p$	平衡常数 K_p	$\lg K_p$	平衡常数 K_p	$\lg K_p$
700	0.9982	-0.00314	0.1288	-2.8900	0.07228	-1.1409	0.6470	-0.1890	0.5562×10^{24}	23.754	0.05041	-7.297	0.1952×10^{2}	1.2906	0.1849	-0.7329	0.1197	0.0784
800	0.1612	0.20744	0.1991	-2.70083	0.1031	-0.9867	0.9641	-0.0158	0.1388×10^{22}	21.142	0.1495	-6.825	0.1764×10^{3}	2.2466	0.1683×10^{-2}	-2.7738	0.5148×10^{-1}	-1.2884
900	0.2394	0.37917	0.2852	-2.54477	0.1381	-0.8596	0.1329	0.1236	0.9608×10^{19}	18.982	0.3677	-6.434	0.1115×10^{4}	3.0472	0.3345×10^{-4}	-4.4755	0.3732×10^{-2}	-2.4279
1000	0.3320	0.52114	0.3853	-2.41412	0.1764	-0.7534	0.1729	0.2378	0.1449×10^{18}	17.161	0.7840	-6.106	0.5338×10^{4}	3.7274	0.1211×10^{-5}	-5.9165	0.4048×10^{-3}	-3.3927
1100	0.4363	0.63983	0.4972	-2.30340	0.2168	-0.6637	0.2150	0.3325	0.4018×10^{16}	15.604	1.495	-5.825	0.2052×10^{5}	4.3122	0.7032×10^{-7}	-7.1528	0.6023×10^{-4}	-4.2201
1200	0.5495	0.74004	0.6186	-2.20856	0.2586	-0.5872	0.2581	0.4118	0.1809×10^{15}	14.257	2.611	-5.583	0.6614×10^{5}	4.8204	0.5953×10^{-8}	-8.2252	0.1154×10^{-4}	-4.9377
1300	0.6689	0.82536	0.7471	-2.12656	0.3009	-0.5215	0.3012	0.4788	0.1205×10^{14}	13.081	4.245	-5.372	0.1846×10^{6}	5.2662	0.6850×10^{-9}	-9.1642	0.2717×10^{-5}	-5.5657

注：表中的平衡常数以 atm 计，若换算为以 kPa 计，需将表中数值乘以 $(101.325)^{\Delta n}$，Δn 为反应前后的摩尔数增量。

建立该模型的基本思路：

（1）由于表9-13中所列9个反应在燃烧炉的高温条件下平衡常数的数量级相差甚大，因而可以合理地简化为表9-14中的4个反应来代表炉内实际发生的反应。

表9-14　简化后的化学反应及其平衡常数

温度 （℃）	平衡常数 K_p			
	① $2H_2S+SO_2=2H_2O+1.5S_2$	② $COS+H_2S=CS_2+H_2O$	③ $H_2S+CO_2=COS+H_2O$	④ $H_2+CO_2=CO+H_2O$
700	3.150	1.228×10^{-3}	7.228×10^{-2}	0.647
800	5.114	1.991×10^{-3}	1.031×10^{-1}	0.9461
900	7.595	2.852×10^{-3}	1.381×10^{-1}	1.329
1000	1.0533	3.853×10^{-3}	1.764×10^{-1}	1.729
1100	1.3842	4.972×10^{-3}	2.168×10^{-1}	2.150
1200	1.7434	6.186×10^{-3}	2.586×10^{-1}	2.581
1300	2.1222	7.471×10^{-3}	3.009×10^{-1}	3.012

注：表中的平衡常数以 kPa 计。

（2）将表9-14中4个反应的平衡常数与温度（T）的关系按式（9-108）所示的指数方程进行回归，拟合而得的回归系数 A 和 B 见表9-15。

$$K_p = Ae^{-B/T} \tag{9-108}$$

表9-15　表9-14中反应式①至反应式④的回归系数 A、B

反应式编号	回归系数 A	回归系数 B
①	477.306	4871.353
②	0.130229	4487.446
③	3.06638	3641.786
④	37.2146	3925.633

（3）除表9-14中的4个化学反应平衡方程外，又建立了燃烧炉内与所研究反应产物的分布密切相关的氧、硫、氢和碳4个元素的物料平衡方程，以及压力平衡和热量平衡2个方程，故建立了总共由10个方程构成的方程组。

（4）上述方程组中线性方程（组）用主消元法（无回代过程）求解；非线性方程（组）则用拟牛顿法求解。相应的计算机模拟计算程序如图9-14所示。

3）简化模型

本模型是根据《美国GPSA工程数据手册》（2012，第13版）介绍的一种较适合于工程设计用的利用平衡常数进行简化计算的方法，经朱利凯加以修改和补充后提出。"简化"指本模型并非试图解决燃烧炉出口过程中所有产物的分布问题，而是着重解决燃烧炉的炉温及其相应的 H_2S 转化率问题。建立模型的基本思路如下：

（1）不考虑在燃烧炉内生成量甚少的 COS、CS_2、CO 和 H_2 组分的有关副反应；仅考虑与炉温及其相应的与 H_2S 转化为单质硫有关的两个反应：H_2S 部分氧化生成 SO_2 的反应（表 9-13 中的反应⑤）及 H_2S 与 SO_2 反应生成单质硫的反应（表 9-14 中的反应①）。

（2）对表 9-14 中的反应①，根据《美国 GPSA 工程数据手册》（2012，第 13 版）提供的平衡常数与温度关联图拟合成相应的关联式。

（3）根据《美国 GPSA 工程数据手册》（2012，第 13 版）提供的不同温度下单质硫的形态分布图上的数据，拟合出不同温度下气相中单质硫形态分布的关联式。

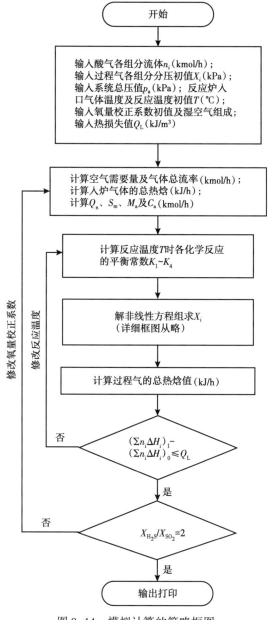

图 9-14　模拟计算的简略框图

(4) 根据《美国 GPSA 工程数据手册》（2012，第 13 版）提供的不同温度下各组分的焓值数据（ΔH_T），拟合出焓值与温度的关联式，后者与克劳斯法中化学反应的反应热相结合即可应用于热平衡计算。

2. 最小自由能法模型

有文献采用最小自由能法对燃烧炉出口产物分布进行计算，建立了燃烧炉热力学数学模型。最小自由能法模型的基本思路是：利用每种元素在原子数守恒的条件下，系统中化学反应达到平衡时其吉布斯自由能为最小的热力学基本原理来求系统中相应产物的平衡组成。按此思路，只要有足够的热力学数据支持，建立模型时可以任意规定平衡时的反应产物，而不必事先规定发生化学反应的个数。由于迄今为止对克劳斯装置燃烧炉实际发生的化学反应及其机理尚有诸多不甚清楚之处，故采用最小自由能法计算燃烧炉中反应产物的平衡组成要比平衡常数法更简便些，且较容易求得数值解。因此，20 世纪 70 年代以后最小自由能法应用较普遍。

1）基本原理

根据热力学原理，当体系达到平衡时其吉布斯自由能为最小。设体系的组分数为 N，原子种类数为 K，各组分的摩尔数为 n_i（$i = 1, 2, 3, \cdots, N$）。

在温度 T 和压力 p 时，体系总自由焓为：

$$(G^t)_{T, p} = G(n_1, n_2, n_3, \cdots, n_N) \tag{9-109}$$

在一个封闭的体系中，反应前后的摩尔数虽不一定守恒，但其原子数是守恒的，令 k 标记特定原子，则 α_{ik} 为物质 i 分子中含有第 k 种原子的个数，系统中存在的第 k 个元素中原子的总数值 A_k 的定义为：

$$\sum n_i \cdot \alpha_{ik} = A_k \tag{9-110}$$

$$\sum n_i \cdot \alpha_{ik} - A_k = 0 \tag{9-111}$$

为计算方便起见，对每一个元素引入拉格朗日乘子 λ_k，并对 k 求和：

$$\sum_k \lambda_k (\sum_i n_i \cdot \alpha_{ik} - A_k) = 0 \tag{9-112}$$

为使体系的总自由能受到物料的限制，将式（9-109）加到式（9-112）得到一个新的函数 F。于是：

$$F = G^t + \sum_k \lambda_k (\sum_i n_i \cdot \alpha_{ik} - A_k) \tag{9-113}$$

此函数与 G^t 等同，因加和项为 0。但是，F 与 G^t 的偏导是不同的，因为函数 F 是受到物料平衡限制的。

当 F 对 n_i 的偏导数为 0 时，F 与 G^t 均达到最小值，因此，可使这些偏导数表达式为 0。

$$\left(\frac{\partial F}{\partial n_i}\right)_{T, p, n_i} = \left(\frac{\partial G^t}{\partial n_i}\right)_{T, p, n_i} + \sum_k \lambda_k \cdot \alpha_{ik} = 0 \tag{9-114}$$

$\left(\dfrac{\partial G^t}{\partial n_i}\right)_{T,p,n_i}$ 是化学势（或化学位）μ_i 的定义，于是：

$$\mu_i + \sum_k \lambda_k \cdot \alpha_{ik} = 0 \qquad (9-115)$$

对气相反应，并选取 1atm 的纯理想气体作标准态时，μ_i 为：

$$\mu_i = G_i^0 + RT \ln(y_i p) \qquad (9-116)$$

则

$$G_i^0 + RT \ln(y_i p) + \sum_k \lambda_k \cdot \alpha_{ik} = 0 \qquad (i = 1, 2, \cdots, N) \qquad (9-117)$$

式中　G_i^0——物质 i 的标准生成自由焓的变化；

　　　X_i——i 组分平衡浓度；

　　　p——系统总压力，atm；

　　　λ_k——拉格朗日乘子；

　　　α_{ik}——物质 i 分子中含有第 k 种原子的个数。

对每种物质可以列出一个方程，共 N 个方程。每一个元素有一个物料平衡方程，共 W 个方程。故总共可以列出 $N+W$ 个方程。N 种物质浓度加上 W 个拉格朗日乘子，共有 $N+W$ 个未知数，故方程组总是有解的。

2）对燃烧炉反应产物分布的预测

（1）化学需氧量及空气量的计算。

对于以下条件：

酸气组成为 H_2S 含量 81.229%，CO_2 含量 10.462%，H_2O 含量 5.60%，CH_4 含量 2.709%；酸气温度是 40℃；酸气流量为 100kmol/h；酸气压力为 0.15MPa。

求解该条件下直流法克劳斯硫黄回收装置燃烧炉出口过程气平衡组成的方法如下：

首先按下述反应式求出直流法克劳斯过程化学计量的需氧量：

$$H_2S + \frac{1}{2}O_2 \Longrightarrow H_2O + \frac{1}{2}S_2$$

$$CH_4 + 2O_2 \Longrightarrow CO_2 + 2H_2O$$

入炉酸气、空气混合物各组分的摩尔流率见表 9-16。

表 9-16　组分摩尔流率

组分	酸气（kmol/h）	摩尔流率（kmol/h）所需湿空气量	酸气、空气进料（kmol/h）
H_2S	81.229	—	81.229
CO_2	10.462	—	10.462
CH_4	2.709	—	2.709
H_2O	5.600	$0.52/20.87 \times 46.03\alpha = 1.147\alpha$	$5.60 + 1.147\alpha$
O_2	—	$\alpha \times (81.229/2 + 2 \times 2.709) = 46.03\alpha$	46.03α
N_2	—	$78.61/20.87 \times 46.03\alpha = 173.38\alpha$	173.38α

注：α 为氧量校正系数，$\alpha \leqslant 1$。

（2）非线性方程组的列示及求解。

①确定 α_{ik}，A_k，λ_k；

②列出各组分的标准生成自由能变化式；

③方程组的求解。

对求出的出口气体组成还需进行热量衡算。即核算出燃烧炉的燃烧产物气体总焓 H（出）和进入燃烧炉的气体总焓 H（入）。如果二者不等，则应重设平衡时的反应温度，并重新计算出口气体平衡组成，直到 H（出）和 H（入）相等为止。因此，计算过程是一个反复迭代和猜算的过程。用最小自由能法求解燃烧炉出口过程气平衡组成的计算框图如图 9-15 所示。

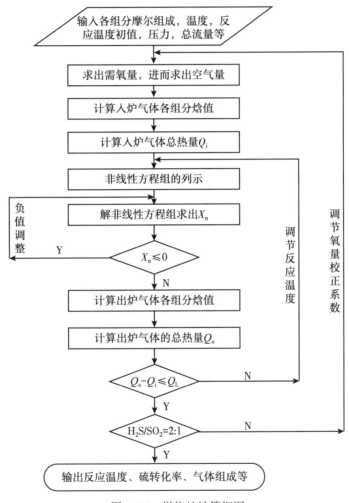

图 9-15　燃烧炉计算框图

针对本例，用最小自由能法预测的结果以反应式表示：

81. 229H_2S + 10. 462CO_2 + 2. 709CH_4 + 6. 594H_2O + 39. 889O_2 + 150. 249N_2 $\rightleftharpoons$ 14. 936H_2S +

7. 468SO_2+9. 829CO_2+69. 361H_2O+29. 325S_2+0. 174COS+7. 741×$10^{-4}$$CS_2$+3. 168CO+8. 944$H_2$+

150. 249N_2

燃烧炉温度为 1467.886K，压力 0.15MPa。

二、动力学模型

1. 高温热反应动力学模型

迄今为止，对克劳斯装置燃烧炉内的化学反应尚未建立综合性的动力学模型。尽管如此，在工程设计上经常根据实际达到的平衡程度，利用经验式来修正热力学模型并估计燃烧炉内反应产物的分布。但多数情况下，估计结果欠精确，在原料酸气中 CO_2 及烃类含量较高的情况则尤其如此，其主要原因在于这些模型或经验式未充分考虑动力学因素对炉内化学反应的影响。

Pollok 等提出了一种处理实验数据的新思路，并据此建立了一个以实验数据为基础的动力学模型。所有用于建立模型的实验数据都是加拿大 Alberta 硫黄研究公司（ASRL）在以氧化铝为材料的管式反应器中取得的。以 4 种不同组成的酸气混合物进行了 80 次实验，具体实验条件如下：

（1）反应温度为 950~1250℃；

（2）过程气停留时间为 0.5~2.0s；

（3）原料酸气中 H_2S 含量为 30%~90%（不含空气）；

（4）配入的空气量使过程气中 $H_2S:SO_2$ 为 2:1。

1）燃烧模型

在克劳斯装置燃烧炉中发生的化学反应是在完全不同的两个区域内进行的。在燃烧炉前端的高温自由火焰区发生反应速度极快的单原子反应或自由基反应。燃烧炉的其他部分则为反应温度相对较低的缺氧区，在此区域内发生反应速度较慢的非氧化反应。因此，在建立预测炉内化学反应产物分布的模型时，必须结合考虑上述两种完全不同类型的模型。

自由火焰区内的燃烧模型采用了经改进的最小自由能法，主要改进之处是对若干热力学上相当有利的反应，根据动力学限制因素的实验结果，对文献发表的有关组分的 Gibbs 自由能数据加以修正，并分别拟合出半经验性的多项式。

当以传统的最小自由能法处理实验数据时，H_2、CO 和 CS_2 这 3 个产物的预测结果与实测值偏差最大，故按实验数据拟合得到如下 5 个纯粹的经验式：

$$F(H_2) = AE^{BT} \tag{9-118}$$

$$F(CO) = AE^{BT} \tag{9-119}$$

$$F(CS_2) = AE^{BT} \tag{9-120}$$

$$A = a_1 + a_2X_1 + a_3X_1^2 + a_4X_1^3 \tag{9-121}$$

$$B = b_1 + b_2X_1 + b_3X_1^2 + b_4X_1^3 \tag{9-122}$$

式中　$F(H_2)$——原料酸气中生成 H_2 的 H_2S 的摩尔分数；

　　　$F(CO)$——原料气中生成 CO 的 C 的摩尔分数；

　　　$F(CS_2)$——原料气中生成 CS_2 的烃类的摩尔分数；

　　　X_1——原料气中 H_2S 的摩尔分数（干基）。

而多项式的回归系数 $a_1 \sim a_4$ 及 $b_1 \sim b_4$ 则见表9-17。

表9-17　多项式中的回归系数

系数	H_2	CO	CS_2
a_1	0.637	3.89×10^{-6}	6.36
a_2	-0.486	3.49×10^{-6}	-56.8
a_3	1.66	-1.31×10^{-4}	123
a_4	-2.26	2.55×10^{-4}	0
b_1	-0.00609	4.28	3180
b_2	0.103	-3.02	-2220
b_3	-0.438	0.711	436
b_4	0.621	-0.0473	16.3

利用模型进行预测时，先以式（9-118）至式（9-122）求出 H_2、CO 和 CS_2 这3个组分的生成率，其他组分则仍然按最小自由能法计算，并最终按物料平衡关系式加以调整。

2）缺氧（Anoxic）模型

模拟克劳斯装置燃烧炉缺氧区中化学反应的实验数据以活塞流反应器（PFD）模型进行处理，并假定反应器操作处于稳态，且流过反应器的气体处于理想状态。由于在缺氧区可能发生的反应多达40个以上，通过最佳化程序最终确定以下8个反应是对炉内反应产物分布贡献最大的主要反应：

$$H_2S \Longrightarrow H_2 + \frac{1}{2}S_2 \tag{9-123}$$

$$H_2S + \frac{1}{2}SO_2 \Longrightarrow H_2O + \frac{3}{4}S_2 \tag{9-124}$$

$$CO + H_2O \Longrightarrow CO_2 + H_2 \tag{9-125}$$

$$2CO + H_2S \Longrightarrow 2CO_2 + \frac{1}{2}S_2 \tag{9-126}^*$$

$$CS_2 + SO_2 \Longrightarrow CO_2 + \frac{3}{2}S_2 \tag{9-127}$$

$$2COS + SO_2 \Longrightarrow 2CO_2 + \frac{3}{2}S_2 \tag{9-128}$$

$$COS \Longrightarrow CO + \frac{1}{2}S_2 \tag{9-129}$$

$$CO + H_2S \Longrightarrow COS + H_2 \tag{9-130}$$

通过实验确定的式（9-123）至式（9-130）的动力学参数见表9-18。表9-18中的常数

注：带 * 的反应式未配平。

是在分压以 kPa 为单位及反应速度以 mol/(m³·s)为单位的条件下计算而得。表 9-18 中的 E_f 表示正向反应的活化能(kJ/mol), A_f 表示正向反应的 Arrhenius 常数;而 E_r 和 A_r 则分别表示逆向反应的活化能和 Arrhenius 常数。

表 9-18 燃烧炉内缺氧区有关反应的动力学参数

反应式编号	E_f (kJ/mol)	A_f	E_r (kJ/mol)	A_r
式(9-123)	185	$8.69×10^6$	119	$1.60×10^4$
式(9-124)	233	$1.54×10^7$	213	$1.78×10^5$
式(9-125)	118	24.5	148	665
式(9-126)	116	0.169	—	—
式(9-127)	63	6.67	—	—
式(9-128)	56.1	0.0678	—	—
式(9-129)	103	1320	—	—
式(9-130)	100	19.2	—	—

式(9-123)至式(9-130)中除式(9-123)外,其他 7 个反应在动力学上皆可假定属于基元反应,即这些反应只涉及一个过渡态而不包含任何中间产物。但式(9-123)则为非基元反应,根据文献报道,式(9-123)逆向反应的活化能为 131.3kJ/mol 和 98.0kJ/mol,与表 9-18 所示结果(119kJ/mol)相当接近。对式(9-123)正向反应的活化能而言,有文献报道值为 216.6kJ/mol 和 188.4kJ/mol,也与表 9-18 中数据 185kJ/mol 比较一致。

$$-r_{H_2S} = k_f p_{H_2S} (p_{S_2})^{1/2} - k_f p_{H_2} p_{S_2} \tag{9-131}$$

式中 r——反应速率,mol/(m³·s);

         k_f——反应速率常数;

         p——组分分压,kPa。

3)炉内反应产物分布的预测结果

上述动力学模型对炉内反应产物分布的预测结果如图 9-16 至图 9-19 所示。由于克劳斯装置燃烧炉的温度是原料气中 H_2S 含量的函数,故这些图中的曲线实际上反映燃烧炉温度与产物分布的关系。

图 9-16 和图 9-17 中正方形点表示动力学模型的预测数据,三角形点表示加拿大 Western Research 公司发表的关联数据,圆形点则为 Fischer 列线图中所示数据。由于 Western Research 公司发表的数据是按操作条件的平均值计算的,为便于比较,图中选择的停留时间为 1.0s。后者与工业装置上过程气在燃烧炉内的实际停留时间颇为接近,因而也较适合用于缺氧区有关化学反应的计算。

(1)H_2 和 S_2 的生成率。

三种模型对 H_2 和 S_2 生成率与原料气中 H_2S 含量关系的预测结果如图 9-20 和图 9-21 所示。在以动力学模型进行预测时,是以与原料气中 H_2S 含量相对应的燃烧炉绝热火焰温

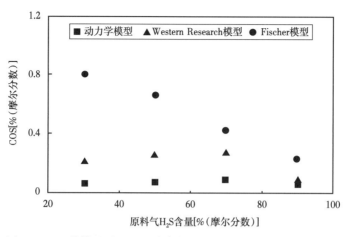

图 9-16 三种模型对 COS 生成率与原料气中 H_2S 含量关系的预测

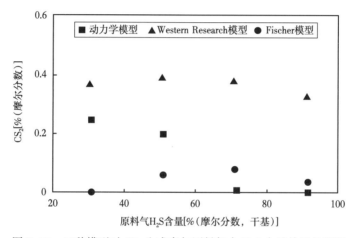

图 9-17 三种模型对 CS_2 生成率与原料气中 H_2S 含量关系的预测

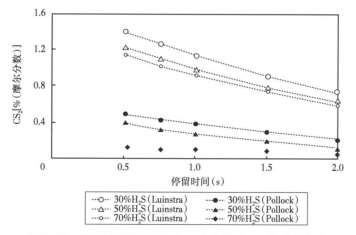

图 9-18 停留时间和原料气中 H_2S 含量对 CS_2 生成的影响

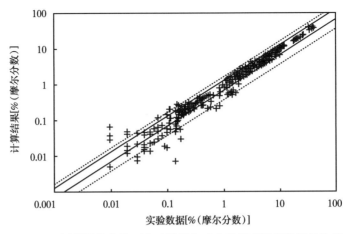

图 9-19　同样操作条件下实验数据与动力学模型计算结果的比较

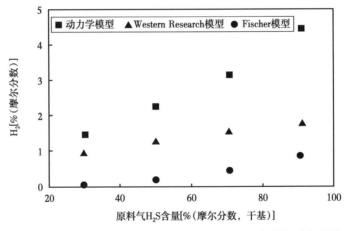

图 9-20　三种模型对 H_2 生成率与原料气中 H_2S 含量关系的预测

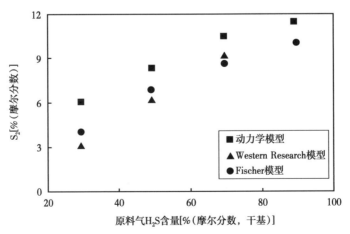

图 9-21　三种模型对 S_2 生成率与原料气中 H_2S 含量关系的预测

度为基础，计算相应炉温条件下的 H_2 和 S_2 生成率。图示数据表明，当原料气中 H_2S 含量从 30%（摩尔分数）增加至 90%（摩尔分数）时，由于燃烧炉温度上升，故 H_2 和 S_2 的生成率均随之提高。

尽管因三种模型的基本假定有所不同而导致预测结果不甚一致，但所有模型对 H_2 和 S_2 的生成率随原料气中 H_2S 含量增加而增加的变化趋势则相当一致。尤其是对 S_2 生成率的预测，三种模型均表明与原料气中的 H_2S 含量密切相关。

（2）COS 的生成率。

三种模型对 COS 生成率与原料气中 H_2S 含量关系的预测结果如图 9-16 所示。图示数据表明，在原料气中 H_2S 含量约为 70% 时，动力学模型和 Western Research 公司模型在预测结果中均存在 COS 生成率的最高点，且两者的预测结果相当吻合。此外，Grancher 在对现场装置的观察中也报道过类似的结果，但 COS 生成率的最高点是出现在原料气中 H_2S 含量为 60% 时。至于 Fischer 的列线图模型，由于不考虑过程气中各组分相互间的影响，因而不可能存在 COS 生成率的最高点。

尽管以往的文献中曾多次提及 COS 的生成率存在最高点，但几乎没有任何室内实验的验证数据。图 9-16 的数据才较全面地说明了预测 COS 生成率的复杂性，这主要反映在 COS 不仅有多种生成途径，也存在多种转化途径，因而其生成率不仅与反应温度有关，也与原料气及过程气的组成有关。

（3）CS_2 的生成率。

由以上讨论可以看出，除 CS_2 外的其他组分，只要规定了一定的限制条件，三种模型的预测结果通常是比较一致的。但图 9-17 所示数据表明，对 CS_2 的生成率的预测是一个例外。由于图示数据不存在任何规律，故没有实用价值。同时，此现象也表明 CS_2 的生成率并非仅受反应温度影响，两者之间不存在单一的函数关系。

2. 催化反应动力学模型

化学动力学研究一种化学物质转化为另一种化学物质时的速率和机理。速率指单位时间内生成产物或消失反应物的物质的量，以摩尔表示。如果一个过程在经济上可行，则工业上进行这一化学反应的时间应是有限的。例如 T 小于 620K 时，克劳斯反应速率已低到无工业使用价值，而其理论上平衡时 H_2S 的转化率仍可达 80% 以上。需通过催化剂来拓宽反应温度的低温范围，加速过程的进行以达到平衡时的转化率。化学反应能达到的最大程度只决定于过程的始末两端的热力学条件而与催化剂无关，催化作用只能加速过程的进行，而不能改变平衡时的产物组成。也即，在研究化学动力学时，必然要结合热力学原理来评估化学反应能够达到的最大程度。这就涉及标准反应自由能的变化和标准反应热变化有关平衡的热力学数据。

化学动力学研究的最终目的是导出描述反应进行过程的本征动力学表达式，计算反应过程的机理（反应的级数）和物流的浓度、温度和反应时间（或床层高度）的变化关系，借以确定催化剂的用量。

目前研究克劳斯法的低温段转化问题大致有两种方式：（1）宏观地，如众多的有关软件（如 SULSIM）按热力学平衡计算确定过程中各单元（如反应炉、加热炉和催化转化器）平衡时的温度及物流组成、转化率，它不涉及具体的动力学本征方程和反应速率问题；（2）

微观地，从测定催化剂的活化能指前因子着手，导出反应速率常数及动力学本征方程，结合热力学平衡计算确定规定转化率下的催化剂用量及转化器的设计原则，它只以平衡转化率为约束条件。已有文献中对克劳斯催化反应动力学模型已经进行了较为详细地介绍，本书不再详述。在此基础上，西南油气田天然气研究院又进一步开展了助剂型催化剂和钛基型催化剂结构参数与克劳斯转化率关系的研究，完善了硫黄回收工艺中的低温催化反应动力学模型。

三、硫黄回收工艺的模拟计算

1. 模拟计算软件

利用前文介绍的各种数学模型，目前已开发出了多种硫黄回收及尾气处理工艺的模拟计算软件，广泛应用于硫黄回收装置基础设计、技术改造及工艺过程优化。这些软件大都属于各公司的专有技术，其中 Bryan Research & Engineering 公司的 Promax、加拿大 Sulplur Experts 公司的 Sulsim 和 Virtual Materials Group 的 VMGSim 是已商业化且被普遍接受的三种主要模拟计算软件。这些软件计算准确，使用方便，在世界上各高校、研究院所和生产厂得到了广泛应用，有力地促进了硫黄回收及尾气处理工艺的开发和研究工作。

Sulsim 属于克劳斯法硫黄回收工艺的专用模拟软件，于 20 世纪 70 年代末成功开发，迄今已有 20 余年的应用历史。20 世纪 90 年代以来，Sulplur Experts 公司通过对数百套克劳斯装置的调研，并结合大量现场试验数据，建立了一个相当完善的数据库，由此拟合而得的一系列经验公式，均反映在最新推出的第 7 版软件中。以下为 Sulsim 软件的主要技术特点。

（1）可以在 HYSYS 软件的框架内直接与多种不同的上游净化工艺联结；在 HYSYS/AMSIM 软件中形成的工艺流线可以直接进入预先建立的 Sulsim 设置。同样，Sulsim 软件形成的结果也可返回 HYSYS 作进一步处理。

（2）使用对话图形界面给出包括尾气灼烧炉在内的克劳斯装置与多种尾气处理装置相结合的总工艺流程说明，并列出其技术特点。

（3）在上述界面上同时可以进行与克劳斯装置相匹配的尾气处理装置的选择及评价，可供选择的尾气处理工艺有还原吸收法、低温亚露点法、选择性催化氧化法等，并以图形显示各种组合流程。

（4）可以接受多种不同类型的含硫原料气，如含有大量 NH_3 的酸水汽提气（SWS）、H_2S 含量甚低且含大量 CO_2 的还原吸收法尾气处理装置的循环返回气等。且软件可以在一个案例中同时进行多达 4 套（平行的）克劳斯法装置的模拟计算。

作为克劳斯法工艺的专用软件，Sulsim 还反映了近年来以 Sulplur Experts 公司为代表的大量研究成果，主要有如下几部分。

（1）改进的燃烧炉出口气体组成计算模型：在此模型中较全面地反映了上文介绍过的热力学平衡模型、适用于贫酸气或富酸气的半经验动力学模型、适用于 NH_3 分解的模型和适用于氧基硫黄回收工艺的有关模型的最新研究成果。

（2）COS 及 CS_2 在转化器中催化水解的经验模型：该模型基于大量现场实测数据，能通过催化剂的特性及转化器温度较准确地预测 COS 及 CS_2 的水解效率。

（3）转化器露点预测模型：该模型能按预先设定的转化器床层条件，自动收敛于最佳的露点范围之内。

（4）废热锅炉操作条件下出口气体组成计算模型：此经验模型能模拟上述操作条件下包括 H_2、CO、COS 和 H_2S 等组分在内的一系列组分的有关反应。

（5）不同空气用量条件下的模拟计算：可以模拟计算不同空气过剩系数条件下过程气中的 H_2S/SO_2、尾气中 H_2S 浓度及 SO_2 浓度等。

在国内，西南油气田天然气研究院、四川石油设计院和大连理工大学等单位都进行了一些探索性研究工作。四川石油设计院雷秉义、关昌伦等于 20 世纪 80 年代中期采用平衡常数法开展了燃烧炉热力学平衡转化率的研究；20 世纪 80 年代末西南油气田天然气研究院朱利凯、鲍均等采用最小自由法对燃烧炉内众多化学反应进行了热力学平衡转化率的计算，形成了一个"克劳斯硫黄回收工艺模拟"程序。由于当时尚未引进 Sulsim 等软件，这些成果在设计和/或预测中起到了一定作用。大连理工大学化工学院于 20 世纪 90 年代曾开发出一个名叫"Claus"的硫黄回收过程模拟软件。这两个软件由于开发年代已久，且功能比较单一，未实现商业化。

最近，西南油气田天然气研究院在总结前人研究成果的基础上，通过对数学模型的优化与完善，开发出了"中国石油硫黄回收工艺模拟系统 V1.0"（简称 PSRsim1.0），该软件可对硫黄回收工艺关键设备、工艺流程等进行模拟计算，并在软件中增设了催化剂模块和灼烧炉操作温度优化模块，实用性大大增强。软件的登录及注册界面如图 9-22 所示。

（a）登陆界面 （b）注册界面

（c）运行界面

图 9-22 PSRsim1.0 软件界面图

2. 模拟计算实例

1）国外同类软件对比

上述软件均可以对硫黄回收工艺进行模拟计算。在同等计算条件下，采用 PSRsim2.0 和 Sulsim7.0 软件对两级常规克劳斯流程进行了模拟计算。计算过程中参数输入输出情况见表 9-19。模拟流程如图 9-23 和图 9-24 所示。

表 9-19　全流程模拟过程参数输入输出情况

项目	输入	输出
酸气、空气	气体组成、压力及温度	—
燃烧炉	压降、动力学及热力学模型	出口气组成及流量、炉温、炉内转化率
废热锅炉	出口温度和压降	出口气组成、流量及热负荷
冷凝器	出口温度和压降	出口气组成、流量及热负荷
再热器	出口温度和压降	出口气组成、流量及热负荷
克劳斯反应器	压降、热力学及动力学模型	出口气组成及流量、出口温度、克劳斯转化率、有机硫水解率等
焚烧炉	压降、焚烧温度、O_2 含量、H_2 和 CO 穿透率	出口气组成及流量
全流程	—	物料平衡表、总硫转化率和总硫回收率

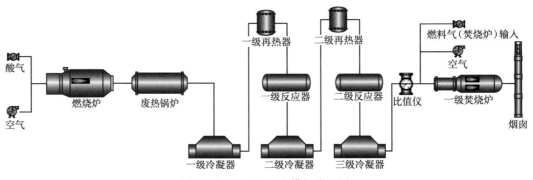

图 9-23　PSRsim2.0 模拟流程图

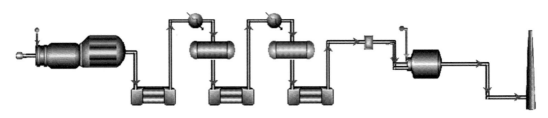

图 9-24　Sulsim7.0 软件模拟流程图

模拟计算中，两级常规克劳斯工艺的酸气条件见表 9-20，主要设备参数设置见表 9-21，计算结果见表 9-22。

表 9-20 模拟计算中的酸气条件

项目	酸气组成（kmol/h）				温度(K)	压力(kPa)
	H_2S	CO_2	CH_4	H_2O		
酸气	105.60	208.90	3.50	25.66	333.15150	

表 9-21 主要设备参数设置表

项目	温度(℃)	设备压降(kPa)
废热锅炉出口	370	0
一级冷凝器出口	170	5
一级反应器入口	230	5
二级冷凝器出口	135	5
二级反应器入口	210	5
三级冷凝器出口	125	5
焚烧炉	600	3.45

从表 9-22 所列的计算数据可以看出，在同等计算条件下，PSRsim2.0 软件计算的结果与 Sulsim7.0 软件计算结果的最大差异为 1.6%。

表 9-22 PSRsim2.0 两级常规克劳斯工艺计算结果与 Sulsim7.0 计算结果的对比

项目	燃烧炉		一级反应器		二级反应器		总硫回收率(%)
	温度(℃)	总硫转化率(%)	温度(℃)	总硫转化率(%)	温度(℃)	总硫转化率(%)	
Sulsim7.0	824.9	58.88	282.6	79.84	219.5	67.68	97.14
PSRsim2.0	825.51	58.99	283.99	78.536	220.04	67.15	97.07
差异(%)	0.07	0.19	0.49	1.6	0.24	0.78	0.07

2）工业装置计算结果

表 9-23 列出了对中国石油西南油气田公司川中油气矿（以下简称西南油气田川中油气矿）仪陇净化厂硫黄回收装置 PSRsim2.0 软件的模拟计算结果、工业装置运行数据（2015 年 11 月装置考核数据）。

表 9-23 PSRsim2.0 模拟计算结果与仪陇净化厂硫黄回收装置考核数据的对比

工业装置操作条件		
酸气压力(kPa)		150
酸气温度(℃)		40
酸气组成	H_2S(%)	46.34
	CO_2(%)	49.95
	H_2O(%)	3.21
	CH_4(%)	0.50

续表

工业装置操作条件		
酸气流量(m³/h)	4961	
空气温度(℃)	70	
废热锅炉出口温度(℃)	260	
一级冷凝器出口温度(℃)	163	
二级冷凝器出口温度(℃)	162	
三级冷凝器出口温度(℃)	138	
一级反应器入口温度(℃)	221	
二级反应器入口温度(℃)	220	
对比项目		装置考核数据	PSRsim2.0 计算结果
尾气组成	$H_2S(\%)$	0.63	0.58
	$SO_2(\%)$	0.57	0.53
	$COS(\%)$	0.03	0.029
	$CS_2(\%)$	0.06	0.03
燃烧炉炉温(℃)		996	1003
一级反应器出口温度(℃)		299	297.4
二级反应器出口温度(℃)		235	232
总硫转化率(%)		96.85(设计 93)	96.23

从表 9-24 所列的数据可以看出，PSRsim2.0 的计算结果与工业装置实际数据相比，其燃烧炉炉温、总硫回收率及反应器出口温度的误差最大为 1.29%。同时通过与装置设计值的比较，表明 PSRsim2.0 计算结果比设计值更接近装置实际运行结果。

表 9-24　PSRsim2.0 模拟计算结果与仪陇净化厂硫黄回收装置考核数据误差对比

项目	燃烧炉炉温	一级反应器出口温度	二级反应器出口温度	总硫转化率(%)
误差(%)	0.71	0.54	1.29	0.64

第十章　天然气净化分析测试技术

天然气净化分析测试技术是监测天然气净化装置运行情况、优化净化装置操作参数、保障产品天然气质量达标所必需的配套技术。天然气净化分析测试技术包括天然气净化生产控制所需的气体与溶液分析技术，天然气净化用溶剂与催化剂的性能评价技术，产品天然气质量检测技术，以及硫黄产品质量检测技术。

第一节　天然气净化过程气体和溶液分析技术

一、天然气脱硫脱碳过程中的分析方法

1. 现有分析方法

1）气体净化装置原料气和闪蒸气中硫化氢含量的测定

（1）碘量法。

用过量的乙酸锌溶液吸收气样中的硫化氢，生成硫化锌沉淀。当天然气中硫化氢大于0.5%时，以定量管取样；硫化氢小于0.5%时，连续吸收并用湿式气体流量计计量。加入过量的碘溶液以氧化生成的硫化锌，剩余的碘以淀粉为指示剂，用硫代硫酸钠标准溶液滴定至溶液由蓝色变为无色，同时做空白实验。根据硫代硫酸钠标准溶液的耗量计算气体中硫化氢的含量。此方法的测定范围为 0 ~ 100%（体积分数）。

碘量法是经典的化学分析方法，测定结果准确可靠，测量范围宽，不需要贵重的仪器。不足之处是全手工操作，检测速度慢，另外，硫化氢含量较低时取样时间长。

（2）气相色谱法。

让定量的样品气和等量的气体标准物质在相同色谱操作条件下通过同一色谱柱，使二氧化碳和硫化氢等组分得到分离，用热导检测器检测并记录色谱图。比较样品气和气体标准物质相应色谱峰的峰值（峰高或峰面积），计算样品气中二氧化碳和硫化氢的含量。此方法的测定范围为 0.1% ~ 100%（体积分数）。

气相色谱法操作简单，检测速度快，是原料气和闪蒸气中硫化氢含量测定最常用的方法。

（3）半导体激光吸收光谱法。

激光分析仪的光学探头直接安装在被测气体的管道两侧或气体样品室的两端，半导体激光器发射出的调制激光束穿过被测气体，落到接收单元中的光电传感器上，激光束能量因被测气体分子吸收而发生衰减，接收单元探测到的光强度也相应减弱，光强度的衰减与被测气体含量成正比。因此，通过测定激光强度衰减程度可获得被测气体的浓度。半导体激光吸收光谱法（以下简称激光法）具有快速、准确、便捷、可连续检测的优点，特别适

用于在线监测气体中的硫化氢含量。

激光法既可以用于原料气中硫化氢含量的测定，也可用于净化气中硫化氢含量的测定。但是，用于高浓度硫化氢测定的激光分析仪和用于低浓度硫化氢测定的激光分析仪是不同的，主要区别在气体样品室的设计和信号处理上，市面上销售的激光法硫化氢分析仪通常都分成两种型号，分别用于高浓度和低浓度硫化氢的测定。高浓度硫化氢和低浓度硫化氢的分析方法也是不同的。这是因为原料气中硫化氢浓度高，所以对检测方法的灵敏度要求不高，且其测定受到的干扰因素少；而净化气中硫化氢浓度极低，其测定不仅对检测方法的灵敏度有很高的要求，且受到的干扰因素也更多。GB/T 11060.12—2023《天然气含硫化合物的测定 第12部分：用激光吸收光谱法测定硫化氢含量》所述分析方法适用于原料气和闪蒸气中硫化氢含量的测定，该方法的测定范围为1%~20%（体积分数）。

2）气体净化装置净化气中硫化氢含量的测定

（1）亚甲蓝法。

用乙酸锌溶液吸收气样中的硫化氢，生成硫化锌。在酸性介质中和三价铁离子存在下，硫化锌同N，N-二甲基对苯二胺反应，生成亚甲蓝。用分光光度计测量溶液吸光度，再利用标准曲线计算气体中硫化氢的含量。此方法的测定范围为$0~23mg/m^3$。

亚甲蓝法是净化气中硫化氢含量测定的仲裁分析方法，测定结果准确可靠。不足之处是，该方法所涉及的显色反应对温度要求十分严格，操作不方便。

（2）钼蓝法。

用钼酸铵溶液吸收气体中的硫化氢，生成钼蓝，测定该蓝色溶液的吸光度，再利用标准曲线计算硫化氢的含量。此方法的测定范围为$0~25mg/m^3$。

钼蓝法与亚甲蓝法一样都属于可见分光光度法，只是所涉及的显色反应不同。钼蓝法克服了亚甲蓝法易受温度影响的缺点，与亚甲蓝法相比，其操作更方便，是目前净化气中硫化氢含量测定最常用的方法。

（3）乙酸铅反应速率法。

恒定流量的气体样品经润湿后从浸有乙酸铅的纸带上流过，硫化氢与乙酸铅反应生成硫化铅，纸带上出现棕色色斑。反应速率和由此产生的颜色变化速率与样品中硫化氢浓度成正比。由仪器的光电系统检测色斑的强度。通过比较已知浓度硫化氢标准样和未知样在仪器上的读数确定样品的硫化氢含量。此方法的测定范围为$0.1~22mg/m^3$。

此方法可用于在线测定净化气中的硫化氢含量。流速对测定结果影响显著，在进行样品分析时，要求气体流速保持稳定，被测气体的流速与标定仪器时的标准气的流速必须保持一致，流速变化不应大于1%。为了保证测定结果的准确，该方法需要较频繁地测定仪器的校正系数。

3）气体净化装置原料气、净化气、酸气和闪蒸气中总硫含量的测定

（1）氧化微库仑法。

待测样品在一定流速的载气携带下，进入转化炉与氧气混合燃烧，各种含硫组分燃烧生成二氧化硫，随即进入滴定池，与电解液中的I_3^-反应。I_3^-浓度的减少由电解碘化钾得到补充。根据法拉第定律，由电解过程所消耗的电量，可求得硫含量。此方法的测定范围

为 $1\sim1000\mathrm{mg/m^3}$。

（2）紫外荧光光度法。

进入高温燃烧管中的气样，在富氧条件下，其中的硫被氧化成二氧化硫。将样品燃烧过程中产生的水除去，然后将样品燃烧产生的气体暴露于紫外线中，其中的二氧化硫吸收紫外线中的能量后被转化为激发态的二氧化硫。当二氧化硫分子从激发态回到基态时会释放出荧光，所释放的荧光被光电倍增管所检测，根据获得的信号可检测出样品中的硫含量。此方法的测定范围为 $0\sim150\mathrm{mg/m^3}$。

（3）氢解—速率计比色法。

试样以恒定的速率进入氢解仪内的氢气流中，在 $1000^{\circ}\mathrm{C}$ 或更高的温度下试样在氢气中热解，硫化合物转化为硫化氢，同试样中的硫化氢一起随气流进入醋酸铅比色速率计，氢解产物所含硫化氢与试样中的总硫成正比。此法的硫化氢测定原理与醋酸铅反应速率法相同，只是仪器增加了热解炉。此方法既可用于实验室分析，也可用于在线分析。此方法的测定范围为 $(0.1\sim20)\times10^{-6}$（体积分数）。

4）气体净化装置酸气中硫化氢、二氧化碳、烃和永久性气体总含量的测定

用氢氧化钾溶液吸收干酸气样品中的硫化氢和二氧化碳，计量残余气体的总体积，得到烃和永久性气体的总含量；用乙酸锌溶液吸收干酸气样品中的硫化氢，再按碘量法测定并计算酸气中的硫化氢含量；二氧化碳含量按差减计算得到。本方法测定范围为 $0\sim100\%$（体积分数）。

5）气体净化装置原料气、净化气、闪蒸气和酸气中二氧化碳含量的测定——气相色谱法

让定量的样品气和等量的气体标准物质在相同色谱操作条件下通过同一色谱柱，使二氧化碳和硫化氢等组分得到分离，用热导检测器检测并记录色谱图。比较样品气和气体标准物质相应色谱峰的峰值（峰高或峰面积），计算样品气中二氧化碳和硫化氢的含量。此方法的测定范围为 $0.1\%\sim100\%$（体积分数）。

6）脱硫溶液中硫化氢和二氧化碳含量的测定——化学法

在特定的解吸器中用硫酸溶液酸化脱硫溶液样品，通入氮气进行汽提，使样品中的硫化氢全部解吸出来，解吸出的硫化氢用乙酸锌溶液吸收，用碘量法测定乙酸锌吸收液中的硫化氢含量。此方法适用于气体净化装置脱硫溶液中硫化氢含量的测定，测定范围 $0.02\sim50\mathrm{g/L}$。

在特定的解吸器中用硫酸溶液酸化脱硫溶液样品，通入氮气进行汽提，使样品中的硫化氢和二氧化碳全部解吸出来。先用酸性硫酸铜溶液吸收解吸出的硫化氢，再用准确、过量的氢氧化钡溶液吸收二氧化碳，生成碳酸钡沉淀，用邻苯二甲酸氢钾标准溶液滴定剩余的氢氧化钡。根据邻苯二甲酸氢钾溶液的耗量计算样品中二氧化碳的含量。本方法适用于气体净化装置脱硫溶液中二氧化碳含量的测定，测定范围 $0.05\sim50\mathrm{g/L}$。

7）脱硫溶液组成分析

（1）化学法。

用盐酸标准溶液滴定，以测定溶液中的胺含量。向样品中加入甲苯，进行共沸蒸馏，水同甲苯形成共沸物，于较低温度下馏出，收集并测量馏出水的体积，计算脱硫溶液中水

的含量，或用卡尔·费休法测定脱硫溶液中水的含量。环丁砜的含量按差减法计算。此方法适用于气体净化装置中醇胺—水脱硫溶液和醇胺—环丁砜—水脱硫溶液组成的分析。

（2）气相色谱法。

让脱硫溶液样品气化后通过色谱柱使各组分得到分离，用热导检测器检测并记录色谱图，用校正面积归一化法计算各组分的含量。此方法适用于气体净化装置中乙醇胺水溶液、甲基二乙醇胺水溶液、二异丙醇胺—环丁砜—水溶液和甲基二乙醇胺—环丁砜—水溶液组成的分析，也可以用于二缩三乙二醇脱水溶液组成的分析。

2. 最新研究进展

1）醇胺脱硫溶液中热稳定盐含量的测定

热稳定盐是醇胺脱硫溶液主要的变质产物。热稳定盐阴离子腐蚀性大，会加剧净化装置的腐蚀程度，影响净化装置安全平稳运行，因此必须对其在脱硫溶液中的含量进行严格监测与控制。

热稳定盐含量的测定有酸碱滴定法和离子色谱法两种方法。酸碱滴定法用于醇胺脱硫溶液中热稳定盐总含量的测定；离子色谱法用于热稳定盐组成的测定。由于脱硫溶液中各种热稳定盐的控制指标是不相同的，仅仅监测其总含量是不够的，因此，热稳定盐最佳的分析方法是离子色谱法。

西南油气田天然气研究院以自己的研究成果为基础，结合国内外其他企业与科研院所的研究成果，开展了醇胺脱硫溶液中热稳定盐分析方法标准研究，分别建立了热稳定盐总含量测定和热稳定盐组成测定两个分析方法标准。

（1）热稳定盐总含量测定——酸碱滴定法。

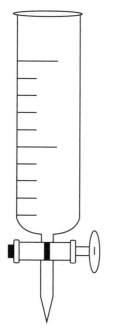

图 10-1　离子交换树脂柱

让醇胺脱硫溶液样品以一定的速度流过强酸性阳离子交换树脂柱，其中的醇胺与阳离子被强酸性阳离子交换树脂吸附脱除，脱硫溶液中所有的盐被转换为酸，收集经过树脂柱的溶液，用氢氧化钾或氢氧化钠标准溶液滴定溶液中的酸。此方法适用于醇胺脱硫溶液中热稳定盐总含量的测定，测定范围为 0.1%~10%。

阳离子交换树脂柱制作：在离子交换树脂柱（图 10-1）管底部放好玻璃丝塞，加入 50mL 50~100 目的强酸性阳离子交换树脂，先用 100mL 去离子水冲洗树脂，再倒入盐酸溶液（1+11）100mL，使盐酸溶液以 40 滴/min 的速度缓慢通过树脂柱。排尽盐酸溶液后，用去离子水冲洗树脂至流出液显中性。

样品处理：关闭离子交换树脂柱管底部活塞。用一支干燥的 10mL 注射器，取适量样品，称量（误差 ±0.0002g）后，按减量法向树脂柱中加入 2g 样品（误差 ±0.0002g），如果热稳定盐含量较低可适当增大取样量，但最大不能超过 4g。加完样品后，向树脂柱中加入 50mL 去离子水。将一个干净的锥形瓶放在离子交换树脂柱正下方。缓缓打开树脂柱管底部活塞，让溶液以 40 滴/min 的速度滴入锥形瓶中。待树脂柱中的溶液全部流出后，继续加入去离子水直至流出液体显中性。在锥形瓶的溶液中放入一根氮气导管，通氮气 15～20min。取出氮气导管，并用去离子水冲洗导管，冲洗的水必须全部收集在此锥形瓶里。

滴定：向锥形瓶中加入 5～10 滴酚酞指示剂，用氢氧化钾或氢氧化钠标准溶液 $[c(KOH)=0.1mol/L$ 或 $c(NaOH)=0.1mol/L]$ 滴定至试液由无色变为粉红色。

分析结果的计算：样品中热稳定盐总含量 w（%）按式（10-1）计算：

$$w = \frac{VcM_a \times 0.1}{m} \tag{10-1}$$

式中　w——热稳定盐总含量，%；

　　　V——样品滴定时氢氧化钾标准溶液的耗量，mL；

　　　c——氢氧化钾标准溶液的浓度，mol/L；

　　　m——样品用量，g；

　　　M_a——醇胺的摩尔质量，g/mol。

乙醇胺的摩尔质量为 61.08g/mol，二异丙醇胺的摩尔质量为 133.2g/mol，甲基二乙醇胺的摩尔质量为 119.2g/mol。

（2）热稳定盐组成测定——离子色谱法。

样品由淋洗液带入分离柱，样品中待测阴离子组分在分离柱上因保留特性不同而实现分离。分离后的各阴离子组分随淋洗液先后进入抑制器，其中的阳离子被交换为氢离子，使氢氧根型淋洗液转换为水，碳酸根型淋洗液转换为碳酸，从而降低了淋洗液的背景电导率，提高了待测阴离子的电导率。各阴离子组分最后流经电导检测器检测响应信号。在相同的分析条件下分别测定样品与标准溶液，根据标准溶液中阴离子的保留时间和峰面积（或峰高）对样品中阴离子定性和定量。

此方法适用于醇胺脱硫溶液中的热稳定盐阴离子组成分析，热稳定盐阴离子种类及测定范围见表 10-1。

表 10-1　热稳定盐阴离子种类及测定范围

组分	质量浓度范围 ρ（mg/L）
乙醇酸根离子	0.3～10000
乙酸根离子	0.2～10000
甲酸根离子	0.1～10000
氯离子	0.1～10000
硫酸根离子	0.1～10000
草酸根离子	0.1～10000
硝酸根离子	0.3～10000
硫代硫酸根离子	0.6～10000
硫氰酸根离子	0.9～10000

分析仪器主要是离子色谱仪。其中对分离柱的要求是，乙酸根离子与乙醇酸根离子的分离度 R 不低于 1，其余离子的分离度 R 不低于 1.5。此外还需要预处理柱、电冰箱、样品瓶、过滤器、超声波脱气清洗器和高纯水发生仪等辅助设备。

　　选择合适的分离柱、保护柱、柱温、样品定量环、检测器、抑制器电流、淋洗液种类与流速。图 10-2 与图 10-3 是等度淋洗条件下获得的热稳定盐阴离子组成分析色谱图，图 10-2 所示等度淋洗条件适合于乙醇酸根离子、乙酸根离子、甲酸根离子和氯离子的测定，图 10-3 所示等度淋洗条件适合于硫酸根离子、草酸根离子、硝酸根离子、硫代硫酸根离子和硫氰酸根离子的测定。图 10-4 是梯度淋洗条件下获得的热稳定盐阴离子组成分析色谱图。

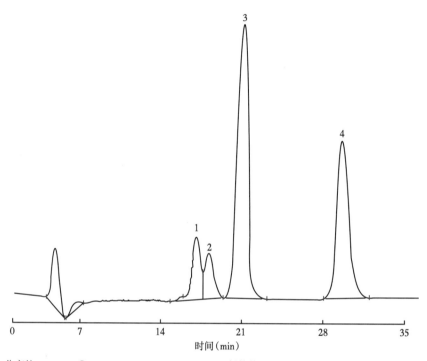

分离柱：Shodex ® IC SI-52 4E（4×250mm）	保护柱：Shodex ® IC SI-90G（4.6×10mm）
柱温：50℃	
淋洗液：0.6mmol/L Na$_2$CO$_3$	淋洗液流速：0.7mL/min
检测器：抑制型电导	抑制器电流：85mA
样品稀释倍数：100 倍	进样体积：100μL

图 10-2　醇胺脱硫溶液中热稳定盐阴离子的典型离子色谱图一（等度淋洗）

1—HOCH$_2$COO$^-$；2—CH$_3$COO$^-$；3—HCOO$^-$；4—Cl$^-$

　　醇胺脱硫溶液中的醇胺和金属离子，易造成色谱系统压力降增加、色谱峰拖尾等现象，使分离柱的交换容量降低，甚至损坏柱子，干扰测定，需要采用阳离子交换柱消除干扰。阳离子交换柱可以购买也可以自己填充。商品化阳离子交换柱：Onguard Ⅱ Na 柱、Onguard Ⅱ H 柱。自填充阳离子交换柱：在 20mL 的柱状刻度分液漏斗底部放一些玻璃棉，然后装填 10mL 001×7 阳离子交换树脂（交换容量不小于 4mmol/g），用 10mL 盐酸溶液（3mol/L）活化后，用超纯水（电阻率大于 17.8 MΩ·cm）淋洗至淋洗液中无氯离子待用。10mL 树脂可用 10mL 盐酸溶液（3mol/L）再生重复使用。商品化阳离子交换柱法样品处理：以 10mL 纯水（电阻率大于 17.8MΩ·cm）冲洗 Onguard Ⅱ Na 柱（规格为 2.5cm³）

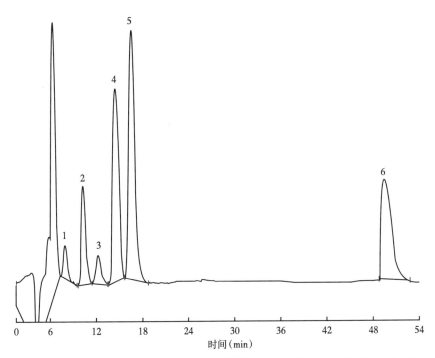

分离柱：Shodex ® IC SI-52 4E（4×250mm）   保护柱：Shodex ® IC SI-90G（4.6×10mm）

柱温：50℃

淋洗液：13mmol/L Na₂CO₃   淋洗液流速：0.7mL/min

检测器：抑制型电导   抑制器电流：85mA

样品稀释倍数：100 倍   进样体积：100μL

图 10-3 醇胺脱硫溶液中热稳定盐阴离子的典型离子色谱图二（等度淋洗）

1—Cl^-；2—SO_4^{2-}；3—$C_2O_4^{2-}$；4—NO_3^-；5—$S_2O_3^{2-}$；6—SCN^-

后，静置半小时待用。取适量样品通过 Onguard ⅡNa 柱（规格为 2.5cm³），弃去初始流出液 6mL，收集余后 3mL 样品流出液待测。自填充阳离子交换柱法样品处理：用移液管量取 1~3mL 样品注入预处理柱，并加入不少于 20mL 的超纯水（电阻率大于 17.8MΩ·cm），慢慢打开旋塞使溶液通过树脂流出，流出速度控制为 2 滴/s，流出溶液 18mL 后将旋塞全部打开，直至 30s 内无液滴流出，停止收集。全部流出液用同一个容量瓶收集，定容后待测。

去除样品中的醇胺和金属离子后，根据样品溶液中实际热稳定盐阴离子的含量，选择适宜的比例稀释，稀释后的溶液中各种热稳定盐阴离子浓度应在相应标准工作曲线的线性范围内。进样前用 0.45μm 一次性针筒微膜过滤器过滤，弃去初始流出液 2mL。

在与分析标准工作溶液完全相同的仪器工作条件下分析试样，通过对比各色谱峰的出峰时间与阴离子的保留时间，确定各色谱峰对应的阴离子种类。

在与分析标准工作溶液完全相同的仪器工作条件下分析试样，根据被测热稳定盐阴离子的峰面积或峰高，由相应的标准工作曲线计算各热稳定盐阴离子的质量浓度。

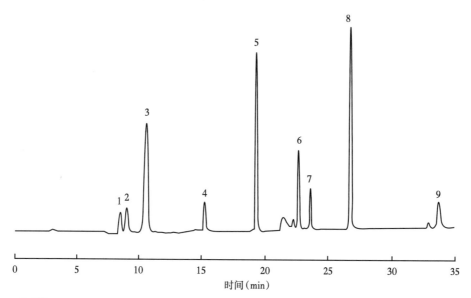

分离柱：IonPac AS18（4×250mm）　　　　　　　保护柱：IonPac AG18（4×50mm）

淋洗液：0～10.0min，2.0mmol/L KOH；

　　　　10.0～30.0min，2.0～60.0mmol/L KOH；

　　　　30.0～35.0min，60.0mmol/L KOH；

　　　　35.0～35.1min，20.0～60.0mmol/L KOH；

　　　　35.1～40.0min，2.0mmol/L KOH

淋洗液流速：1.0mL/min　　　　　　　　　　　　柱温：60℃

检测器：抑制型电导　　　　　　　　　　　　　　抑制器电流：150mA

样品稀释倍数：100倍　　　　　　　　　　　　　进样体积：25μL

图 10-4　醇胺脱硫溶液中热稳定盐阴离子的典型离子色谱图（梯度淋洗）

1—$HOCH_2COO^-$；2—CH_3COO^-；3—$HCOO^-$；4—Cl^-；5—NO_3^-；6—SO_4^{2-}；7—$C_2O_4^{2-}$；8—$S_2O_3^{2-}$；9—SCN^-

2）气体净化装置净化气中硫化氢含量的测定

净化气中硫化氢含量是判定天然气净化厂生产的天然气是否合格的关键指标，净化气中硫化氢含量分析方法时效性差可能会导致不合格净化气外输的情况发生。因此，提高净化气中硫化氢含量分析方法的效率对保障净化气质量十分重要。

现有的几种测定净化气中硫化氢含量的分析方法准确度高，但存在操作步骤较繁琐、测定时间长的缺点。碘量法（GB/T 11060.1—2023），测定净化气中的硫化氢时必须取足够量的样品才能保证测定的准确度，因此取样时间长（70～80min）。此外，该方法不能排除硫醇的干扰。亚甲蓝法（GB/T 11060.2—2023）应用光学技术提高了检测硫化氢的灵敏度，降低了样品的取样量，将取样时间缩短至10min左右，但该方法受环境温度影响大，实际应用时存在一定的困难。钼蓝法（GB/T 35212.1—2017），克服了亚甲蓝法易受温度影响的缺点，但取样加分析总共需40min左右。醋酸铅反应速率法（GB/T 11060.3—2018），可用于净化气中硫化氢的在线测定，但该方法需要较频繁地测定仪器的校正系数。

为了提高天然气净化厂控制分析的时效性，使分析数据能快速及时地响应装置运行状况，有必要研究更快、更便捷的分析方法。近十多年来，各种新兴分析测试技术相继出现且发展迅速。各种高灵敏度、高选择性、高效率的分析技术日趋成熟，这使得建立效率更高、时效性更佳的净化气分析方法成为可能。

西南油气田天然气研究院研究了应用硫化学发光技术、火焰光度技术，以及激光技术快速测定净化气中硫化氢含量的分析方法。

（1）硫化学发光技术测定净化气中硫化氢含量的研究。

硫化学发光分析法属于化学发光分析法，其原理是在化学反应过程中，某些反应产物接受化学能而被激发，处于激发态的分子不稳定，将能量以光的形式释放出来。化学发光反应的发光强度 I 是以单位时间内的光子数表示，它与化学发光反应的速率有关。如果反应是一级动力学反应，t 时刻的化学发光强度 I_{cl} 与该时刻的分析物浓度 C 成正比，即化学发光峰值强度与分析物浓度 C 成线性关系，用式（10-2）表示：

$$I_{cl} = \varphi_{cl} \times \frac{dC}{dt} \tag{10-2}$$

式中　I_{cl}——化学发光强度；

　　　φ_{cl}——发射光子的分子数/参加反应的分子数；

　　　C——分析物浓度；

　　　t——时间。

在化学发光反应分析中，常用已知时间内的发光总强度来进行定量分析，见式（10-3）：

$$A = \int_0^t I_{cl}(t)\,dt = \varphi_{cl} \int_0^t \frac{dC}{dt} dt = \varphi_{cl} C \tag{10-3}$$

臭氧是气体组分化学发光反应最常用的诱发剂，硫化学发光技术测硫也采用臭氧作为硫化物化学发光反应的诱发剂，反应过程如式（10-4）见式（10-6）。

$$硫化物 + H_2\ 产物/O_2 \xrightarrow{燃烧} SO + 其他产物 \tag{10-4}$$

$$SO + O_3 \longrightarrow SO_2^* + O_2 \tag{10-5}$$

$$SO_2^* \longrightarrow SO_2 + h_v \tag{10-6}$$

SO 与 O_3 反应是一级反应，且发光时间很短，只有零到几秒，所以采用化学发光法测定硫化物的含量是可行的，且因为发光时间很短可以得到尖锐的信号峰。

利用气相色谱常用的氢火焰检测器燃烧硫化物生产 SO，用一根高纯陶瓷探头安放在氢火焰燃烧器（FID）中心喷嘴上方，用真空泵抽吸硫化物的燃烧产物进入反应池，SO 在反应池里与臭氧发生器放电氧化空气形成的臭氧进行化学发光反应产生信号。

采用硫化学发光测定净化气中硫化氢含量时，甲硫醇、乙硫醇、丙硫醇、硫氧碳和二硫化碳等组分中的硫元素都会反应发光；烃虽然不会参与化学发光反应，但会稀释反应物浓度，影响转化率。采用苯基取代部分甲基的聚二甲基硅氧烷固定相可将硫化氢与这些干扰物质充分分离，硫化学发光测硫的灵敏度极高，可检测 ppb 级（十亿分之一）的硫化物，因此应选用毛细色谱柱。

硫化学发光法测定气体中硫化氢含量稳定性差，需要每天校准。硫化学发光法稳定性差是由于硫化学发光检测灵敏度极高，氢气流量、空气流量轻微的波动也会造成测量结果的变化；抽真空的速度很难做到精准控制，而抽真空的速度也直接影响进入反应池的 SO 的量；此外发光效率会受环境的影响，当氢火焰燃烧器上积累的污染物逐渐增多时，这些物质部分会随 SO 被抽入反应池中影响发光效率。如果加大校准频次，如每天或半天进行一次校准，采用硫化学发光法测定硫化物是很准确的，且 H_2S、COS、CH_3SH 和 C_2H_5SH 的线性相关系数达到了 0.9995，用该方法在实验室测定硫化物组成是准确且便捷的，但用作工厂生产控制分析方法可操作性较差且运行成本也大。

（2）火焰光度技术测定净化气中硫化氢含量的研究。

火焰光度技术测硫是利用富氢火焰使含硫的化合物分解，形成激发态分子，当它们回到基态时，发射出一定波长的光，此光强度与被测组分量成正比。当硫化物进入火焰分解，通过复杂的化学反应形成激发态的 S_2^* 分子，此分子回到基态发射出波长为 320～480nm 的光，其最大发射波长为 394nm。烃类进入火焰，产生 CH、C_2 等基团的发射光，波长为 390～520nm。光电倍增管对上述广大范围的光均可接收。用 394nm 的硫滤光片，它可使 394nm 附近的光透过，而大部分烃类的光被滤去，从而达到选择检测硫的目的。

与硫化学发光一样，含硫组分会干扰硫化氢的测定。虽然绝大部分烃的光能被滤去，但净化气中烃/硫化氢比值高达 105，即使有很少量烃的光未被滤掉，也会对微量硫化氢的测定产生干扰。同样采用色谱柱分离的方法消除这些组分干扰。色谱柱可选用填充物为 GDX-104（60～80 目）、柱长 3m、内径 2.5mm 的填充柱。

此外，温度与压力变化会导致进入检测仪的样品气的体积发生轻微的变化，这种轻微变化对于微量组分测定的影响也是不能忽视的，对进样体积进行校正可以消除温度与压力的干扰。

火焰光度测硫化氢是非线性的，为了便于定量，通常对硫的响应进行线性化处理，处理方法有多种：双对数校准曲线法、峰高换算法、电子组件转换法和化学线性化法等。最常用的是双对数校准曲线法，即以硫化氢含量的对数为纵坐标、硫化氢响应值的对数为横坐标绘制工作曲线，硫化氢的响应值可以是硫化氢的峰高也可以是峰面积，不过实验结果表明采用峰面积有时会受峰拖尾的影响，而峰高定量稳定性更佳。

采用火焰光度法测定气体中硫化氢含量，其校准周期可长达 12 个月。现行标准方法钼蓝法的校准周期为 3 个月。造成两个方法稳定性差别较大的主要原因是两种方法的产生光信号的原理不同。钼蓝法检测器接收到的光信号大小由光源自身的强度和待测物浓度决定。光源卤钨灯发出光的强度会随着时间的推移逐渐衰减，通常使用 2000～4000h 后就不能再使用，在这期间为了消除光源强度衰减给测量带来的误差，必须根据光强度衰减对测量的影响程度确定的间隔时间进行校准，经研究钼蓝法的校准间隔时间为 3 个月。火焰光度法检测器接收到的光信号大小由燃烧生成的 S_2^* 分子数量决定，只要燃烧气氢气、助燃气空气，以及稀释气氮气的流量与纯度恒定，生成的 S_2^* 分子数量就不会改变。因此只要控制好了氢气、空气、氮气的流量与纯度，该方法可以保持长时间的稳定。

（3）激光技术测定净化气中硫化氢含量的研究。

激光法测定净化气中硫化氢含量的原理与激光法测定原料气中硫化氢含量的原理是一

样的。但是，在选择硫化氢的最佳吸收谱线时，遇到两个问题：①从原理上讲可以找到一个不受净化气中其他组分干扰的硫化氢最优吸收谱线，但是受激光器制造技术的限制，目前比较成熟且经济的激光器输出的光源谱线范围为 $1 \sim 3 \mu m$，在此谱线范围内找不到一个完全避开甲烷吸收峰重叠的谱线。②净化气中的硫化氢含量很低（小于 $20 mg/m^3$），而硫化氢在此 $1 \sim 3 \mu m$ 谱线范围的响应灵敏度达不到此种检测要求。

经过研究，采用差分和多次反射吸收的方式来解决以上两个问题。差分就是分两次检测样品信号，第一次检测用精脱硫剂完全脱除样品中的硫化氢得到背景气的吸收值，第二次检测甲烷与硫化氢共同的吸收值，两次吸收值之差即为硫化氢的吸收值。

而多次反射吸收方式依据的是朗伯—比耳定律——波强吸收率与光路长度成正比这一原理，通过在气体检测室两端安装高反射率的腔镜，人为增大硫化氢的吸收光程，从而增大吸收率，大幅度提高硫化氢检测灵敏度，如图 10-5 所示。

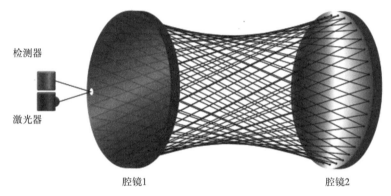

图 10-5　多次反射气体吸收原理

但是，激光在样品腔内经过多次反射，由于腔镜自身的损耗，腔内光束能量会随时间呈指数衰减，如果将能吸收光谱的物质放在腔内，光能量因物质的消耗衰减更快。实验研究表明乙烷及 C_2 以上烷烃的 C—C 键振动在 $1 \sim 3 \mu m$ 谱线范围内呈平峰吸收，虽然不会改变硫化氢的吸收波形，但会消耗入射光能量，减少入射光在样品室的反射次数，即会缩短吸收光程。如果校准时采用的标准气背景气与样品气中乙烷及 C_2 以上烷烃的含量差别较大，会使校准时的吸收光程与样品测定时的吸收光程有较大差别，从而导致测定结果不准。可以通过监测光透过率来解决这个问题。烷烃的碳数越大或乙烷及 C_2 以上烷烃含量越大，光透过率越小，硫化氢校准系数越大；光透过率变化不大于 0.5% 时，硫化氢校准系数的变化不大于 0.1，对测量结果影响很小可以忽略。所以，只要测量时的光透过率与校准时的光透过率之差不大于 0.5%，就能保证测量结果的准确。校准前先测定净化气的光透过率，在此透过率值上下各每隔 0.5% 测定一个硫化氢校准系数，一般五个校准系数就能覆盖实际生产过程中净化气烃组成的波动范围，即应选择五瓶硫化氢标准气，五瓶标准气的烃组成对应的光透过率依次增加 0.5%。那么在使用过程中净化气中烃组成波动时（这时测量光程变化检测仪上的光透过率也会变化），调出对应光透过率下的校准系数就能保证测量的准确与稳定了。

温度与压力对硫化氢的准确定量是有影响的。为样品腔加上恒温器，使测量条件保持恒温，即可消除温度带来的影响。综合考虑温度对电子元件使用寿命和组分在样品腔壁的吸附率的影响，设定样品室温度为50℃±0.1℃。样品腔不能承受较高的压力，否则因为分子间相互作用加强而使吸收波变形导致定量不准，将样品气减压至1bar（表压）以下，吸收波形不会发生变形，但压力仍需要维持恒定——样品测定时的压力必须与标准气校准时的压力相同。

在吸光光度分析（钼蓝法）中存在偏离朗伯—比尔定律的因素，因为朗伯—比尔定律是一个有限制条件的定律，其成立条件是待测物为均一的稀溶液、气体等，无溶质、溶剂及悬浊物引起的散射；入射光为单色平行光。而分光光度计分光系统中的色散元件分光能力差，即在工作波长附近或多或少含有其他杂色光，杂色光（非吸收光）也会对朗伯—比尔定律产生影响，这些杂色光将导致朗伯—比尔定律的偏离；溶剂引起的色散也不容忽略。所以钼蓝法必须采用至少6个点的多点校准，且线性范围也较窄。激光器产生的单色光纯度极高，直接测定气体中硫化氢，气体中组分间的相互作用很弱，接近朗伯—比尔定律的理想状态，因此可以采用单点校准的方式，且线性范围宽。

采用激光法测定净化气中硫化氢含量，其校准周期可长达10个月。不过，期间如果乙烷及C_2以上烃含量变化太大，则校准频次要增加。

（4）三种方法的对比。

新建立的三种净化气中硫化氢含量分析方法与钼蓝法对比情况见表10-2。

表10-2　净化气中硫化氢含量分析方法比较

分析方法	重复性(%)		检测速度（min/次）	能否在线	线性范围（mg/m³）	校准	校准周期	仪器价格/使用年限
	硫化氢含量（1~5mg/m³）	硫化氢含量（5~25mg/m³）						
钼蓝法	<13	<6	40	否	0~25	5~7个点校准（操作复杂）	3个月	小于10万元/10年（光源2~3年更换一次）
火焰光度法	<4	<2	5	否	0.1~30.7	5~7个点校准（操作简单）	12个月	小于10万元/10年
硫化学发光法	<14	<8	6	否	0.1~63.8	单点校准（操作简单）	≤1天	约80万元/10年
激光法	<5	<3	≤5	能	0.2~400	5个点校准（操作简单）	10个月	约50万元/10年（光源寿命10年）

火焰光度法与激光法的重复性、检测速度、稳定性均优于钼蓝法。激光法在检测速度、自动化程度和在线性等方面优于火焰光度法，但使用的仪器费用较火焰光度法高，而且如前文所述，采用激光法测定硫化氢含量前必须先确定样品天然气的烃组成及对应的光透过率，乙烷及C_2以上烃总含量变化太大致使光透过率变化超出±0.5%时，需要重新校准。火焰光度法的重复性优于激光法，而且不受净化气组成变化的影响，还可以分析净化气中有机硫的组成，虽然不能在线分析，但也只需要用针筒取样，进样操作也很简单。总的来说，火焰光度法与激光法都具有准确、快速、操作简单、维护量少等优点，各生产单位可根据自身的条件和需求选择使用。

3）脱硫溶液中硫化氢含量和二氧化碳含量的测定

现有脱硫溶液中硫化氢含量和二氧化碳含量分析方法采用容量法，通过解吸再吸收和化学滴定检测脱硫溶液中硫化氢和二氧化碳含量，耗时太长，单个样品的检测用时超过3h，不能及时反应气体净化装置脱硫溶液再生效果，不利于装置的平稳运行。西南油气田天然气研究院对脱硫溶液中硫化氢和二氧化碳含量的快速分析方法进行了研究，在连续流动技术基础上建立了一种能快速准确检测脱硫溶液中硫化氢和二氧化碳含量的新分析方法。该方法测量范围 0.05~50g/L，相对标准偏差小于5%，分析用时小于20min。

二、硫黄回收及尾气处理过程中的分析方法

1. 现有分析方法

1）硫黄回收过程气组分分析

（1）气相色谱法。

方法提要：让样品气和标准气在相同的操作条件下通过同一色谱柱，使各组分得到分离，用热导检测器检测并记录色谱图，通过比较样品气和标准气色谱峰的峰值（峰高或峰面积），计算样品气中各组分的含量。此方法测定过程气各组分浓度范围见表10-3。

表10-3　天然气净化厂硫黄回收过程气的组分及浓度范围

组分	浓度范围 φ（%）
H_2S	0.05~8
SO_2	0.05~5
COS	0.01~1
CS_2	0.05~1
CO_2	0.1~28
H_2	0.1~8
CO	0.1~1.5
O_2	0.1~8
N_2	50~90

气相色谱法操作简单，检测速度快，是硫黄回收过程气组成分析最常用的方法。

（2）化学法。

方法提要：用过氧化氢溶液吸收气体中的二氧化硫生成硫酸，用硫酸银溶液吸收气体中的硫化氢生成硫化银沉淀和硫酸。用氢氧化钠标准溶液分别滴定生成的硫酸，计算气样中的二氧化硫和硫化氢的含量。此方法测定范围：0.05%~20%（体积分数）。

本方法仅适用于天然气净化厂硫黄回收过程气中硫化氢和二氧化硫含量的测定，不需要贵重的仪器。不足之处是分析速度慢，操作繁琐。

（3）紫外光度法。

方法提要：H_2S/SO_2 分析仪可以直接安装在过程气管道上，是一种光学分析仪。此方法测定硫化氢浓度范围为0~2.0%（体积分数）；二氧化硫浓度范围为0~1.0%（体积分数）。

H_2S/SO_2 分析仪具有响应时间短、便捷、连续检测的优点，适用于在线监测硫黄回收过程气中硫化氢和二氧化硫含量。

2）硫黄回收尾气中硫雾含量的测定——重量法

方法提要：让样品气在高于水露点的温度下通过硫雾过滤器，根据通气体积和过滤得到的硫黄的质量计算气体中硫雾的含量。本方法测定值不包括硫蒸汽。

重量法是测定硫雾含量最常用的方法，不足之处是，该方法取样过程注意事项多，对操作要求十分严格。

3）硫黄回收尾气中水含量的测定——重量法

方法提要：让除去硫雾后的样品气通过水吸收管，根据通气体积和水吸收管的增重，计算样品气中水的含量。

重量法操作简单，是测定硫黄回收尾气中水含量最常用的方法。

2. 最新研究进展

尾气中微量硫组分分析，过程如下：

（1）适用范围。

此法适用于硫黄回收尾气中微量硫化氢、二氧化硫、羰基硫及二硫化碳的测定。

（2）方法提要。

使用带有脉冲火焰光度检测器（PFPD）的气相色谱，采用程序升温的方式将样品中的待测组分分离，分离后的待测组分先后进入检测器检查并输出响应值。采用在相同的操作条件下将标准气体与样品气进行比较的方法进行定性和定量。

（3）仪器设备。

分析仪器主要是带有脉冲火焰光度检测器（PFPD）的气相色谱仪。使用 BR-1 的 0.32 mm×5.0μm，30m 长毛细管柱。

（4）样品分析步骤。

首先按仪器使用说明书开启仪器，设定进样口温度及分流比、程序升温条件、检测器温度等条件，待仪器达到稳定条件后，使用标准气体进行校正，待测样品分析采用在相同的操作条件下与标准气比较的方法定性和定量。

三、天然气脱水过程中的分析方法

天然气中的水量有"绝对含水气量"和"露点温度"两种表示方法。ISO 18453 提供了天然气水含量与水露点之间的数学关系式。我国修改采用了 ISO 18453《天然气——水含量与水露点之间的关联》，同时参考了 ASTM D 1142《通过测量露点获得水蒸气含量的标准测试方法》和 IGT 研究报告 8《天然气平衡水含量》，制定了 GB/T 22634—2008《天然气水含量与水露点之间的换算》国家标准。提供了一种与国际标准接轨的天然气水含量与水露点的换算标准。

天然气中的水含量/水露点的分析方法很多，分析方法见表 10-4。按测量方式，可将这些方法分为在线分析和非在线分析两类。下文将介绍几种主要的非在线分析方法，以及西南油气田天然气研究院对四种在线分析方法的对比研究结果。

表10-4 天然气中水含量/水露点的主要测定方法

水含量的测定方法	绝对方法	吸收称量法
		卡尔费休—库仑法
		电解法
	相对方法 （GB/T 27896—2018）	电容法
		电压石英振荡法
		激光法
		光纤法
水露点的测定方法	绝对方法	冷却镜面法

1. 主要分析方法

1）天然气水露点的测定——冷却镜面凝析湿度计法

方法提要：使样品气流经一金属镜面（镜面温度可以人为升降并能准确测量），记录镜面温度降低至凝析物产生及温度升高至凝析物消失时的温度，降温获得的结露温度和升温获得的消露温度的平均值即为天然气在该压力下的水露点。由水露点可计算气体中的水含量。在样品气的压力与通过湿度计的压力一致时，测得的露点所对应的饱和水蒸气压值即为样品气的水汽分压。此方法的测定范围取决于制冷剂的制冷温度。

此方法对操作者的技术水平有较高要求，操作者在实施过程中要尽可能缓慢降温，否则还没有观察到初露时就已经超过了实际的凝析温度，导致测定结果误差大。油、重烃、醇及其他凝析温度在水露点附近或高于水露点的组分会干扰水露点的测定，操作者要具备辨识和消除这些干扰的知识与经验。

2）天然气水含量的测定——电解法

方法提要：使样品气以一定速度通过电解池，其中的水分被电解池内的五氧化二磷膜层吸收，生成亚磷酸后被电解为氢气和氧气排出，而五氧化二磷得以再生。电解电流的大小正比于样品气中的水含量。此方法适用于测定水含量小于 4000×10^{-6}（体积分数）的天然气。

此方法不能测定水含量低于 5×10^{-6}（体积分数）的样品。此外，样品气中总硫含量高于 $500mg/m^3$ 或者有凝液时，水含量的测定会受到干扰。

3）天然气水含量的测定——称量法

方法提要：使一定体积的样品气通过五氧化二磷吸收管，气体中的水分被五氧化二磷吸收生成磷酸，吸收管增加的质量即为气样中水分的质量，由吸收管增量和取样体积计算待测气体中的水含量。此方法常压状态下测定范围为 $0.1 \sim 10g/m^3$，检测下限为 $10mg/m^3$；载压状态下为 $0.02 \sim 0.5g/m^3$，检测下限仍是 $10mg/m^3$。

由于五氧化二磷吸水性强，方法实施时要求操作人员必须能迅速装填好五氧化二磷避免其吸收空气中的水分。样品气中含有乙醇、硫醇、乙二醇等能与五氧化二磷反应或能被其吸附的物质时，测定结果会受到影响。

4）天然气水含量的测定——卡尔费休—库仑法

方法提要：使一定体积的样品气通过一个装有已预先滴定过的无水阳极溶液的滴定

池，气体中的水分被阳极溶液吸收。滴定被溶解的水所需的碘通过电解溶液中的碘化物而产生，消耗的电量与产生的碘的质量成正比，因此也与被测水分的质量成正比。此方法测定范围为 $5 \sim 5000 g/m^3$。

样品气中如果存在可与卡尔费休试剂起反应的组分，如硫化氢、硫醇和某些碱性含氮物质，会干扰水含量的测定。硫化氢和硫醇的浓度低于水含量的 20% 时，引起的干扰可用公式修正，超出 20% 时，不能采用该方法测定水含量。

2. 四种在线水含量分析方法的对比研究

测定天然气中水含量和水露点的方法除了冷却镜面凝析湿度计法、吸收称量法、卡尔费休—库仑法和电解法（SY/T 7507—2016《天然气水含量的测定 电解法》），还有激光法、电容法、光纤法和石英晶体振荡法。由于操作维护简单，激光法、电容法、光纤法和石英晶体振荡法四种方法适用于在线测量，具有较大的推广价值。对于天然气中水含量的测定，除了方法的准确性与精密度，方法的使用者还十分关心这些方法的稳定性、检测速度，以及影响准确性的因素等实际操作问题，因为这些问题直接决定分析数据的准确性与时效性，西南油气田天然气研究院通过实验对比研究明确了这四种方法各自的特点与准确操作要点。

对于激光法，温度、压力与流量是影响测量准确性的主要因素，样品测定时必须使测试压力、温度和气体流量与校准时的参数一致；电容法对温度和流量有严格要求，恒温控制（或温度补偿设置）和保持气体流量与校准时一致对保证测量结果的准确性很重要；样品气中二氧化碳含量是影响光纤法准确性的主要因素，可预先测定不同浓度二氧化碳对应的波长变化值，用于以后水含量测定值的修正；影响石英晶体振荡法准确性的主要因素是温度与压力，样品测定时的测试压力与温度必须要与校准时的参数保持一致。

激光法、光纤法和石英晶体振荡法的稳定性都较好，6 个月校准一次即可；但电容法稳定性较差，校准应频繁一些。

四种分析方法的检测速度各有不同，电容法最快，激光法次之，光纤法和石英晶体振荡法较慢。

在实际应用过程中，遇到几种水分析方法测定结果一致性差时，首先应确认各种方法是否通过正确校准溯源至国家湿度基准；然后依次检查压力、温度等参数，以及检测校准系数是否变化；因为每种方法所需要的测量时间不一样，还应确认各测量值是否已达到稳定值。

第二节　天然气净化用溶剂与催化剂的性能评价技术

一、脱硫脱碳溶剂性能评价

1. 方法简述

模拟工业装置流程，将溶剂配成水溶液，通入含有一定量 H_2S 和 CO_2 或含有一定量 H_2S、CO_2 和有机硫的原料气，考察净化气中 H_2S、CO_2、有机硫含量，根据原料气和净化气中 H_2S、CO_2、有机硫的含量计算溶剂的 H_2S 脱除率、CO_2 脱除率或有机硫脱除率。

2. 评价装置流程

评价装置的吸收塔和再生塔均为填料塔。吸收塔采用不锈钢管加工而成。塔内装有不锈钢压延孔环高效填料，吸收塔总填料高度为750mm。原料气经分离器分离后从吸收塔底部进塔，贫液经泵由上部入塔，从吸收塔顶排出的净化气经过分离器分离后用煤气表计量。再生塔为不锈钢压延孔环高效填料两段，每段高500mm。再生塔采用电加热。从吸收塔底出来的富液经预热、闪蒸后进入再生塔再生，再生后的贫液经冷却后进入贫液贮罐，再用泵打入吸收塔循环使用，如图10-6所示。

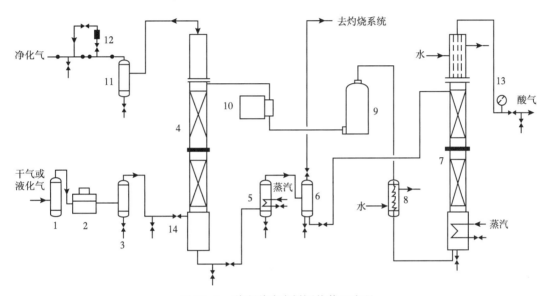

图10-6　脱硫脱碳溶剂评价装置流程

1—原料气混合罐；2—压缩机；3—原料气分离器；4—吸收塔；5—富液预热罐；6—富液闪蒸罐；7—再生塔；8—贫液冷却罐；9—贫液贮罐；10—柱塞式计量泵；11—净化气分离器；12—煤气表；13—压力表；14—单向阀

3. 评价条件

1）加强 H_2S 选吸型醇胺溶剂性能评价条件

将加强 H_2S 选吸型醇胺溶剂配成水溶液（质量分数为40%），加入贫液储罐中。按表10-5设定的评价参数进行评价实验，每2h分析一次原料气、净化气中 H_2S、CO_2 含量，连续测定3次。

表10-5　加强 H_2S 选吸型醇胺脱硫溶剂性能评价条件

填料高度（mm）	溶液循环量（L/h）	原料天然气组成 φ		气体流量（L/h）	贫液温度（℃）	吸收压力（MPa）
		H_2S（%）	CO_2（%）			
750	1.0	0.5~0.6	3~5	300	40	4.0

2）脱硫脱碳型醇胺溶剂性能评价条件

将脱硫脱碳型醇胺溶剂配成水溶液（质量分数为40%），加入贫液储罐中。按表10-6设定的评价参数进行评价实验，每2h分析一次原料气、净化气中 H_2S、CO_2 含量，连续测定3次。

表10-6　脱硫脱碳型醇胺溶剂性能评价条件

填料高度 （mm）	溶液循环量 （L/h）	原料天然气组成 φ		气体流量 （L/h）	贫液温度 （℃）	操作压力 （MPa）
		H_2S（%）	CO_2（%）			
750	1.0	0.5~1.0	2~3	300	40	4.0

3）脱有机硫型醇胺溶剂性能评价条件

将脱有机硫型醇胺溶剂配成水溶液（质量分数为40%），加入贫液储罐中。按表10-7设定的评价参数进行评价实验，每2h分析一次原料气、净化气中硫化氢、甲硫醇含量，装置连续运转10h。

表10-7　脱有机硫型醇胺溶剂性能评价条件

装填高度 （mm）	溶液循环量 （L/h）	原料天然气组成 φ			气体流量 （L/h）	贫液温度 （℃）	吸收压力 （MPa）
		H_2S（%）	CH_3SH （mg/m³）	COS （mg/m³）			
750	1.0	1.0~1.5	300~500	300~500	350	40	4.0

4）高酸性天然气有机硫脱除醇胺溶剂性能评价条件

将高酸性天然气有机硫脱除醇胺溶剂与水按4:1（体积比）配成水溶液，加入贫液储罐中。按表10-8设定的评价参数进行评价实验，每2h分析一次原料气、净化气中有机硫含量，连续测定3次，酸气处理合格后排放。

表10-8　高酸性天然气有机硫脱除醇胺溶剂性能评价条件

装填高度 （mm）	溶液循环量 （L/h）	原料天然气组成 φ				气体流量 （L/h）	贫液温度 （℃）	操作压力 （MPa）
		H_2S （%）	CO_2 （%）	COS （mg/m³）	CH_3SH （mg/m³）			
750	1.0	8~10	6~8	250~300	250~300	250	40	6.0

5）深度脱碳醇胺溶剂性能评价条件

将深度脱碳醇胺溶剂与水按4:6（体积比）配成水溶液，加入贫液储罐中。按表10-9设定的参数运转评价装置，每2h分析一次原料气、净化气中 CO_2 含量，连续测定三次。

表10-9　深度脱碳醇胺溶剂性能评价条件

装填高度 （mm）	溶液循环量 （L/h）	原料天然气组成 φ			气体流量 （L/h）	贫液温度 （℃）	操作压力 （MPa）
		CO_2（%）	H_2S（%）	CH_4（%）			
750	1.0	2.0~3.0	0.1~0.2	96.9~97.2	500	40	4.0

4. 计算公式

计算公式如下：

$$E_{H_2S} = \left(1 - \frac{V_f \phi_{fH_2S}}{V_i \phi_{iH_2S}}\right)100\%$$ （10-7）

$$E_{\mathrm{CO_2}} = \left(1 - \frac{V_{\mathrm{f}}\phi_{\mathrm{fCO_2}}}{V_{\mathrm{i}}\phi_{\mathrm{iCO_2}}}\right) \times 100\% \tag{10-8}$$

$$E_{\mathrm{CH_3SH}} = \left(1 - \frac{V_{\mathrm{f}}C_{\mathrm{f}}}{V_{\mathrm{i}}C_{\mathrm{i}}}\right) \times 100\% \tag{10-9}$$

式中　$E_{\mathrm{H_2S}}$——H_2S 脱除率,%;

$\quad\quad E_{\mathrm{CO_2}}$——$CO_2$ 脱除率,%;

$\quad\quad E_{\mathrm{CH_3SH}}$——甲硫醇的脱除率,%;

$\quad\quad V_{\mathrm{i}}$——原料气气体流量,L/h;

$\quad\quad V_{\mathrm{f}}$——净化气气体流量,L/h;

$\quad\quad \phi_{\mathrm{iH_2S}}$——原料气中 H_2S 的体积分数,%;

$\quad\quad \phi_{\mathrm{iCO_2}}$——原料气中 CO_2 的体积分数,%;

$\quad\quad \phi_{\mathrm{fH_2S}}$——净化气中 H_2S 的体积分数,%;

$\quad\quad \phi_{\mathrm{fCO_2}}$——净化气中 CO_2 的体积分数,%;

$\quad\quad C_{\mathrm{i}}$——原料气中有机硫的含量,$mg/m^3$;

$\quad\quad C_{\mathrm{f}}$——净化气中有机硫的含量,$mg/m^3$。

二、硫黄回收催化剂性能评价

1. 方法提要

在评价装置上,模拟硫黄回收工艺各级反应器,包括温度、气体组成、空速等条件,考查催化剂性能。

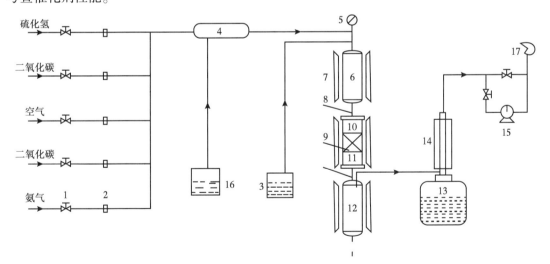

图 10-7　硫黄回收催化剂性能评价装置流程

1—阀门;2—流量计;3—恒流泵;4—混合器;5—压力计;6—预热器;7—加热炉;8—取样点;9—测温点;
10—反应器;11—催化剂;12—分离器;13—水泵;14—冷凝器;15—湿式流量计;16—CS_2 恒流泵;17—灼烧处

2．评价装置流程

硫黄回收催化剂性能评价装置流程如图 10-7 所示。

3．评价条件

1）常规硫黄回收催化剂

常规硫黄回收催化剂性能评价实验条件见表 10-10。

表 10-10　常规硫黄回收催化剂性能评价实验条件

项目	实　验　条　件
反应温度（℃）	320±1
反应压力（表压）（kPa）	<50
体积空速（h^{-1}）	5000
催化剂装量（mL）	20
催化剂粒度（mm）	1.5~2.5
反应器规格（mm×mm）	$\phi25×300$
原料气组成浓度	H_2S：4.0%；SO_2：2.0%；CS_2：0.8%；H_2O：25.0%；N_2：余量

注：（1）液态原料气（如 CS_2、水等）采用高压恒流泵注入。
　　（2）表内原料气组成浓度为建议浓度，实际运行时允许误差±10%。

2）亚露点硫黄回收催化剂

亚露点硫黄回收催化剂性能评价实验条件见表 10-11。

表 10-11　亚露点硫黄回收催化剂性能评价实验条件

项目	实　验　条　件
反应温度（℃）	127±1
再生温度（℃）	325±1
反应压力（表压）（kPa）	<50
体积空速（h^{-1}）	1200
催化剂装量（mL）	20
催化剂粒度（mm）	1.5~2.5
反应器规格（mm×mm）	$\phi25×300$
原料气组成浓度	A 吸附阶段：H_2S：2%；SO_2：1.0%；H_2O：30%；N_2：余量 B 再生阶段：N_2

注：（1）液态原料气（如 CS_2、水等）采用高压恒流泵注入。
　　（2）表内原料气组成浓度为建议浓度，实际运行时允许误差±10%。

3）硫化氢选择性氧化制硫催化剂

硫化氢选择性氧化制硫催化剂性能评价实验条件见表 10-12。

表 10-12 硫化氢选择性氧化制硫催化剂性能评价实验条件

项　目	实　验　条　件
反应温度（℃）	240±1
反应压力（表压）（kPa）	<50
体积空速（h⁻¹）	2500
催化剂装量（mL）	40
催化剂粒度（mm）	2~3
反应器规格（mm×mm）	φ25×300
原料气组成浓度	H_2S：1.0%；SO_2：0.05%；H_2O：25.0%；O_2：0.75%；N_2：余量

注：（1）液态原料气（如 CS_2、水等）采用高压恒流泵注入。

（2）表内原料气组成浓度为建议浓度，实际运行时允许误差±10%。

4）常规尾气加氢水解催化剂

常规尾气加氢水解催化剂性能评价实验条件见表 10-13。

表 10-13 常规尾气加氢水解催化剂性能评价实验条件

项　目	实　验　条　件
反应温度（℃）	335±1
反应压力（表压）（kPa）	<50
体积空速（h⁻¹）	2000
催化剂装量（mL）	30
催化剂粒度（mm）	1.5~2.5
反应器规格（mm×mm）	φ25×300
原料气组成浓度	H_2S：2.0%；SO_2：0.5%；CS_2：0.1%；H_2O：30.0%；H_2：4.0%；N_2：余量

注：（1）液态原料气（如 CS_2、水等）采用高压恒流泵注入。

（2）表内原料气组成浓度为建议浓度，实际运行时允许误差±10%。

5）低温尾气加氢水解催化剂

低温尾气加氢水解催化剂性能评价实验条件见表 10-14。

表 10-14 低温尾气加氢水解催化剂性能评价实验条件

项　目	实　验　条　件
反应温度（℃）	250±1
反应压力（表压）（kPa）	<50
体积空速（h⁻¹）	1500
催化剂装量（mL）	40
催化剂粒度（mm）	1.5~2.5
反应器规格（mm×mm）	φ25×300
原料气组成浓度	H_2S：2.0%；SO_2：0.5%；CS_2：0.1%；H_2O：30.0%；H_2：4.0%；N_2：余量

注：（1）液态原料气（如 CS_2、水等）采用高压恒流泵注入。

（2）表内原料气组成浓度为建议浓度，实际运行时允许误差±10%。

4. 催化剂性能表示及计算

1）常规硫黄回收催化剂

体积校正系数 K_V 按式（10-10）计算：

$$K_V = \frac{100-(\varphi_{H_2S}+\varphi_{SO_2}+\varphi_{O_2}+\varphi_{CS_2})}{100-(\varphi'_{H_2S}+\varphi'_{SO_2}+\varphi'_{O_2}+\varphi'_{CS_2})} \tag{10-10}$$

硫转化率 η_S 按式（10-11）计算：

$$\eta_S = 100 - \frac{100 \times K_V \times \sum S'}{\sum S} \tag{10-11}$$

其中：
$$\sum S' = \varphi'_{H_2S} + \varphi'_{SO_2} + 2\varphi_{CS_2}$$
$$\sum S = \varphi_{H_2S} + \varphi_{SO_2} + 2\varphi_{CS_2}$$

二硫化碳水解率 η_{CS_2} 按式（10-12）计算：

$$\eta_{CS_2} = 100 - \frac{100 \times K_V \times \varphi'_{CS_2}}{\varphi_{CS_2}} \tag{10-12}$$

式中　φ_{H_2S}——原料气硫化氢干基含量，%；
　　　φ_{SO_2}——原料气二氧化硫干基含量，%；
　　　φ_{O_2}——原料气氧气干基含量，%；
　　　φ_{CS_2}——原料气二硫化碳干基含量，%；
　　　φ'_{H_2S}——尾气硫化氢干基含量，%；
　　　φ'_{SO_2}——尾气二氧化硫干基含量，%；
　　　φ'_{O_2}——尾气氧气干基含量，%；
　　　φ'_{CS_2}——尾气二硫化碳干基含量，%。

2）亚露点硫黄回收催化剂

硫容 ω 按式（10-13）计算：

$$\omega = \frac{m'}{m} \tag{10-13}$$

式中　m'——再生过程中收集的硫黄质量；
　　　m——催化剂的质量。

3）硫化氢选择性氧化制硫催化剂

硫化氢转化率 η_{H_2S} 按式（10-14）计算：

$$\eta_{H_2S} = 100 - \frac{100\varphi'_{H_2S}}{\varphi_{H_2S}} \tag{10-14}$$

式中 φ'_{H_2S}——尾气硫化氢干基含量,%;

$\quad\quad \varphi_{H_2S}$——原料气硫化氢干基含量,%。

硫回收率 η_S 按式(10-15)计算。

$$\eta_S = 100 - \frac{100(\varphi'_{H_2S} + \varphi'_{SO_2} - \varphi_{SO_2})}{\varphi_{H_2S}} \quad\quad (10\text{-}15)$$

式中 φ'_{H_2S}——尾气硫化氢干基含量,%;

$\quad\quad \varphi'_{SO_2}$——尾气二氧化硫干基含量,%;

$\quad\quad \varphi_{SO_2}$——原料气二氧化硫干基含量,%;

$\quad\quad \varphi_{H_2S}$——原料气硫化氢干基含量,%。

常规、低温尾气加氢水解催化剂、尾气中除硫化氢外硫含量测定按照 GB/T 11060.4—2017《天然气含硫化合物的测定 第4部分:用氧化微库仑法测定总硫含量》执行。

第三节　产品天然气质量检测技术

一、水露点

水露点测定的露点仪通常带有一个镜面(一般为金属镜面),当样品气流经该镜面时,其温度可以人为降低并且可准确测量。镜面温度被冷却至有凝析物产生时,可观察到镜面上开始结露。该方法依据水露点的物理意义进行测量,是目前测量天然气水露点较为可靠的方法。天然气的水含量和水露点是相关联的,在一定的天然气组成和压力条件下,天然气的水含量和水露点是对应的。因此测量天然气的水含量可以按 GB/T 22634—2008《天然气水含量与水露点的换算》计算工况压力下的水露点。

二、H₂S 含量

用于硫化氢分析的方法有碘量法、亚甲蓝法、乙酸铅反应速率法等。

碘量法适用于天然气中硫化氢含量的测定,测定范围:0~100%。原理是用过量的乙酸锌溶液吸收气样中的硫化氢,生成硫化锌沉淀。加入过量的碘溶液以氧化生成的硫化锌,剩余的碘用硫代硫酸钠标准溶液滴定。

亚甲蓝法适用于天然气中硫化氢含量的测定,测定范围:0~23mg/m³。原理是用乙酸锌溶液吸收气样中的硫化氢,生成硫化锌。在酸性介质中和三价铁离子的存在下,硫化锌同 N,N-二甲基对苯二胺反应,生成亚甲蓝。通过用分光光度计测量溶液吸光度的方法测定生成的亚甲蓝。

乙酸铅反应速率法适用于天然气中硫化氢含量的测定。空气无干扰。测定范围 0.1~22mg/m³。可通过手动或自动的体积稀释将测定范围扩展到较高浓度。

三、CO₂ 含量

主要是采用气相色谱法获得二氧化碳的摩尔百分含量,GB/T 13610—2020《天然气的

组成分析 气相色谱法》是这类方法的代表。此方法可分析天然气中含量大于 0.005%（摩尔分数）的组分，微量的硫化氢不包括在内。采用标准气体进行外标定量分析，天然气中所有组分原始分析含量的加和应在99.0%~101.0%之间，这样分析数据才可以进行归一化处理，否则分析结果可疑。

四、总硫含量

目前国家标准中测定天然气中总硫含量的方法主要有氧化微库仑法、紫外荧光光度法、氢解—速率计比色法和气相色谱法。

氧化微库仑法测定天然气总硫含量的原理是含硫天然气在石英转化管中与氧气混合燃烧，硫转化成二氧化硫，随氮气进入滴定池与碘发生反应，消耗的碘由电解碘化钾得到补充。根据法拉第电解定律，由电解所消耗的电量计算出样品中硫的含量，并用标准样进行校正。根据该方法形成的我国国家标准 GB/T 11060.4—2017《天然气含硫化合物的测定 第4部分：用氧化微库仑法测定总硫含量》是天然气总硫含量测定的仲裁方法标准。

紫外荧光光度法测总硫的应用越来越普遍，是一种比较成熟的方法，紫外荧光光度法是利用光学原理，用光电倍增管检测荧光信号，确定总硫含量。因此，该方法具有较强的抗干扰能力、高灵敏度、稳定性强，运行维护相对简单。

氢解—速率计比色法是通过加氢使有机硫化物转化为硫化氢，再分析硫化氢的含量。

气相色谱法是通过测定各个有机硫化物及硫化氢的含量，将所有硫化物的含量加和得到总硫含量。

第四节 硫黄产品质量检测技术

一、硫黄含量

采用差减法测定硫黄质量分数，其原理是通过不同的检测方法，获得硫黄中各种杂质的质量分数，这些杂质有灰分、酸度、有机物和砷，用1减去上述杂质的质量分数之和，便可获得硫黄产品中硫黄的质量分数。其中硫黄的质量分数是指干基的硫黄，而对水分则单独检测。之所以未将铁列入应扣除的杂质，是考虑到灰分中本身就包含了铁的杂质。

二、水分

硫黄中水分的测定原理是将硫黄样品放在恒温干燥箱中，在80℃下干燥，称量器减少的质量即为失去的水的质量。采用的仪器设备有恒温干燥箱、称量瓶及干燥器。其具体的步骤如下：称取约25g硫黄试样，精确至0.01g，置于已于（80±2）℃干燥至恒量的称量瓶中，记录称量瓶和试样的总质量，精确至0.0001g。将装有试样的称量瓶放入温度控制在（80±2）℃的恒温干燥箱内干燥3h，取出放在干燥器中冷却至室温，称量，精确至0.0001g。重复以上操作，直至连续两次称量相差不超过0.0020g。如果干燥总时间超过16h仍未恒量，则记录最后一次称量结果。

三、灰分

硫黄中灰分的测定原理是硫黄试样在空气中缓慢燃烧，然后在高温电炉中于800~

850℃下灼烧，冷却，称量。所用仪器设备有高温电炉、电热板、干燥器和容量50~100mL的石英皿或瓷皿。具体步骤如下：称取约25g硫黄试样，精确至0.01g，放置在已于800~850℃灼烧至恒量的石英皿中，在通风橱内于电热板上使硫黄缓慢燃烧。燃烧完毕后，将石英皿移入高温电炉内，在800~850℃下灼烧40min。取出石英皿，稍冷后放置在干燥器中，冷却至室温后称量，精确至0.0001g。重复以上操作。直至连续两次称量相差不超过0.0003g。

四、酸度

硫黄中酸度测定的原理是用水—异丙醇混合溶液萃取硫黄中酸性物质，以酚酞为指示剂，用氢氧化钠标准溶液滴定。使用的试剂有水、异丙醇、氢氧化钠和酚酞。具体步骤如下：称取约25g硫黄试样，精确至0.01g，放置在250mL具有磨口塞的锥形瓶中，加入25mL异丙醇，盖上瓶塞，使硫黄完全润湿。再加入50mL水，盖上瓶塞，摇振2min，放置20min，其间不时地摇振，加入3滴酚酞指示液，用氢氧化钠标准溶液进行滴定，直至溶液成粉红色，并保持30s不褪色。同时，做空白实验。

五、筛余物

筛余物指标只适用于粉状硫黄。称取20g粉状硫黄试样，精确到0.01g，置于孔径为150μm的试验筛上，将孔径为75μm的试验筛及筛底放在150μm的试验筛的下面，盖上筛盖，机械振筛（或人工摇筛）20min。然后打开筛盖，用软毛刷碾碎结成块状的硫黄粉，盖上筛盖继续过筛直至筛余物不再通过为止。用已称重的表面皿分别收集150μm和75μm试验筛的筛余物，精确到0.0001g，由此可分别计算150μm和75μm筛余物的质量百分含量。

六、其他杂质

其他杂质包括有机物、砷、铁。测试方法分别如下。

有机物质量分数测定采用滴定法，滴定法测定硫黄中有机物是标准规定的仲裁法，其原理是硫黄试样在氧气流中燃烧，生成二氧化硫、三氧化硫，在铬酸和硫酸溶液中被氧化吸收。试样中的有机物燃烧生成的二氧化碳以酚酞和甲基橙—甲基红指示液进行指示，用氢氧化钡溶液进行滴定。此过程需专用的硫黄有机物测定仪，以满足硫黄燃烧和生成二氧化碳的吸收。空气中二氧化碳是不可忽略的干扰因素，需做好空白实验。此外，还可采用重量法测定有机物的含量。重量法的原理是将硫黄试样在250℃和800℃两次灼烧，所得残余物的质量差即为有机物燃烧过程中损失的质量。此方法可与滴定法相互验证。

硫黄中砷测定的原理是硫黄试样溶解于四氯化碳溶液中，用溴和硝酸氧化。在硫酸介质中，用金属锌将砷还原成砷化氢，二乙基二硫代氨基甲酸银的三乙醇胺-三氯甲烷溶液或吡啶溶液吸收砷化氢，生成紫红色胶态银溶液。然后对此溶液进行吸光度的测定。此方法须用具有540nm波长的分光光度计和专用的定砷仪（为玻璃器皿）。此方法使用了溴、吡啶等挥发性或刺激性的物质，应特别加以关注。由于从含硫天然气中用醇胺法提取的硫黄，其砷含量均是千万分之一的数量级，在标准修订中增加免检的条款，应是天然气净化工作者努力争取的一个目标。

硫黄中铁的测定原理是硫黄试样(约 25g)燃烧后，残渣溶解于硫酸中，用氧化羟胺还原溶液中的铁，在 pH 值为 2~5 的条件下，二价铁离子与 1,10 菲啰啉反应生成橙色络合物，用此络合物进行吸光度测定。此方法须使用具有 510nm 的分光光度计和可控制温度在 600~650℃ 的高温电炉。

第十一章 高含硫天然气净化技术应用案例

四川盆地已探明高含硫天然气储量 $9200 \times 10^8 m^3$，约占全国高含硫天然气探明储量的 90%，是高含硫天然气开发的主要场地。其积累了许多的开发经验，代表了我国高含硫相关气藏开发技术的最高水平，并且引领了发展的方向。1982 年 3 月 28 日，中坝雷三气藏中 21 井等 4 口井试产，标志着我国高含硫气藏开发起步。2009 年 7 月，中国石油西南油气田公司在国内率先实现安全开采大型超深高含硫气藏——龙岗礁滩气藏，有效指导国内其他高含硫气藏的建设、投产和安全清洁开发。随后，中国石化普光高含硫天然气净化厂、中国石化元坝天然气净化厂和川东北宣汉天然气净化厂相继建成投产，迎来了我国高含硫天然气开采的高峰。本章以川东北宣汉天然气净化厂和仪陇净化厂为例，介绍高含硫天然气净化技术的应用情况及效果。

第一节 宣汉天然气净化厂

2008 年，中国石油与雪佛龙公司签订"川东北高含硫气田宣汉/开县区块天然气开发项目"合同，合作开发川东北高含硫气田。川东北对外合作区块位于四川省宣汉县、万源市和重庆市开县境内，占地面积约 $1969 km^2$，主要包括罗家寨（含滚子坪）气田、铁山坡气田，以及渡口河（含七里北）气田。川东北对外合作区块示意图如图 11-1 所示。

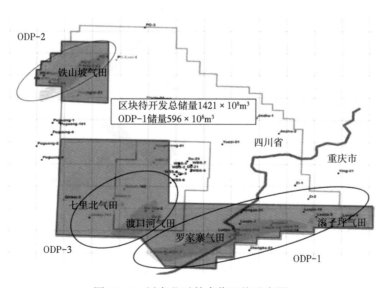

图 11-1　川东北对外合作区块示意图

按照总体规划、分步实施的原则，川东北项目一期工程（ODP-1，即总体开发方案）率先开发罗家寨（含滚子坪）气田，配套建设宣汉天然气处理厂（新建Ⅰ、Ⅱ、Ⅲ三列净化装置，预留Ⅳ、Ⅴ两列建设场地，处理渡口河气田原料气）。

宣汉天然气净化厂位于四川省宣汉县南坝镇，如图11-2所示，全厂包括主厂区、硫黄厂和厂外供水设施，原料气集气末站和商品气外输首站于一体并设置于天然气净化厂内。进入宣汉天然气净化厂的原料气来自罗家寨和滚子坪气田，其 H_2S、CO_2 和有机硫含量分别为10.08%、7.50%和397.0mg/m³，净化厂一期工程设计规模为 $900\times10^4m^3/d$，包括3列 $300\times10^4m^3/d$ 砜胺脱硫、三甘醇脱水、两级克劳斯硫黄回收和串级斯科特尾气处理工艺装置，以及配套的辅助生产设施和公用工程。工厂年开工时间8100h，每年可处理原料气 $30\times10^8m^3$，生产硫黄 40×10^4t。

图11-2　宣汉天然气处理厂（原罗家寨净化厂）

作为川东北项目二期工程的配套建设内容之一，宣汉天然气净化厂下一步将扩建Ⅳ、Ⅴ两列 $300\times10^4m^3/d$ 砜胺脱硫、三甘醇脱水、三级克劳斯硫黄回收和常规斯科特尾气处理工艺装置，用于处理来自渡口河、七里北气田的原料气。经井口检测，原料气 H_2S、CO_2 和有机硫含量分别为17.06%、8.07%和348.5mg/m³。考虑到有机硫含量仍然较高，这两列净化工艺装置采用全新设计，回收和尾气工艺流程已经作了局部调整和优化，弃用串级斯科特工艺，其主要目的是尾气装置可选用单纯的 MDEA 溶液以提高对加氢尾气的脱硫选择性。届时工厂天然气总处理能力可达 $1500\times10^4m^3/d$（年处理 $50\times10^8m^3$），硫黄产量 $80\times10^4t/a$。

总体而言，随着合作项目的实施，外方作为作业者，对高含硫气田开发技术和HSE管理有其全新的理念，加之高含硫气田原料气气质发生较大变化（有机硫增加），客观上对净化厂设计和建设方案提出了更高的要求。诸如有机硫脱除、抗硫材料选择、自控与安全监测、能量平衡与利用、废水处理、工厂布局等，均作了优化与调整，净化厂整体技术水平得到较大的提升。

2016 年，川东北宣汉天然气处理厂建成投产。目前，铁山坡气田（ODP-2）和渡口河气田（ODP-3）的开发建设尚处于前期建设准备阶段。

在宣汉天然气净化厂，来自集气末站的含硫原料气经过汇管和流量、压力控制系统分别进入并列布置的完全相同的三套净化装置。在脱硫单元内原料气 H_2S 被完全脱除，CO_2 及有机硫被部分脱除。脱硫装置输出的湿净化气进入常规三甘醇脱水装置进行脱水处理，脱水后的产品天然气，其水露点不大于 -10℃（出厂压力下），满足天然气外输所需露点要求。产品气经商业计量后外输。

来自脱硫装置的酸气进入两级常规克劳斯硫黄回收装置，其中 H_2S 被转化为元素硫，硫回收装置产生的液体硫黄经管输至相距 1.5km 的硫黄厂内，转入储罐和液硫成型装置，硫黄造粒后经公路运输至达州火车站外销。

在主厂区，硫黄回收装置克劳斯尾气被送至串级低温斯科特尾气处理装置，过程气所含硫化物被加氢还原和水解为 H_2S，进入尾气 SCOT 吸收塔。SCOT 吸收塔底出来的砜胺溶液作为半贫液通过高压泵送至脱硫装置吸收塔中部。经 SCOT 吸收塔处理后的废气送至尾气焚烧炉焚烧后经烟囱排入大气，尾气处理装置的酸性水送至酸水汽提设施，汽提出的酸气返回硫黄回收装置，汽提酸水用作循环水补充水。全厂总硫收率可达 99.8% 以上。

本节以宣汉天然气处理厂已经建成投产的三列天然气净化装置为例，介绍高含硫天然气脱硫、回收和尾气处理工艺技术。

一、脱硫脱碳技术

宣汉天然气净化厂脱硫脱碳装置由 Jacobs 公司完成基础设计，三套净化装置并列布置，处理能力相同，单套规模为 $300 \times 10^4 m^3/d$。

在川东北项目开展对外合作前后，宣汉天然气净化厂（原罗家寨净化厂）脱硫工艺方案有比较大的变化。

究其原因，一方面是高含硫气井井口原料气气质条件发生了很大变化，天然气中有机硫含量显著增加。另一方面出于满足原料气干气输送的需要，集气站最初拟采用分子筛脱水工艺（项目实施实际采用三甘醇脱水工艺）。分子筛在再生过程中因其催化作用，引起 H_2S 与 CO_2 在高温条件下生成有机硫，从而可能导致原料气有机硫含量明显增加。

为使商品气满足我国现有天然气气质标准，净化厂脱硫方案从最初选定的常规 MDEA 胺法工艺调整为砜胺法（Sulfinol-MDEA）脱硫工艺。

1. 脱硫脱碳工艺方案改进

下面简要叙述净化厂原料气有机硫含量的三次变化，以及由此带来的脱硫工艺方案调整历程。

1）原始设计

实测井口原料气有机硫含量低于 $100mg/m^3$。设计招标给定的数据如下。

H_2S：$9.5\% \sim 11.5\%$，平均值 10.08%。

CO_2：$7\% \sim 8\%$，平均值 7.5%。

有机硫（主要成分为 COS）$\leqslant 150mg/m^3$。

商品气标准：$H_2S \leqslant 20mg/m^3$；$CO_2 \leqslant 3\%$。

总硫含量（以硫计）$\leqslant 200mg/m^3$。

Jacobs 公司提交的设计结果：

采用 50%MDEA 脱硫溶液，循环量约 $430m^3/h$；

净化气残余 $H_2S \leqslant 6mg/m^3$，$CO_2 \leqslant 1\%$；

有机硫（以硫计）$\leqslant 91mg/m^3$。

显然，净化气 H_2S、CO_2 和总硫三大指标符合气质标准要求。

Jacobs 设计公司特别指出，鉴于原料气有机硫以 COS 为主，在高压 MDEA 溶液脱硫工艺条件下，当净化气中 CO_2 浓度足够低时，COS 组分将通过 MDEA 溶液水解作用分解为 H_2S 和 CO_2，然后再被溶液选择性吸收。COS 与脱硫溶液的反应动力学机理与 CO_2 十分相似，由液膜（气液界面质量传递）控制。

2）二次设计评估

随着罗家寨气田开发井的增加，通过天然气全组分测试，发现原料气有机硫含量明显升高。比如，原来各井有机硫含量实测值均在 $100mg/m^3$ 以下，故净化厂设计招标时确定原料气有机硫为 $150mg/m^3$ 以下。后来，经过酸化作业或重新测试，全部五口气井有机硫均上升到 $200mg/m^3$ 以上，其中最高一口气井达到了 $331mg/m^3$（COS 为 $280mg/m^3$，硫醇 $51mg/m^3$）。那么，就带来一个问题：当原料气有机硫含量增加较多，在其他组分及工艺条件没有改变的前提下，仍然采用 50%MDEA 脱硫工艺是否可行？

Jacobs 设计公司核算结果表明，原料气有机硫含量取最大值 $331mg/m^3$，MDEA 溶液能够基本满足商品气 $200mg/m^3$ 总硫含量要求。其推算过程如下：

根据设计经验，MDEA 溶液对 COS 的脱除率为 20%～80%。

MDEA 溶液的化学反应机理表明，（1）COS 与 CO_2 十分相似，但其酸性弱于 CO_2，所以吸收率比 CO_2 更低；（2）COS 的化学反应受到 CO_2 控制，这意味着必须在 CO_2 浓度足够低的前提下，COS 才能得到大量脱除。由于本设计考虑在净化气中要保留一定的 CO_2，因此，同样也会有较多的 COS 保留在净化气中。

本设计方案采用 50%MDEA 溶液，净化气 CO_2 含量约为 1%。在此条件下，净化气 COS 含量大约为 $125mg/m^3$，脱除率超过 50%，MDEA 对硫醇几乎没有脱除能力。尽管从模拟结果来看 COS 的脱除效果尚可接受，但由于数学模型存在不确定性，净化气总硫指标仍然有超过 $200mg/m^3$ 的可能。

本例中，设计公司选取有机硫含量最高的一口气井数据进行模拟计算。考虑到今后在气田实际开发过程中，将是多口气井同时生产，有机硫平均含量会低于此值。因此，罗家寨净化厂基本上就沿用 50%MDEA 胺法脱硫工艺继续推进设计和后续设备采购工作。

3）变更脱硫工艺

2008 年开展对外合作，外方对已初步建成的高含硫气田地下、地面及净化设施作出全面评估，对已有气井原料气组分进行重新取样分析，结果发现原料气有机硫含量进一步升高。最终给出有关净化厂原料气组分数据，有机硫含量上升到 $397mg/m^3$，其中 COS 为 $319mg/m^3$，CS_2、CH_3SH、C_2H_5SH 含量分别达到 $30mg/m^3$、$38mg/m^3$、$10mg/m^3$。

显而易见，如果仍然采用 MDEA 溶液，CO_2 脱除率为 87%（净化气中 CO_2 为 1%）的话，由于 COS 受 CO_2 控制，在 CO_2 残余较多的情况下，COS 不可能达到平衡吸收。假设其 COS 吸收率仍然保持 55%，以此推算，净化气中 COS 残余率将达到 45%，即 144mg/m^3，加上 78mg/m^3 的硫醇，有机硫含量已经达到 222mg/m^3，也就是说，总硫含量必定突破 200mg/m^3。

当时还有另外一个因素可能会造成原料气有机硫进一步增加。前面述及，原罗家寨项目井场原料气脱水方案拟采用分子筛工艺。来自分子筛供应商信息显示，在高含硫天然气脱水装置再生过程中，分子筛起催化作用，气流所含高浓度 H_2S 和 CO_2 在高温条件下将生成大量 COS。西南油气田天然气研究院现场工业应用试验也进一步表明，再生气 COS 含量高达 1000mg/m^3 以上。最后，经过外方评估，井场脱水改为三甘醇脱水工艺。

关于有机硫问题，权衡再三，决定取消原设计 MDEA 脱硫工艺，更改为砜胺法脱硫工艺。设计模型预测，在第 22 层塔盘引入贫液的条件下，净化气中 H_2S 含量预计低于 6mg/m^3，CO_2 含量低于 0.8%，总硫含量可低于 50mg/m^3。在实际设计中，考虑到环丁砜物理溶剂对硫醇和 CS_2 的强大脱除能力，在总硫指标留有足够余地的前提下，适当放宽对 COS 脱除率的控制。

4）实际脱硫效果

设计方案中，吸收塔设置有四个贫液入口，可根据生产需要灵活调整。贫液入口点降低，塔板数减少，气液接触及反应停留时间随之减少，有更多 CO_2 和 COS 保留到净化气中。设计预测净化气 CS_2 残余量为 134mg/m^3，硫醇为 8mg/m^3，有机硫含量为 142mg/m^3。

当然，设计提示，可以根据实际生产情况，合理调节溶液配制比例、循环量及贫液进塔入口高度，以达到所需要的较为理想的商品气指标。

以 2016 年 11 月 19 日生产数据为例，实际操作结果优于设计值。在工厂满负荷运行时实测井口原料气 H_2S 含量为 9.85%，CO_2 为 7.35%（说明经过多次取样分析和科学配产，原料气设计数据与实际生产数据非常接近），对应的净化气分析结果，H_2S 含量为 0.6mg/m^3，CO_2 含量为 1.92%，总硫含量为 127.9mg/m^3。显然，通过设备与工艺参数的合理调整和精细操作，选用砜胺溶液脱硫，在高压下可实现较为理想的选吸效果，净化气三大指标均满足现有商品气标准。

2. 砜胺法脱硫工艺流程

宣汉天然气净化厂主体工艺装置采用砜胺法脱硫工艺，其工艺流程与常规胺法工艺完全一致。

1）原料气条件

宣汉天然气净化厂原料天然气来自罗家寨、滚子坪气田。原料气组分及脱硫工艺参数如下：

进厂压力为 7.2MPa（g）；温度为 10~35℃；流量为 300×$10^4 m^3$/d（20℃，101.325kPa）；组成见表 11-1。

表 11-1 原料天然气干基组成表

组分	摩尔含量（%）	组分	摩尔含量（%）
甲烷	81.38	H_2S	10.08
乙烷	0.07	CO_2	7.50
丙烷	0.02	He	0.02
N_2	0.70	合计	100.00
H_2	0.23		

注：（1）H_2S 含量的变化范围为：9.5%~11.5%。

（2）CO_2 含量的变化范围为：7%~8%。

（3）有机硫含量为 397mg/m^3，其中 COS 为 319mg/m^3。

2）湿净化气条件（出脱硫装置）

压力：7.0MPa（g）；温度：41℃；流量：247.5×$10^4$$m^3$/d；$H_2S$ 含量 ≤20mg/m^3；总硫含量（以硫计）≤200mg/m^3；CO_2 含量 ≤ 3%（摩尔分数）；H_2O 含量：饱和水。

3）脱硫工艺方法及特点

装置采用砜胺法（Sulfinol-M）脱除天然气中几乎所有的 H_2S、大部分有机硫和 CO_2，溶液组成为 15%（质量分数）环丁砜、50%（质量分数）甲基二乙醇胺和 35%（质量分数）水，溶液循环量约为 430m^3/h（单套），其中贫液 195m^3/h，半贫液 215m^3/h。由于尾气处理装置采用串级 SCOT 工艺，尾气处理装置低压脱硫部分得到的富砜胺液酸气负荷很低，将由高压半贫液泵引入本装置脱硫吸收塔中部进一步吸收原料气中的酸气，脱硫吸收塔塔底富砜胺液经再生后分三股分别送至本装置脱硫吸收塔、闪蒸气吸收塔和尾气处理装置 SCOT 吸收塔循环使用。砜胺液再生所得酸气送至硫黄回收装置。

脱硫装置工艺特点如下：

（1）砜胺法（Sulfinol-M）具有物理吸收兼化学吸收的特点，它不仅对天然气中酸性组分，特别是对 H_2S 的吸收具有较高的选择性，而且对有机硫（COS、RSH 和 CS_2）有相当高的脱除效率。这种混合溶剂相对来说富液酸气负荷较高，循环量不大，有利于降低能耗。

（2）吸收塔设置四个贫砜胺液进料口（第 16 层、第 18 层、第 20 层和第 22 层），结合砜胺配制比例和循环量，可很方便地实现对进料气质条件变化或者 CO_2 脱除率作出灵活调节。

（3）为保持溶液清洁度，采用三级过滤方式，在溶液循环系统贫液段分别设置砜胺液机械过滤器、活性炭过滤器和砜胺液后过滤器，尽可能除去溶液中的固体杂质和降解产物。同时，Sulfinol-M 溶液储罐采用氮气保护，防止溶液接触空气氧化变质，降低溶液起泡及损失。

（4）溶液循环泵采用能量回收透平，回收了从脱硫吸收塔底流出的高压富砜胺液的大部分压力能，降低工厂电能消耗。

（5）设置两个溶液储罐，一个储罐用于停工时系统溶液的收集，另一个储罐可用于回收并储存装置停工时第一次清洗设备所产生的稀溶液。回收的稀溶液可供配制溶液和正常操作时作补充水使用，这样既可减少污水排放量，减轻污水处理装置负荷，也可回收部分

溶剂，降低溶剂消耗。

（6）贫/富砜胺液换热器和贫砜胺液冷却器均采用板式换热器，提高传热效率，降低压降损失和工厂能耗，同时还可减少设备占地和钢材用量。

（7）设置原料气紧急切断联锁及湿净化气调压放空系统，确保出现异常情况时能及时实现安全紧急停车，最大限度减少含硫天然气的放空。

4）脱硫工艺流程

（1）原料气吸收部分。

原料天然气在 7.2MPa（g），35℃的条件下自集输末站系统进入脱硫装置，经过原料气分离器和一用一备的原料气过滤分离器，分离过滤除去可能携带的游离液体和固体杂质，分离出来的气田污水送至厂区气田水处理装置。

含硫天然气自下部进入脱硫吸收塔，在塔内与自上而下的 Sulfinol-M 贫液和半贫液逆流接触，原料气中几乎所有的 H_2S、大部分 CO_2 和有机硫被砜胺溶液吸收脱除。在脱硫吸收塔第16层、第18层、第20层和第22层塔盘分别设置贫砜胺液入口，通过调节塔板数，确保湿净化气质量指标。在脱硫吸收塔第8层塔盘设置了半贫砜胺液入口，该半贫砜胺液来自尾气处理装置半贫砜胺液泵。脱硫吸收塔顶湿净化气经分离器分液后，在约 7.0MPa（g），41℃的条件下送至脱水装置。

（2）富液闪蒸部分。

从脱硫吸收塔底部出来的富液经过能量回收透平回收压力能，压力降至接近 0.7MPa（g）后，与湿净化气分离器液体一并进入闪蒸罐，在 0.7MPa（g），73.5℃的条件下闪蒸出绝大部分溶解于溶液中的烃类气体及少量 CO_2 与 H_2S 气体。闪蒸前后富液甲烷含量从 4200mg/L 降低到 250mg/L，闪蒸率达到 94%。

闪蒸气含有 12.5% 的 H_2S 和 29.1% 的 CO_2，通过进入闪蒸塔与 Sulfinol-M 贫液逆流接触，绝大部分 H_2S 和部分 CO_2 得以脱除，闪蒸气 H_2S 含量小于 57mg/L，CO_2 含量为 20.7%。

净化后的闪蒸气经调压调至 0.22MPa（绝）后去尾气处理装置，用作灼烧炉燃料气。

（3）溶液再生部分。

闪蒸后的 Sulfinol-M 富砜胺溶液，进入贫/富液换热器与再生塔底出来的热贫液换热，温度升至约101℃，进入再生塔第22层塔盘，自上而下流动，与塔内自下而上的气相逆流接触进行再生，解吸出富液中的 H_2S 和 CO_2。富液再生所需热量由重沸器提供。

热贫液在131℃下自再生塔底部引出，用低压贫砜胺液泵送至贫/富液换热器与富液换热至81℃左右，约 1/3 的 Sulfinol-M 贫液进入砜胺液机械过滤器、活性炭过滤器和砜胺液后，过滤器进行过滤，除去溶液中降解产物和机械杂质。剩余的 2/3 贫液，则通过旁通与过滤溶液混合，一并经过贫砜胺液冷却器冷却至53℃，再进入贫液后冷器进一步冷却至40℃，然后分别去 SCOT 尾气处理装置（215m³/h）、脱硫装置闪蒸气吸收塔（20m³/h）和高压贫砜胺液泵（195m³/h）。去高压贫砜胺液泵的 Sulfinol-M 贫液被泵送至脱硫吸收塔顶部，完成整个溶液系统的循环。

（4）酸气冷却与水平衡。

由再生塔顶出来的101℃酸气经塔顶冷凝器冷至52℃后进入塔顶后冷器进一步冷至

40℃，然后进入回流罐，分离出酸水。酸气在 0.08MPa（g）的压力下送至下游硫黄回收装置进行处理。酸水由回流泵送至再生塔顶作为回流。

由于离开脱硫装置的湿净化气和酸气带走的饱和水多于原料气带入的饱和水，导致脱硫装置水的不平衡，需要向装置内补充除氧水，以维持砜胺溶液浓度和水平衡，其补充水量约为 469kg/h，通过回流罐进料口直接补入冷除氧水。

（5）溶液保护与配制。

砜胺溶液排放罐和溶液补充罐均采用氮气密封，以免溶液发生氧化变质。

装置首次开工和正常生产时，配制新鲜溶液所需的冷凝水（除氧水）由锅炉房供给。在溶液补充罐中，按照 15% sulfolane（质量分数）、50% MDEA（质量分数）、35% H_2O（质量分数）的浓度配入新鲜溶剂。

装置开工加注溶液时，一部分通过低压贫砜胺液泵抽取溶液补充罐溶液送至闪蒸气吸收塔，并经高压贫砜胺液泵送至脱硫吸收塔，另一部分则通过溶液补充泵经重沸器送到再生塔。

（6）阻泡剂加注。

当溶液系统有起泡倾向或起泡时，可将阻泡剂直接倒入再生塔回流酸水管线上的阻泡剂放大管中，向系统注入阻泡剂。如果阻泡剂黏度较大，可用冷除氧水适当稀释。阻泡剂可分一次或多次注入，可视溶液发泡情况及系统容量确定加入阻泡剂量，一般阻泡剂的加入量以溶液系统中阻泡剂浓度为 0.25～1mg/L 计算得出。

不推荐长期连续注入阻泡剂，因为阻泡剂会使活性炭过滤器中的活性炭饱和，且注入过量阻泡剂甚至可能促使溶液发泡。

5）主要安全措施

装置设置了以下主要安全保护系统和设施：

（1）可能发生泄漏的适当位置设置可燃气体、有毒气体检测报警仪。

（2）压力容器等带压系统均设有安全阀，以保护设备和系统的安全。

（3）原料气和湿净化气管道上均设有联锁切断系统和调压系统，紧急情况下关闭系统确保装置安全。

（4）所有电气设备均采用防爆型。

（5）所有外露的旋转件均设置防护罩。

（6）酸水回流泵采用逆循环屏蔽泵全密封防止泄漏。

（7）正常排放或事故排放有毒、可燃气体均采用密闭系统排放至火炬，燃烧后排放，高压部分液体正常生产在线排放亦可采用密封排放。

（8）对温度高于 60℃的管道系统采取防烫保温措施。

（9）装置内设置有腐蚀监测设施，实时监测设备及管道的腐蚀情况。

6）节能措施

（1）高压贫砜胺液循环泵采用能量回收透平加电动机驱动，回收了高压富砜胺液的大部分压力能，可大大降低装置的电力消耗。

（2）设置两个溶液储罐，其中一个储罐用于储存停工时第一次清洗设备产生的稀溶液，该稀溶液用于配制溶液和正常操作时作补充水使用，这样既减少污水排放量，改善污水处理装置的操作条件，又可回收部分溶剂，降低溶剂消耗。

（3）贫/富砜胺液换热器和贫砜胺液后冷器采用板式换热器，可提高传热效率和降低贫液压降，提高热量回收率，降低工厂能耗，同时可减少设备占地面积和钢材耗量。

（4）将闪蒸气引入尾气处理装置，用作焚烧炉燃料气。

二、硫黄回收技术

川东北高含硫项目宣汉天然气净化厂硫黄回收装置由 Jacobs 公司完成基础设计，三套净化装置并列布置，处理能力相同，与 $300 \times 10^4 \mathrm{m}^3/\mathrm{d}$ 脱硫装置匹配。硫黄回收装置采用两级转化的常规克劳斯（Claus）工艺，硫黄回收单元设计硫黄回收率为 93.4%，最大硫黄产量约 460t/d（液态）。

1. 设计基础数据

1）进料酸气条件

硫黄回收装置进料酸气来自上游脱硫装置排出的酸气及酸水汽提装置汽提气，进料条件见表 11-2。

表 11-2 硫黄回收装置进料酸气条件表

酸气来源		脱硫装置酸气	酸水汽提装置汽提气
压力[kPa(a)]		178	178
温度(℃)		40	90
摩尔含量组成（%）	H_2S	59.272	19.355
	COS	0.036	0
	CH_3SH	0.012	0
	H_2	0	0
	CO_2	36.361	45.161
	N_2	0.001	0
	H_2O	4.065	35.484
	CH_4	0.253	0
	C_2H_6	0	0
	总计	100.000	100.000
流率（kmol/h）		1077.000	0.031

2）产品规格

本装置产品为经过脱气后的液态硫黄，最高产量约为 460 t/d。产品规格如下：

纯度≥99.95%；H_2S 含量≤10mg/L；水分≤0.20%；灰分≤0.03%；砷≤0.0001%；铁≤0.003%；有机物≤0.03%；酸度≤0.003%；颜色为亮黄色。

2. 工艺方法及特点

(1)鉴于下游设有 SCOT 尾气处理装置，本设计采用直流法常规克劳斯两级转化工艺，既简化了工艺流程和操作控制，又节省了工程投资。

(2)余热锅炉设计产生 4.3MPa（a）中压蒸汽，过热后作为工厂蒸汽透平驱动设备的能源，大大降低了工厂耗电量。

(3)主风机为两用一备，其中两台利用背压式蒸汽透平驱动，另一台为电动机驱动，操作灵活、可靠。正常生产时采用背压式蒸汽透平驱动两台主风机，乏气作脱硫装置再生塔重沸器热源，能源利用合理，有利于降低能耗。

(4)设置 H_2S/SO_2 在线分析仪和高级燃烧炉配风控制系统（ABC 控制系统），可保证装置的操作实现最佳化，获得最佳的硫黄回收率。

(5)过程气再热采用装置产生的中压饱和蒸汽，操作控制方便、可靠。

(6)液硫脱气采用壳牌公司的空气鼓泡法专利技术，可使脱气后的液硫 H_2S 含量低于10mg/L，满足安全和环保方面的要求。

3. 工艺流程

从脱硫装置再生塔出来的酸气，与从酸水汽提装置出来的汽提气汇合后进入酸气分离器，分离出可能夹带的酸水后进入主燃烧炉燃烧器，与主风机送来的空气按一定配比在主燃烧炉内进行燃烧反应，要求反应温度不低于985℃，在此条件下约61%的 H_2S 转化为元素硫。

从主燃烧炉出来的高温过程气流经余热锅炉后温度降至319℃，进入一级硫黄冷凝冷却器冷却至190℃，过程气中绝大部分硫蒸汽被冷凝分离出来。

自一级硫黄冷凝冷却器出来的过程气进入一级蒸汽再热器，升温至240℃后进入一级反应器，气流中 H_2S 和 SO_2 在催化剂床层上继续发生克劳斯反应生成元素硫，出一级反应器的过程气进入二级硫黄冷凝冷却器冷却至185℃，分离出液硫。

自二级硫黄冷凝冷却器出来的过程气进入二级蒸汽再热器，升温至210℃进入二级反应器，气流中的 H_2S 和 SO_2 在催化剂床层上继续进行克劳斯反应生成元素硫，出二级反应器的过程气进入三级硫黄冷凝冷却器冷却至171℃，分离出液硫后，克劳斯尾气送至尾气处理装置。

液硫分别进入各级液硫封，并通过重力作用自流进入液硫池，经硫黄冷却器冷却至约159℃后流至液硫池空气鼓泡区，经鼓泡器脱除 H_2S 后，通过液硫泵输至液硫储罐。

余热锅炉产生的 4.3MPa（a）中压饱和蒸汽部分用来加热过程气，剩余的大部分送至尾气处理装置——蒸汽过热器，过热蒸汽用于驱动透平。

4. 主要安全措施

装置采取如下安全措施：

(1)设置可燃性气体报警仪。

(2)所有电动机及电器设备均采用防爆型。

（3）压力设备及需设安全阀的地方均设置了弹簧全启式安全阀。

（4）设有自动蒸汽消防系统。

（5）正常或事故排放均采用密闭系统排放。

5. 催化剂消耗

催化剂的一次装填量及特性见表11-3。

表11-3 硫黄回收装置催化剂一次装填量

序号	使用地点	一次性投入量（m³）	CRS-31（m³）	CR-3S（m³）	备注
1	一级反应器	44	33	11	每5年更换一次
2	二级反应器	52	—	52	每5年更换一次
合计		96	33	63	

注：一级反应器装填两层催化剂，顶层为CR-3S，底层为CRS-31；二级反应器全部装填CR-3S。

6. 节能措施

（1）充分利用装置余热产生中、低压饱和蒸汽用作本装置和工厂的能源。其中，中压饱和蒸汽过热后供蒸汽透平驱动设备使用，减少工厂电耗。

（2）正常生产时采用背压式蒸汽透平驱动主风机，乏气供脱硫装置溶液再生使用，合理利用能源。

（3）过程气再热利用装置自产中压饱和蒸汽，降低装置燃料气消耗。

三、尾气处理技术

宣汉天然气处理厂尾气处理装置由 Jacobs 公司完成基础设计，三套净化装置并列布置，处理能力相同，与上游硫黄回收装置配套。全厂总硫收率可达99.8%以上。

1. 进料尾气

流量为2063.93kmol/h，压力为0.127MPa（a），温度为172℃。

此外，进料尾气中硫雾夹带量为148.4kg/h。进料尾气组成见表11-4。

表11-4 进料尾气组成表

组分	摩尔含量（%）	组分	摩尔含量（%）
H_2S	0.719	H_2	1.209
SO_2	0.358	CO_2	16.361
COS	0.018	N_2	47.745
CS_2	0.016	Ar	0.569
S_6	0.012	H_2O	31.696
S_8	0.050	合计	100.000
CO	1.246		

2. 返回硫黄回收装置汽提气

压力为 0.178MPa（a），温度为 90℃，流量为 0.03kmol/h。

返回硫黄回收装置汽提气组成见表 11-5。

表 11-5 返回硫黄回收装置汽提气组成

组分	摩尔含量(%)	组分	摩尔含量(%)
H_2S	19.355	H_2O	35.484
CO_2	45.161	合计	100.000

3. 焚烧排放废气

压力为 0.098 MPa（a），温度为 300℃，流量为 2732.83 kmol/h。

焚烧排放废气组成见表 11-6。

表 11-6 焚烧排放废气组成

组分	摩尔含量(%)	组分	摩尔含量(%)
H_2S	0	N_2	68.808
SO_2	0.026	Ar	0.819
H_2	0.023	H_2O	13.305
CO_2	15.407	合计	100.000
O_2	1.612		

4. 汽提酸水

压力为 0.35 MPa（a），温度为 40℃，H_2S 含量小于 5mg/L，流量为 9737kg/h。

5. 工艺方法及特点

装置采用还原吸收法（串级低温 SCOT 工艺）处理硫黄回收装置的尾气。尾气中所含硫化物和元素硫几乎全部转化为 H_2S，过程气经冷却器冷却和急冷塔除去大部分水分后，在低压 SCOT 吸收塔通过 Sulfinol-M 溶液选择性吸收，加氢尾气所含 H_2S 被脱除后焚烧排放，塔底砜胺液作为半贫液，返回脱硫装置吸收塔进一步吸收酸气。来自急冷塔的含硫酸水经酸水汽提塔汽提，含 H_2S 汽提气返回硫黄回收装置。

装置工艺特点：

（1）采用串级低温 SCOT 工艺，降低了工程投资，减小装置占地面积，降低操作成本。

（2）设置尾气处理装置，硫黄回收装置总硫回收率可达 99.8%以上，尾气排放废气中 SO_2 排放速率为 23.3kg/h（单列），SO_2 排放浓度不大于 960mg/m³，满足国家环保标准 GB 16297—1996《大气污染物综合排放标准》的要求。

（3）尾气焚烧炉操作温度为 760℃，确保焚烧后排放废气中的 H_2S 含量低于 10mg/L。设置二次配风燃烧模式，防止氮氧化物超标。

（4）焚烧炉设置余热锅炉及蒸汽过热器，最大限度回收热量，提高装置的能量回收率。

6. 工艺流程

1) 还原吸收部分

来自硫黄回收装置末级冷凝冷却器的克劳斯尾气，引入至 SCOT 混合室，与 SCOT 燃烧器产生的高温燃烧气体混合，混合后的过程气被加热至 SCOT 反应器入口温度（220℃），进入到装填有低温 SCOT 催化剂的加氢反应器，完成加氢还原和水解反应。过程气中绝大部分硫化物转化为 H_2S，然后进入气体冷却器冷却到 180℃，再与急冷塔冷却水逆流接触，进一步冷却到 42℃。因过程气水蒸气大量冷凝，急冷塔底冷却水一部分经冷却后送至急冷塔顶进行循环，另一部分经过滤后送至酸水汽提塔汽提。为防止设备腐蚀，通常需要保持急冷塔溶液 pH 值为 7 左右，否则需要适时注入 NaOH 加以调节。

从急冷塔出来的塔顶气进入 SCOT 吸收塔，与来自脱硫装置的 Sulfinol-M 贫砜胺液逆流接触。气体中几乎所有的 H_2S 被溶液吸收，但只有一部分（大约为 12%）CO_2 被吸收。从 SCOT 吸收塔顶出来的净化尾气进入焚烧炉燃烧，达标排放。吸收塔底出来的 Sulfinol-M 半贫砜胺液泵送至脱硫装置主吸收塔中部，进一步吸收原料天然气中的酸气组分。

2) 尾气焚烧部分

从 SCOT 吸收塔顶出来的净化尾气和来自硫黄回收装置液硫池中的液硫脱气废气（含有残留的 H_2S 和其他硫化物）分别进入焚烧炉，焚烧用燃料气来自脱硫装置闪蒸气，不足部分来自净化天然气。通过高温焚烧，排放气中残留 H_2S 和硫化物全部转变为 SO_2。焚烧后的气体（烟气）温度约为 760℃，H_2S 含量在 10mg/L 以下。本工艺设计还通过特殊的二次配风燃烧模式，控制氮氧化物的产生。

燃烧炉出口烟气在余热锅炉中被冷却到大约 425℃，进入蒸汽过热器进一步冷却至 300℃ 左右，经烟囱排放。

3) 酸水汽提部分

来自急冷塔底的酸水储存于酸水收集罐，经换热器加热，进入酸水汽提塔，与重沸器汽提蒸汽逆流接触。塔顶气体经冷却至约 90℃，进入酸水回流罐分离，液相作为回流液重新送到酸水汽提塔顶，含硫酸气返回至硫黄回收装置。

汽提酸水冷却到 40℃ 左右，进入循环水系统作循环冷却水补充用水。

7. 主要安全措施

装置安全措施：

(1) 设置可燃性气体报警仪和 H_2S 有毒气体报警仪，以确保人身安全。

(2) 所有电动机及电器设备均采用防爆型，减少危险发生的可能性。

(3) 压力设备及需设安全阀的地方均设置了安全阀。

(4) 选用逆循环型屏蔽电泵，全密封，最大限度减小危险发生的可能性。

(5) 气体正常或事故排放均采用密闭系统排放至火炬，液体排放至污水处理装置。

(6) 设有蒸汽和惰性气体吹扫、置换开工线和半固定式消防接头，以确保开停工和正常生产安全。

(7) 在急冷塔、吸收塔、酸水汽提塔、SCOT 燃烧炉、尾气焚烧炉等处设置相关安全联锁，当出现流量、温度或液位超出设计范围等不安全因素时，将联锁切断或关闭装置，以确保工厂安全。

8. 化学品消耗量

化学品耗量详见表11-7。

表11-7　尾气处理装置化学品耗量表

名称	规格	年耗量	首次开工一次投入量	备注
催化剂	TG-107 $\phi 2 \sim 4mm$ 堆积密度：最大800kg/m^3	7.6m^3	38.1m^3	催化剂寿命5年(年工作时间按8100h计)
pH调节剂	NaOH	7875 kg		

注：净化厂实际使用TG-107替代CRITERION 534。

9. 节能措施

(1)燃烧炉风机2用1备，其中2台为蒸汽驱动，1台为电驱动。正常生产采用过热蒸汽透平驱动2台风机，大大降低装置耗电量。

(2)半贫砜胺液泵采用1备1用，其中1台为蒸汽透平驱动，1台为电驱动。正常生产时采用透平驱动半贫液泵，降低装置耗电量。

(3)余热锅炉及蒸汽过热器可最大限度回收尾气中的热量，提高装置能量回收率。

(4)汽提酸水H_2S含量低于5mg/L，用作循环水补充水，可降低工厂耗水量。

四、其他特色技术

1. 更换为可脱除有机硫的砜胺溶液

1)砜胺溶液对脱硫单元的影响

前面已经提到，因为罗家寨气田原料气中有机硫升高，致使净化装置脱硫溶液由原来的MDEA溶液更换为砜胺溶液。

总体来说，更换溶液对脱硫单元的设备和工艺操作影响不大。砜胺溶液可以有效脱除有机硫，同时仍然保持了较为理想的选择性吸收性能，净化气中CO_2含量可以灵活调节。如果溶液中CO_2含量降低，不仅有利于节约再生塔能耗，同时还提升了酸气质量(提高H_2S含量)，有助于改善硫黄回收率。

2)砜胺溶液对闪蒸单元的影响

由于砜胺溶液对烃类有较强的物理吸收能力，因此相对于MDEA溶液来说，同样条件下会得到更多的闪蒸气量。原设计闪蒸气量约为1150kg/h，其中烃类660kg/h，剩余基本上为CO_2，大约490kg/h。闪蒸气送到尾气灼烧炉用作燃料气，尾气灼烧炉所需燃料气总量为1900kg/h(不足部分由净化气补充)。

当使用砜胺溶液后，一方面通过物理溶解吸收了更多的烃类物质，另一方面，因溶液碱性减弱，同样压力条件下有更多的CO_2等酸性气体解吸出来。本例中，考虑到脱硫设备的适应性，需要尽量保持闪蒸气量与原设计方案一致，所以将闪蒸压力从5bar提高到

7bar，以适当抑制过多 CO_2 的闪蒸。在新的闪蒸压力下，经计算其闪蒸气量达到 1315kg/h，比原设计增加 165kg/h（其中烃类增加 90kg/h，CO_2 增加 75kg/h）。

当然，从提高酸气质量角度，对于旧装置改造或新设计的砜胺脱硫系统，宜采用 5bar 甚至更低闪蒸压力，只要闪蒸罐能够将富液自流压入再生塔，工艺流程并未改变。如此，富液中会有相当一部分 CO_2 通过闪蒸气"分流"到灼烧炉，从而减少进入再生塔的酸气量，达到减少设备尺寸、节约蒸汽消耗、提高酸气质量的效果，硫黄回收率也会因此受益。

需要指出的是，在 7bar 压力下，进入闪蒸气吸收塔各酸性组分为 29% CO_2、12.5% H_2S、171mg/L COS 和 132mg/L CH_3SH，净化后的闪蒸气组分为 21% CO_2、57mg/L H_2S、163mg/L COS 和 65mg/L CH_3SH。显然，低压下砜胺溶液对 H_2S 和 CO_2 还是表现出较强的选吸能力，但对于有机硫情况就有所不同。低压闪蒸气中硫醇脱除率达到 50%，而对 COS 则几乎没有脱除作用。可见，在压力更低的 SCOT 吸收塔，不能使用砜胺溶液脱除加氢尾气中的 COS。

3) 砜胺溶液对尾气 SCOT 塔的影响

串级 SCOT 工艺的特点是充分利用尾气吸收塔底半贫液的低酸气负荷空间，将其引入到主吸收塔中部，和主吸收塔上部流下的溶液一起，继续吸收原料气中的酸性组分直至达到设计规定的酸气负荷值，然后进入同一个再生塔进行再生。这样，从总体上可减少全厂的总循环量，同时还可省略尾气装置本来需要单独设置的溶液再生系统，达到节约投资、降低能耗、简化工艺流程、提高安全可靠性的效果。

尾气装置溶液系统通常需要对 H_2S 具有较好的选择性，防止大量的 CO_2 被吸收而循环进入回收装置，影响整体硫黄回收效果。一般来说 MDEA 溶液是理想的选择，但当使用串级 SCOT 工艺后，由于脱硫装置主吸收塔更换为砜胺溶液，导致尾气 SCOT 吸收塔也不得不使用同样的砜胺溶液。

据文献，在串级 SCOT 工艺中由于主吸收塔的特殊需要而与尾气 SCOT 吸收塔共同使用 Sulfinol-M 砜胺溶液。

当然，由于在溶液中额外添加了环丁砜（sulfolane），使得溶液碱性减弱。为了保证对 H_2S 的脱除效率不降低，就需要将半贫液由原来的 155m³/h 增加到 215m³/h，循环量的增幅达到 38%。

从总体上来说，作为碱性溶液的砜胺溶剂对于脱除硫化氢和二氧化碳等酸性气体的化学反应其实质还是中和反应。当溶液碱性降低时，需要加大循环量加以弥补。不过，因为环丁砜（sulfolane）这种物理溶剂不仅能够大量脱除有机硫，还能够物理吸收 CO_2 等酸性气体，包括烃类物质，对于主吸收塔来说，由于碱性降低而造成的酸气脱除能力不足，可由砜胺溶液所额外增加的物理吸收能力得到弥补，所以通过主吸收塔的总循环量基本维持不变。

例如，原罗家寨 50% MDEA 脱硫工艺中模拟数据为，循环量 440m³/h，其中贫液 265m³/h、半贫液 155m³/h、进闪蒸塔 20m³/h。改用砜胺工艺后略有降低，循环量 430m³/h、其中贫液 195m³/h、半贫液 215m³/h、进闪蒸塔 20m³/h。

值得注意的是，SCOT 吸收塔中，即使提高了砜胺溶液的循环量，保证了对 H_2S 的脱除率，但由于环丁砜的物理吸收能力，导致其对 CO_2 有更多的吸收，从而 CO_2 的共吸收率从常规 MDEA 溶液约 7% 升高到砜胺溶液约 12%，即更换脱硫溶剂后，CO_2 共吸收率增加

5 个百分点，再者，尽管总循环量不变，但半贫液大大提升，所以，必须相应更换半贫液泵。至于高压贫液泵，虽然流量减少，但机泵不做更换，且正常运行时主要通过 $430m^3/h$ 同轴富液透平驱动，因此从能耗角度，难免有所浪费。

2. 液硫脱气技术

宣汉天然气净化厂液硫脱气采用空气鼓泡脱气工艺，属于壳牌专有技术。

回收装置产生的液硫通常含有大约 300mg/L 的 H_2S，这些硫化氢一部分以多硫化物（H_2S_x）形式存在于液硫中，一部分以物理溶解的方式存在于液硫中。为从液硫中脱除 H_2S 和 H_2S_x，消除液硫处理、运输和储存过程中潜在的中毒和爆炸风险，开发出了"壳牌硫黄脱气工艺"（Shell Sulfur Degassing Process）。使用液硫脱气工艺技术，将液硫中 H_2S 含量可降低到 10mg/L 以下。

液硫脱气机理是通过一系列喷嘴向液硫中注入空气进行鼓泡汽提，其中一部分空气在液硫中发挥着汽提硫化氢的作用，另一部分空气起着将硫化氢氧化为元素硫的作用。随着硫化氢从液硫中被解吸出来，液硫中的多硫化物也不断得以分解为（溶解态的）硫化氢和硫。

液硫池汽提段设置有两个鼓泡塔，两者完全相同，截面呈矩形。其塔顶和塔低为完全敞开结构，两个塔的底部均布设若干喷嘴作为空气分布器。

汽提空气由回收装置主风机引至喷嘴。空气的一个作用是促使液硫围绕着汽提塔由下而上形成强制循环，从而汽提出溶解于液硫中的硫化氢，进而将大部分硫化氢氧化为元素硫。此外，随着液硫中 H_2S 的不断逸出，加速了多硫化氢的进一步分解，最终达到液硫脱气的目的。

除了设置汽提空气外，液硫池中还需要增设一股额外的吹扫空气，吹扫气通常位于脱气部分的顶部盖板处。液硫池内所有的空气加上从液硫中释放出来的 H_2S 气体，通过蒸汽喷射器抽出，排到尾气灼烧炉。液硫池液位通过液硫泵保持稳定。

3. 液硫管道伴热方案比选

1) 雪佛龙公司提供电伴热的长距离液硫输送管道应用案例

（1）在美国怀俄明州的伊文斯卡特，设置有长达 30km 的液硫管线。总的来说，卡特溪液硫管道是非常可靠的，腐蚀很小，基本无操作问题。这个液硫管道 26 年内仅有 3 次停工。

（2）在哈萨克斯坦 Tengiz 油田，设置有长 2km 的液硫管线。该管线自 2008 年使用以来，没有出现任何操作、可靠性或腐蚀的问题。

（3）在加拿大阿尔伯塔省 Kaybob 南部 3# 天然气处理厂，设置有长 2km 的液硫管线。该管线从 1970 年初期投运以来，一直运行良好，操作和可靠性都很好。电伴热方式使用了 15 年后才重新更换。

电伴热液硫管线在上述案例中，可靠性高、经济性和操作性良好。上述所有案例中都仅为一根碳钢液硫管道，无备用管线。

雪佛龙公司电伴热液硫管线的操作历史证明其可靠性大于 99.9%。雪佛龙公司还没有在碳钢液硫管道遇到任何显著的腐蚀问题，也没有发生非硫黄杂质堵塞液硫管线的情况。

2) 两个伴热方式的比较

为防止液硫管线液硫凝结堵塞，需对液硫管线进行保温伴热。常见的管道伴热方式主要有两种：蒸汽伴热和电伴热。根据前面雪佛龙公司提供的电伴热液硫管道成功案例，现选择 2 根蒸汽伴热的液硫管道和 1 根电伴热液硫管道进行对比。

总体来说，采用蒸汽伴热成本较低，但可靠性存在不足。在加拿大的 Kaybob 南部天然气厂就有 2km 的液硫管线曾经采用蒸汽夹套管伴热，该液硫管线维护费用很高，而且存在堵塞问题。后来，该管道在使用蒸汽伴热 5 年后，用电伴热进行升级替换。目前我国国内几乎没有长达 2km 的蒸汽夹套管伴热液硫管线的使用经验。因此为了确保操作的可靠性，本工程推荐采用电伴热液硫管线。

3）液硫管道材质对比

本系统液硫管线采用电伴热，经计算，管道采用 DN150 钢管。可选材质有 20# 钢，304 不锈钢和不锈钢复合管。

由于液硫管线设计压力较低（1.6MPa），采用 20# 钢，考虑 1.5mm 腐蚀裕量，管道计算壁厚为 5mm。若采用不锈钢复合管，20# 钢作为基材，基材壁厚作为承载应力层，不考虑腐蚀裕量，壁厚 3.5mm，内衬耐蚀层选用 2mm 壁厚 304 不锈钢。此种规格的不锈钢复合管壁厚较薄，与采用 304 不锈钢纯材壁厚 3.5mm 相比，无经济优势，因此不推荐采用不锈钢复合管。

尽管不锈钢管抗腐蚀性能优于碳钢管，但无缝碳钢管投资比不锈钢管低。根据前述国外公司电伴热长距离液硫输送管道实用案例，使用碳钢管作为液硫管道是安全可靠的，因此，本系统采用无缝 20# 钢管。

第二节　仪陇天然气净化厂

仪陇天然气净化厂（以下简称仪陇净化厂）位于四川省南充市仪陇县立山镇，占地面积 583.4 亩①，西侧距龙岗 1 井直线距离约 1km，位于龙岗气田中央。仪陇净化厂于 2007 年 12 月 5 日正式开工建设，2009 年 6 月 30 日建成，2009 年 7 月 5 日成功投产。

仪陇净化厂设计原料天然气处理能力为 $1200×10^4m^3/d$，设计原料气压力为 7.6 ~ 7.8MPa。单列装置的原料天然气处理能力为 $600×10^4m^3/d$，为国内最大单套工艺装置，2 列完全相同的装置呈平行排列，间距 80m。装置的操作弹性为 50% ~ 100%，年运行时间 8000h。该厂主体工艺装置包括过滤分离装置、脱硫脱碳装置、脱水装置、硫黄回收装置、尾气处理装置、酸水汽提装置。

由集气总站来的原料天然气先进入过滤分离装置，经过机械过滤的方式脱除游离水和大部分机械杂质后进入脱硫装置，在脱硫装置脱除其所含的几乎所有的 H_2S 和部分 CO_2，从脱硫装置出来的湿净化气送至脱水装置进行脱水处理，脱水后的干净化天然气即产品天然气，经净化气集输管道输至用户，其质量按国家标准 GB 17820—2018《天然气》二类气技术指标控制。

脱硫装置得到的酸气送至硫黄回收装置回收硫黄，回收得到的液体硫黄送至硫黄成型

---

① 1 亩 ≈ 666.7m^2。

装置，经冷却固化成型装袋后运至硫黄仓库堆放并外运销售，其质量达到工业硫黄质量标准优等品质量指标。为尽量降低 SO_2 的排放总量，将硫黄回收装置的尾气送至尾气处理装置经还原吸收后，尾气处理装置再生塔顶产生的酸气返回硫黄回收装置，尾气处理装置吸收塔顶尾气经焚烧炉焚烧后通过 100m 高烟囱排入大气，完全能够满足国家环保标准 GB 16297—1996《大气污染物综合排放标准》的要求。尾气处理装置急冷塔底排出的酸性水送至酸水汽提装置，汽提出的酸气返回尾气处理装置，经汽提后的汽提水用作循环水系统补充水。全厂总硫收率可达 99.8% 以上。

本节以仪陇天然气处理厂已经建成投产的两列天然气净化装置为例，介绍高含硫天然气脱硫、硫黄回收和尾气处理工艺技术。工艺流程如图 11-3 所示。

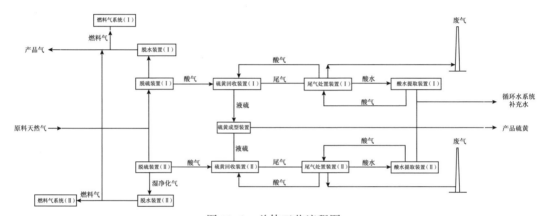

图 11-3　总体工艺流程图

一、脱硫脱碳技术

脱硫装置由原料气脱硫、富液闪蒸、溶液再生、溶液过滤和保护、溶液配制和加入系统、阻泡剂加入等部分组成。脱硫装置设计采用 45% MDEA 水溶液，溶液循环量约为 300m³/h（其中至闪蒸塔贫液量约 20m³/h）。

1. 设计基础数据

1）原料指标

原料为含硫天然气。处理量 600×10^4 m³/d（体积基准：20℃，101.325kPa），压力为 7.1~7.7MPa，温度为 20℃，原料气中有机硫含量（以硫计）约 172.5mg/m³，原料天然气组成见表 11-8。

表 11-8　原料天然气组成

组分	摩尔含量（%）	组分	摩尔含量（%）
CH_4	92.5000	H_2O	0.0449
C_2H_6	0.0600	N_2	0.6813
H_2S	2.6838	合计	100.0000
CO_2	4.0300		

注：表中数据是龙岗 1 井 2007 年 H_2S、CO_2 和有机硫含量较高的长兴组的气质分析数据，龙岗天然气净化厂是以该数据为依据设计的。随后从龙岗气田新获钻井的气质分析数据来看，其 H_2S、CO_2 和有机硫含量均有增高的趋势。

2）成品半成品指标

成品为湿净化天然气、酸气、闪蒸气。

（1）湿净化气出装置条件。

压力为 7.46~7.66MPa，温度为 41℃，流量为 572.369×10⁴m³/d，H₂S 含量不大于 20mg/m³，总硫含量（以硫计）不大于 200mg/m³。

（2）酸气出装置条件。

压力为 0.08MPa，温度为 40℃，流量为 498.112kmol/h，H₂S 含量为 55.9946%，CO₂ 含量为 39.5909%。

（3）闪蒸气出装置条件。

压力为 0.4MPa，温度为 40℃，流量为 10.756kmol/h，H₂S 含量小于 100mg/L。

2. 工艺方法及特点

脱硫单元采用 45%（质量分数）甲基二乙醇胺（MDEA）水溶液脱除天然气中几乎所有的 H₂S 和部分 CO₂，溶液循环量约为 280m³/h（其中至闪蒸塔贫液量约 20m³/h）。

吸收塔顶湿净化天然气送至脱水装置。脱硫吸收塔塔底富胺液经再生后分两股分别送至本装置脱硫吸收塔，闪蒸气吸收塔循环使用。胺液再生所产生的酸气送至硫黄回收装置处理。闪蒸气送至工厂尾气处理装置用作焚烧炉燃料气。

脱硫单元工艺特点如下：

(1)吸收塔设置了三个贫液进料口（第 12 层，第 14 层和第 18 层），可充分实现进料气质条件变化时的灵活操作。

(2)为清洁溶液，采用三级过滤方式在溶液循环系统设置了胺液机械过滤器、活性炭过滤器和胺液后过滤器，并且设置有在线胺液净化系统（SSU），能有效脱除溶液中的固体杂质和降解产物（热稳定盐）。同时，MDEA 溶液储罐采用氮气保护，防止溶液接触空气氧化变质，从而降低了溶液损失和溶液系统发泡的可能性。

(3)高压贫胺液泵正常生产时采用蒸汽透平驱动（备用泵采用电动机驱动），可大大降低工厂的电力消耗。

(4)低压贫胺液泵正常生产时采用能量回收透平（备用泵采用电动机驱动），回收了高压富胺液的大部分压力能，可大大降低工厂的电力消耗。

(5)设置两个溶液储罐，可储存装置停工时第一次用凝结水清洗设备时产生的稀溶液，用于配制溶液和作为正常操作时的补充水使用，这样既可减少污染物排放量，大大降低污水处理装置的运行负荷，又可回收大部分 MDEA 溶液，降低溶液的消耗。

(6)贫/富胺液换热器采用板式换热器，可提高传热效率，提高热量回收率，降低工厂能耗，同时又可减少设备的占地面积和换热器钢材的消耗量。

(7)设置紧急切断联锁及湿净化气调压放空系统，确保出现异常情况时能及时实现安全紧急停车及最大限度减少含硫天然气的放空。

3. 工艺流程

含硫天然气经过滤分离装置分离后，自下部进入脱硫吸收塔，与自上而下的 MDEA 贫液逆流接触，气体中几乎所有的 H₂S 和部分 CO₂ 被胺液吸收脱除；在脱硫吸收塔第 12 层，第14层，第18层塔盘分别设置贫胺液入口，用作调节塔的操作，以适应原料气气质条件的变化，确保净化气的质量指标；脱硫吸收塔顶湿净化天然气经净化气分离器分液后送至脱水装置。

从脱硫吸收塔底部出来的富胺液经过富胺液能量回收透平回收能量，压力降至0.6MPa后进入富胺液闪蒸塔下部罐内，闪蒸出部分溶解在溶液中的烃类气体和 H_2S、CO_2；闪蒸气在塔内自下而上流动与自上而下的贫胺液逆流接触，脱除闪蒸气中的 H_2S 和部分 CO_2 气体；闪蒸气经调压至约0.4MPa后去尾气处理装置尾气焚烧炉。

从胺液闪蒸罐底部出来的富胺液进入贫富胺液换热器，与从再生塔底部出来的 MDEA 贫液换热后进入胺液再生塔第18层塔盘，自上而下流动，与塔内自下而上的蒸汽逆流接触进行再生，解吸出富胺液中的 H_2S 和 CO_2 气体；热贫胺液自胺液再生塔底部引出，用低压贫胺液泵送至贫富胺液换热器与富胺液换热后，部分贫胺液（100m³/h 左右）进入胺液机械过滤器、胺液活性炭过滤器和胺液后过滤器进行过滤，除去溶液中的杂质；而另一部分贫胺液（200m³/h）则通过溶液过滤系统的旁通，与过滤后的溶液一起经过贫胺液空冷器冷至55℃后进入贫胺液后冷却器进一步冷至40℃，然后去富胺液闪蒸塔（20m³/h）和高压贫胺液泵（约280m³/h）；去高压贫胺液泵的贫胺液被泵送至脱硫吸收塔，完成整个溶液系统的循环；脱硫溶液中热稳定盐含量较高时，将小股贫胺液（4～12m³/h）经胺液净化 SSU 系统去除悬浮固体和热稳定盐后返回溶液系统。

再生塔顶部出来的酸性气体经空冷器冷至55℃后进入后冷器进一步冷至40℃，然后进入胺液再生塔回流罐，分离出酸性冷凝水后的酸气在0.08MPa 压力下被送至硫黄回收装置进行处理。分离出的酸性冷凝水由回流泵送至胺液再生塔顶部作回流。

由于装置水不平衡，需向系统不断补充水，以维持溶液浓度和水平衡。用0.45MPa的饱和蒸汽从再生塔重沸器出口管道处进行补充，也可以由新鲜溶液泵抽装置冲洗时存留的稀溶液进行补充，还可以由回流泵抽凝结水罐内的冷凝水补充。

二、硫黄回收技术

1. 设计基础数据

1）进料酸气条件

仪陇净化厂硫黄回收装置的原料气包括来自脱硫单元的酸气和来自尾气处理单元还原吸收部分的酸气。

（1）来自脱硫单元的酸气。

温度为40℃，压力为174kPa（a），流量为498.11kmol/h。酸气组成见表11-9。

表11-9　来自脱硫单元的酸气组成

组分	摩尔含量（%）	组分	摩尔含量（%）
CH_4	0.253	H_2O	4.161
H_2S	55.994	合计	100.000
CO_2	39.592		

（2）来自尾气处理单元的酸气。

温度为55℃，压力为182kPa(a)，流量为63.81kmol/h。酸气组成见表11-10。

表11-10　来自尾气处理单元的酸气组成

组分	摩尔含量（%）	组分	摩尔含量（%）
N_2	0.063	H_2O	8.633
H_2S	35.553	合计	100.000
CO_2	55.751		

2）产品规格

硫黄回收装置半成品为液态硫黄。

主要质量指标：H_2S含量不大于10mg/L。

2. 工艺方法及特点

仪陇净化厂硫黄回收装置采用两级常规克劳斯工艺，设计硫回收率为93%，为了满足工厂总硫回收率为99.8%的要求，从硫黄回收装置出来的尾气进入尾气处理装置进行再处理。硫黄回收装置设计硫黄产量约为214t/d。进装置的酸气为来自脱硫单元的酸气（设计H_2S含量56%，流量498.11kmol/h）和来自尾气处理单元还原吸收部分的酸气（设计H_2S含量35.6%，流量63.81kmol/h）。

（1）采用直流法常规二级转化克劳斯工艺，由于进装置的酸气浓度较高，酸气全部进入主燃烧炉的温度达1035℃，可确保维持稳定燃烧。

（2）设置两级再热器作为两级反应器的入口温度的调温手段。再热器以中压饱和蒸汽作为热源，调温灵活可靠，易于控制。

（3）为充分利用热源，本单元产生的中压饱和蒸汽经尾气处理装置的焚烧炉过热后作为透平驱动热源，出透平的低压蒸汽与一二级硫黄冷凝冷却器产生的0.45MPa的低压蒸汽汇合进入全厂低压蒸汽管网。

（4）为使设备和管线紧凑，以减少占地面积，节约投资，设备采用阶梯式布置。

3. 工艺流程

从脱硫单元送来的压力为80kPa的酸气和从尾气处理单元送来的压力为82kPa的酸气经酸气分离器分离酸水后进入主燃烧炉，与从主风机送来的空气按照一定配比在炉内进行克劳斯反应，约60%的H_2S转化为元素硫。从主燃烧炉出来的高温气流经余热锅炉一管程、余热锅炉二管程后降至288℃，进入一级硫黄冷凝冷却器冷却至176℃，过程气中绝大部分硫蒸汽在此冷凝分离；自一级硫黄冷凝冷却器出来的过程气进入一级再热器，升温至214℃后进入一级反应器，气流中的H_2S和SO_2在催化剂床层上继续反应生成元素硫，出一级反应器的过程气温度将升至318℃左右，进入二级硫黄冷凝冷却器冷却至180℃，分离出其中冷凝的液硫；自二级硫黄冷凝冷却器出来的过程气进入二级再热器，升温至214℃进入二级反应器，气流中的H_2S和SO_2在催化剂床层上继续反应生成元素硫，出二级反应器的过程气温度将升至242℃进入三级硫黄冷凝冷却器冷却至132℃，分离出其中冷凝液硫后的尾气至尾气处理单元进行处理。

4. 催化剂用量

硫黄回收装置催化剂用量见表 11-11。

表 11-11　硫黄回收装置催化剂用量表

序号	使用地点	型号及规格	一次投入量（m³）	备注
1	R-1401（Ⅰ）	CRS-31	15	每 5 年更换一次
2	R-1401（Ⅰ）	CR-3S	39	
3	R-1402（Ⅰ）	CRS-31	15	
4	R-1402（Ⅰ）	CR-3S	39	
	合计		108	

三、尾气处理技术

尾气处理单元设有两套相同的尾气处理装置，处理来自硫黄回收单元的尾气。装置由 SCOT 加氢还原段和 MDEA 溶液吸收、再生段两部分组成。装置处理能力与硫黄回收装置配套，年开工 8000h。

1. 设计基础数据

1）原料气条件

（1）来自硫黄回收装置的尾气。

温度为 132℃，压力为 0.121MPa（a），单套流量为 1120.83kmol/h，组成见表 11-12。

表 11-12　来自硫黄回收装置的尾气

组分	摩尔含量（%）	组分	摩尔含量（%）
H_2	0.97	SO_2	0.29
N_2	47.63	H_2O	29.03
CO	0.11	S_8	0.02
CO_2	20.53	CS_2	0.21
H_2S	1.18	合计	100.00
COS	0.03	总流率（kmol/h）	1120.82

（2）来自气田水处理装置的尾气。

温度为 25℃，压力为 300kPa（a），单套流量为 30.5m³/h，H_2S 为 10.7%，C_1 为 89.3%。

（3）来自酸水汽提装置的酸气。

温度为 85℃，压力为 0.180MPa（a），单套流量为 1.64kmol/h。组成见表 11-13。

表 11-13　来自酸水汽提装置的酸气组成

组成	H_2S	SO_2	COS	CS_2	S_8	CO	H_2	CO_2	N_2	H_2O	合计
含量（%）	0.62	0	0	0	0	0	0	1.23	0	98.15	100.00

（4）来自脱水装置的再生废气。

温度为 126℃，压力为 0.11MPa（a），单套流量为 872.23kg/h。组成见表 11-14。

表 11-14　来自脱水装置的再生废气组成

组成	CH_4	C_2H_6	N_2	CO_2	TEG	H_2O	H_2S	合计
含量(%)	7.4752	0.0063	0.1014	0.8179	0.0051	91.5939	0.0002	100.0000

2）产品规格

（1）至硫黄回收装置的酸气。

压力为 0.182MPa（a），温度为 55℃，单套流量为 63.81kmol/h。组成见表 11-15。

表 11-15　至硫黄回收装置的酸气组成

组成	H_2S	CO_2	N_2	H_2O	合计
含量(%)	35.55	55.75	0.06	8.64	100.00

（2）焚烧后排放的废气。

压力为 0.0942MPa（a），温度为 316℃，单套流量为 1629.8kmol/h。组成见表 11-16。

表 11-16　焚烧后排放的废气组成

组成	H_2S	SO_2	CO_2	O_2	N_2	H_2O	合计
含量(%)	—	0.02	15.32	3.00	67.80	13.86	100.00

（3）至酸水汽提装置的酸水。

压力为 0.559MPa（a），温度为 55℃，单套流量为 285.81kmol/h。组成见表 11-17。

表 11-17　至酸水汽提装置的酸水组成

组成	H_2S	SO_2	CO_2	O_2	N_2	H_2O	合计
含量(%)	0.003	—	0.007	—	—	99.990	100.000

2. 工艺方法及特点

装置采用标准还原吸收法尾气处理工艺，采用选择性强的 MDEA（浓度为 45%）作为脱硫的吸收溶剂，装置的处理能力与硫黄回收装置配套，装置年运行时间 8000h。总硫黄回收率大于 99.8%，每列装置排入大气中的 SO_2 量不大于 28.1kg/h，通过一座 100m 的尾气烟囱进行排放，能满足 GB 16297—1996《大气污染物综合排放标准》的要求。

本装置所采用尾气处理工艺具有以下特点：

（1）本装置通过还原炉次化学当量燃烧产生还原气，将硫黄回收尾气加热至 291℃后在加氢还原反应器中将所有硫化物还原为 H_2S；

（2）采用标准还原吸收法尾气处理工艺，尾气处理装置设有完全独立的溶液再生系统，使装置之间避免相互影响，利于操作安全平稳运行，并且，若原料气组成变化特别是有机硫含量发生较大变化时，脱硫装置可方便地调整操作，适应原料气的变化；

（3）本装置为了清洁溶液，设置了溶液预过滤器、活性炭过滤器和溶液后过滤器，以除去溶液中固体杂质及降解产物；

（4）本装置的溶液配制罐和储罐用氮气保护，以防止溶液接触空气氧化变质，从而降低了溶液起泡，减小损失；

（5）设置有尾气处理废热锅炉，利用加氢反应器出口热过程气产生低压蒸汽；

（6）灼烧炉风机采用蒸汽透平驱动，乏气用于再生塔底重沸器加热，大大降低了工厂的电力消耗；

（7）设置有焚烧炉烟气过热器，利用焚烧炉烟气将 3.9MPa 饱和蒸汽加热为 3.9MPa 过热蒸汽，以回收其热量；

（8）本装置对来自气田水处理装置的尾气和酸水汽提装置的酸气进行处理，均与过程气混合后进入急冷塔冷却，再进入吸收塔脱硫，尾气经焚烧后排放。

3. 工艺流程

1）还原部分

从硫黄回收装置来的尾气在还原炉混合室中和还原炉燃烧器中的燃烧气，混合后被加热至 291℃，混合后的过程气进入到装有还原催化剂的反应器反应，过程气中绝大部分的硫化物被还原为 H_2S；同时，COS、CS_2 等有机硫水解成 H_2S，然后进入废热锅炉。在废热锅炉出口过程气被冷却到 177℃，与酸水汽提装置的酸气一起进入急冷塔，在塔内与冷却水逆流接触，被进一步冷却到 40℃。冷却后的气体进入低压脱硫部分。急冷塔底的酸水一部分先被急冷水泵加压，再经急冷水冷却器、急冷水后冷器冷却后作急冷塔的循环冷却水，另一部分经过滤器过滤后送至酸水汽提装置。

2）吸收部分

从急冷塔出来的塔顶气与酸水汽提装置来的酸气和气田水处理装置的尾气从吸收塔下部进入，在塔内与 MDEA 贫液逆流接触。气体中几乎所有的 H_2S 被溶液吸收，仅有部分 CO_2 被吸收。从吸收塔顶出来的排放气进入焚烧炉焚烧后排放。

脱硫溶液采用 MDEA 水溶液，MDEA 浓度为 45%（质量分数），溶液循环量为 152m³/h。

3）溶液再生部分

从吸收塔底部出来的 MDEA 富液经富液泵进入贫/富胺液换热器与再生塔底出来的 MDEA 贫液换热，温度升至 107℃后从再生塔上部进入，与塔内自下而上的蒸汽逆流接触进行再生，解吸出 H_2S 和 CO_2 气体。再生热量由塔底重沸器提供。MDEA 热贫液在 126℃下自再生塔底部出来，经贫液泵泵入贫/富胺液换热器与 MDEA 富液换热，温度降至 65℃，经胺液过滤器除去溶液中的机械杂质和降解产物后经贫胺液空冷器、贫胺液后冷器换热，温度降至 40℃后进入吸收塔，完成整个溶液系统的循环。

由再生塔顶部出来的 115℃酸性气体经再生塔顶空冷器降温至 55℃后，再进入酸气分液罐，分离出酸性冷凝水后的酸气在 0.082MPa 下送至硫黄回收装置。分离出的酸性冷凝水由酸水回流泵送至再生塔顶部作回流。

4）溶液保护部分

MDEA 溶液配制罐、MDEA 储罐均采用氮气（N_2）密封，以避免溶液发生氧化变质。

5）尾气焚烧部分

从吸收塔塔顶出来的排放气和来自硫黄回收装置液硫池的抽出气体，以及脱水装置来的再生废气分别进入焚烧炉进行焚烧，焚烧后的气体（烟道气）温度为600℃左右。从焚烧炉出来的烟气进入蒸汽过热器进一步冷却回收热量，冷却后的烟道气温度为316℃左右，通过烟囱排放。

4. 催化剂及溶剂用量

2014年11月，龙岗天然气净化厂对尾气加氢装置催化剂和溶剂进行了更换。加氢反应器（R1501）中装填了23t CT6-11催化剂，吸收塔中的MDEA更换成了位阻胺脱硫配方溶剂CT8-16。尾气处理装置化学品消耗量见表11-18。

表11-18　设计的尾气处理装置化学品消耗量表（单套）

序号	名称	规格	一次投入量（m³）	备注
1	催化剂	C-234	17.76	
2	催化剂	C-534	2	催化剂寿命为5年更换一次（年工作时间按8000h计）
3	脱硫溶剂	MDEA纯度大于98%（质量分数）	160	

5. 运行效果

2015年11月24日至11月30日，对位阻胺脱硫配方溶剂（CT8-16）和低温加氢水解催化剂（CT6-11）在龙岗净化厂尾气处理装置上工业应用后的性能进行了考核。

催化剂考核期间，装置主要工艺参数见表11-19。加氢反应器R1501进出口过程气组成见表11-20，催化剂性能见表11-21。

表11-19　催化剂考核期间龙岗净化厂硫黄回收及尾气处理装置主要工艺参数

序号	酸气中硫化氢浓度（%）	酸气流量（m³/h）	燃烧炉温度（℃）	反应器入口温度（℃）	燃料气流量（m³/h）
1	58.3	4158	893	269	77
2	50.9	4485	899	265	76
3	47.8	4801	914	261	71
4	48.3	4971	910	257	70
5	48.2	4811	917	245	64
6	46.8	4951	907	237	62
7	47.6	5059	904	230	61

表 11-20   催化剂考核期间加氢反应器进出口过程气组成

序号	加氢反应器入口硫化氢含量（％）	加氢反应器入口二氧化硫含量（％）	加氢反应器入口有机硫含量（％）	加氢反应器出口硫化氢含量（％）	加氢反应器出口二氧化硫含量（％）	加氢反应器出口有机硫含量（mg/L）
1	0.97	0.01	0.080	1.29	未检出	74
2	0.95	0.07	0.049	1.22	未检出	57
3	1.07	0.07	0.052	1.36	未检出	66
4	0.37	0.20	0.064	0.76	未检出	72
5	0.45	0.14	0.058	0.79	未检出	73

表 11-21   催化剂性能

序号	反应器 R1501 入口温度（℃）	催化剂二氧化硫加氢转化率（％）	催化剂有机硫水解率（％）	在线炉燃料气消耗量（m³/h）	烟气中二氧化硫含量（mg/m³）
1	269	99.75	93.7	77	589
2	265	99.50	90.6	76	552
3	261	99.50	88.3	71	563
4	257	99.53	88.0	70	578
5	245	99.54	87.2	64	683
6	237	99.62	88.8	62	678
7	230	99.61	87.3	61	689

从表 11-19、表 11-20 和表 11-21 可见，装置加氢反应器入口温度基本维持在 230～270℃，较设计温度降低了 60℃，在线炉燃料气消耗量较换剂前节约 29% 以上。在低温下运行的催化剂二氧化硫加氢率变化不大，基本维持在 99.5%～99.8% 之间。随着反应器入口温度的降低，有机硫水解率随温度降低而下降，但都维持在 87% 以上。烟气中二氧化硫浓度维持在 552～689mg/m³，低于国家排放标准 960mg/m³ 要求。装置总硫回收率为 99.83%～99.90%。总体来看，催化剂工业应用活性数据和烟气二氧化硫排放数据与工业试验数据基本相当。

四、其他特色技术

1. 脱硫装置富胺液能量回收透平

仪陇净化厂脱硫装置吸收塔压力较高，而闪蒸罐压力却较低，从节能的角度出发，回收了高压富胺液的大部分压力能，大大降低了装置的电力消耗。具体如下：从脱硫吸收塔底部出来的富胺液经过能量回收透平回收压力能，压力降至接近 0.6MPa(g) 后，与湿净化气分离器液体一并进入闪蒸罐，在 0.6MPa 的条件下闪蒸出绝大部分溶解于溶液中的烃类气体，以及少量 CO_2 与 H_2S 气体。回收的压力能用来驱动高压贫胺液循环泵，高压贫胺液泵正常生产时采用蒸汽透平驱动（备用泵采用电驱），可大大降低工厂的电力消耗；低压贫胺液泵正常生产时采用能量回收透平驱动（备用泵采用电驱）。

2. 3.9MPa 中压蒸汽能量回收透平

龙岗净化厂利用废热锅炉产生 3.9MPa 中压蒸汽，为了更充分地利用中压过热蒸汽的高位热能，硫黄回收装置、尾气处理装置、脱硫装置、循环冷却水装置，以及锅炉房均使用了蒸汽透平驱动泵或风机，大大降低了在减温减压过程中的能量损失，并且减少了全厂电能的消耗量，每年节约电能 $3470×10^4 kW \cdot h$。全厂蒸汽透平泵和风机共利用过热中压蒸汽 85.76t/h。

锅炉房设置 3 台 50t/h，3.90MPa（g），350℃ 的过热蒸汽锅炉，2 用 1 备。提供 86.077t/h，3.90MPa（g）350℃ 的过热蒸汽，一部分过热蒸汽直接送到锅炉房中压给水泵、循环水处理装置循环水泵、硫黄回收装置主风机、尾气处理装置灼烧炉风机，以及脱硫装置高压贫胺液泵作为透平驱动能源，背压透平后排出 0.45MPa（g）的低压饱和蒸汽；另一部分则送到减压器和减温器，分别产生 0.45MPa（g）和 3.90MPa（g）的饱和蒸汽供工艺装置使用。凝结水利用余压返回锅炉房，凝结水回收量 130.897t/h，回收率 93.436%。

参 考 文 献

[1] 国家统计局. 中华人民共和国 2022 年国民经济和社会发展统计公报 [EB/OL]. http：//www. stats. gov. cn/sj/zxfb/202302/t20230228_1919011. html, 2023 年 2 月 28 日.

[2] 中国石油国家高端智库研究中心. 中国天然气发展报告(2023) [M]. 北京：石油工业出版社, 2023.

[3] 王开岳. 天然气净化工艺——脱硫脱碳、脱水、硫黄回收及尾气处理 [M]. 北京：石油工业出版社, 2015.

[4] 李鹭光. 中国天然气工业发展回顾与前景展望 [J]. 天然气工业, 2021, 41(8)：1-11.

[5] 张道伟. 四川盆地未来十年天然气工业发展展望 [J]. 天然气工业, 2021, 41(8)：34-45.

[6] 李欣忆. 气动川渝——将地层深处的自然馈赠化为人间烟火 川渝联手建天然气千亿立方米产能基地 [N]. 四川日报, 2022-4-12(6).

[7] 郑民, 李建忠, 吴晓志, 等. 我国主要含油气盆地油气资源潜力及未来重点勘探领域 [J]. 地球科学, 2019, 44(3)：833-847.

[8] 杨超越, 常宏岗, 何金龙, 等. 基于 GB 17820—2018 的天然气净化工艺探讨 [J]. 石油与天然气化工, 2019, 48(1)：1-6.

[9] 陈赓良, 常宏岗. 配方型溶剂的应用与气体净化工艺的发展动向 [M]. 2 版. 北京：石油工业出版社, 2009.

[10] 王开岳. 天然气净化工艺——脱硫脱碳、脱水、硫黄回收及尾气处理 [M]. 北京：石油工业出版社, 2005.

[11] 常宏岗. 胺法选择性脱硫工艺评述 [J]. 天然气工业, 1995, 15(6)：61-66.

[12] 朱利凯. 环丁砜甲基二乙醇胺水溶液处理酸性天然气工艺讨论 [J]. 石油与天然气化工, 1990, 19(4)：37-44.

[13] Guido S, Linden N J, Frederic L. Process for removing carbon dioxide containing acidic gases from gaseous mixtures using a basic salt activated with a hindered amine [P]. USP：4112050, 1988.

[14] Stogryn E L, Edison, Guido S. Severely sterically hindered tertiary amino compounds [P]. USP：4405811, 1983.

[15] Bush W V. Process for the selective removal of H_2S and COS from light hydrocarbon gases containing CO_2 [P]. USP：4749555, 1988.

[16] Winston H W S, Sartori Guido. Addition of severely-hindered amine salts and/or amino-acids to non-hindered amine solutions for the absorption of H_2S [P]. USP：4892674, 1990.

[17] Iijima, Masaki, Misuoka, et al. Process for the removal of CO_2 from gases [P]. EP：0776687 A1, 1997.

[18] Robert B, et al. Discuss selective H_2S removal using Flexsorb^R SE solvents [J]. Hydrocarbon Engineering, 2008(12)：26-30.

[19] 李华. 超重力吸收法脱除 H_2S 的实验研究 [D]. 北京：北京化工大学, 2010.

[20] 万博. 旋转填充床中醇胺法吸收 H_2S 研究 [D]. 北京：北京化工大学, 2012.

[21] Mahdi H, Mohammad S, Seyyed A M. Simultaneous separation of H_2S and CO_2 from natural gas by hollow fiber membrane contactor using mixture of alkanolamines [J]. Journal of Membrane Science, 2011(377)：191-197.

[22] 胡波. 高含硫天然气脱硫技术及应用 [J]. 能源化工, 2015, 36(4)：20-23.

[23] 郭峰. 络合铁法脱除 H_2S 工艺的研究 [D]. 东营：中国石油大学(华东), 2007.

[24] 张伍, 何金龙, 常宏岗, 等. 络合铁法液相氧化还原脱硫技术应用现状与前景分析 [J]. 石油与天然气化工, 2008, 37(S1)：130-133.

［25］汪家铭，莫洪彪．LO-CAT 硫回收工艺技术及其应用前景［J］．天然气与石油，2011，29（3）：30-34.

［26］刘子兵，张文超，何兴军，等．天然气净化厂低浓度酸气处理工艺探讨［J］．天然气与石油，2015，33（3）：44-48.

［27］李劲，雷萌，唐浠．对中低含硫天然气脱硫技术的认识［J］．石油与天然气化工，2013，42（3）：227-233.

［28］罗莹，朱振峰，刘有智．络合铁法脱 H_2S 技术研究进展［J］．天然气化工(C1 化学与化工)，2014，39（1）：88-94.

［29］龙晓达，马卫，刘芳燕，等．高压脱硫的液相氧化还原新工艺［J］．石油与天然气化工，2003，32（2）：81-84.

［30］刘宏伟，徐西娥．LO-CAT 硫黄回收技术在炼厂硫黄回收装置中的应用［J］．石油与天然气化工，2009，38（4）：322-326.

［31］姚广聚，陈海龙，赵凯，等．国产 MCS 络合铁脱硫工艺在川西海相含硫气田的应用研究［J］．石油与天然气化工，2015，44（5）：7-11.

［32］严思明，廖咏梅，王柏云，等．新型络合剂的合成及其络合铁脱硫工艺研究［J］．石油炼制与化工，2015，46（2）：27-32.

［33］张中哲．旋转填料床中络合铁脱硫富液的再生研究［D］．太原：中北大学，2015.

［34］徐波，何金龙，黄黎明，等．天然气生物脱硫技术及其研究进展［J］．天然气工业，2013，33（1）：116-121.

［35］韩金玉，吴懿琳，李毅，等．生物脱硫技术的应用研究进展［J］．化工进展，2003，22（10）：1072-1075.

［36］汪家铭．Shell-Paques 生物脱硫技术及其应用［J］．化工科技市场，2009，32（11）：29-32.

［37］Cameron C, Alie H, Ray A, et al. Biological process for H_2S removal from gas streams the shell-paques/thiopaq gas desulfurization process［J］. Paper for the LRGCC, 2003, 23-26.

［38］Jenyuk L, Ajit P A. Biological sulfide oxidation in an airlift bioreactor［J］. Bioresource Technology, 2010, 101: 2114-2120.

［39］张庆国，赵会军，班兴安，等．Bio-SR 工艺用于天然气脱硫的研究［J］．天然气化工：C1 化学与化工，2008（1）：43-46.

［40］涂彦．微生物脱硫技术在天然气净化中的应用［J］．石油与天然气化工，2003，32（1）：97-98.

［41］何金龙，熊钢．川渝气田天然气净化技术的进步与发展方向［J］．石油与天然气化工，2008（S1）：112-120.

［42］罗云峰，龙晓达．生物脱硫技术在西南油气田的应用前景探讨［J］．石油与天然气化工，2006，37（3）：198-203.

［43］冯续，赵素云，李博，等．影响氧化锌脱硫的因素［J］．化学工业与工程技术，2010，31（4）：31-34.

［44］冯续．氧化锌脱硫剂研究动向［J］．化学工业与工程技术，2008，29（2）：31-34.

［45］李凯，张贤波．3018 干法脱硫工艺运行技术探讨［J］．天然气与石油，2015，33（4）：25-28.

［46］舒欣，李春光，任家君，等．国内天然气干法脱硫剂的比较研究［J］．广东化工，2010，37（1）：89-90.

［47］刘淑娅，任爱玲，常青，等．镧掺杂的铁基中温脱硫剂制备及脱硫性能研究［J］．安全与环境学报，2013，13（6）：48-53.

［48］吴家文，崔红霞，姚为英，等．大庆油田天然气干法脱硫剂的比选与应用［J］．油田化学，2007，

24（4）：328-332.

[49] 冯续. 国内氧化锌脱硫剂研究现状和需求预测 [J]. 化工进展，2002, 21（10）：773-775.

[50] 李维华，张文慧，汤效平，等. 氧化锌的脱硫性能及其在工业中的应用 [J]. 齐鲁石油化工，2004,
32（2）：100-102.

[51] 钱红辉，曾丹林，王光辉，等. 改性氧化铁脱硫剂脱除羰基硫性能的研究 [J]. 化学与生物工程，
2008, 25（9）：17-19.

[52] 孙婷，樊惠玲，上官炬，等. 三维有序大孔氧化铁脱硫剂的制备 [J]. 煤炭学报，2011（36）：153-
154.

[53] 张翼，崔国彪，刘宗涛，等. 三甘醇脱水效果的影响因素分析 [J]. 广州化工，2013, 41（20）：
59.

[54] 李亚萍，杨鹏，杨充，等. 大型 LNG 项目的天然气脱水工艺 [J]. 石油化工应用，2014, 33（10）：
108-109.

[55] 朱雯钊. 超音速涡流管分离新工艺先导性技术研究取得阶段性成果 [J]. 石油与天然气化工，
2013, 42（6）：581.

[56] 陈赓良，等. 克劳斯法硫黄回收工艺技术 [M]. 北京：石油工业出版社，2007.

[57] 李菁菁，闫振乾. 硫黄回收技术与工程 [M]. 北京：石油工业出版社，2010.

[58] 王开岳. 天然气净化工艺—脱硫脱碳、脱水、硫黄回收及尾气处理 [M].2 版. 北京：石油工业出版
社，2015.

[59] 朱利凯. 天然气开采工程丛书（五）—天然气处理与加工 [M]. 北京：石油工业出版社，1997.

[60] 颜廷昭，徐荣. 低温克劳斯硫回收及尾气处理技术进展 [J]. 天然气与石油，2002（2）：40-42.

[61] 肖秋涛，刘家洪. CPS 硫黄回收工艺的工程实践 [J]. 天然气与石油，2011（6）：24-26.

[62] 汪家铭. 超级克劳斯硫黄回收工艺及应用 [J]. 天然气与石油，2009（5）：28-32.

[63] 陈赓良. 富氧硫黄回收工艺技术的开发与应用 [J]. 石油与天然气化工，2016（2）：1-6.

[64] 陈昌介，叶茂昌，高云鹏. CT6-8 钛基硫黄回收催化剂的应用 [J]. 硫酸工业，2012（5）：31-33.

[65] 彭仁杰，等. 硫化氢分解制取氢和单质硫研究进展 [J]. 天然气化工，2015（1）：89-93.

[66] Groenendeal W, et al. Recent Experience with the SCOT Process [J]. Erdool und Kohle, 1975, 28（3）：
145-147.

[67] Group H E. Sulfur Technology Review Prosernat [J]. Hydrocarbon Engineering, 2009（4）：38-52.

[68] 雷晓红. 大型硫回收及 RAR 尾气处理装置的设计 [J]. 炼油技术与工程，2009, 39（7）：20-22.

[69] Sala L. RAR Claus 尾气处理工艺 [J]. 中外能源，2009, 14（6）：70-76.

[70] Connock L. Ideas for Better Cleanup [J]. Sulphur, 2009, 320：36-41.

[71] 戴玉玲. SSR 硫黄回收技术在低硫高氨工况下的应用 [J]. 石油与天然气化工，2009, 38（5）：409-
411.

[72] Darnell Q L, et al. An Overview of the Modified Aquaclaus H_2S and SO_2 Removal Technology [C].
Proc. 72nd GPA Annu. Conv. , 1993：200-204.

[73] Heisel M, et al. Clintox-Ein Leistungsfahiges Verfahren zur Restentschwefelung von Claus-Abgasen [J].
Chem. Ing. Tech. , 1987, 59（11）：888-889.

[74] 罗育敏，李少远，郑毅，等. 循环流化床干法脱硫 SO_2 排放浓度控制策略研究 [C]. 第26届中国
过程控制会议论文集，2015.

[75] 林驰前. 干法脱硫实现超低排放的控制优化措施 [J]. 节能与环保，2016（5）：66-69.

[76] 岳本增，孙晓芳，贾彪. 催化氧化生产硫酸法（SOP）废气处理系统简要介绍 [J]. 化工管理，2015
（26）：3-5.

[77] 林海. 浅析石灰石–石膏法脱硫工艺设计 [J]. 能源与节能, 2012(11): 110-111.

[78] 肖锦堂. CT6-5 还原吸收法处理硫黄回收尾气加氢催化剂 [J]. 石油与天然气化工, 1986, 15(4): 1-12.

[79] Ray J A, et al. New Catalyst Permits Cut in COS Tail Gas Emissions [J]. Oil Gas J., 1986, 84(28): 54-57.

[80] 李法璋, 胡鸿, 李洋. 节能降耗的低温 SCOT 工艺 [J]. 天然气工业, 2009, 29(3): 98-100.

[81] 叶金旺, 等. 低温加氢催化剂 CT6-11 在硫黄回收装置 RAR 尾气处理单元的应用 [J]. 石油与天然气化工, 2013, 42(3): 238-241.

[82] 田满宏, 党占元. CT6-11 低温加氢催化剂在塔河硫黄回收装置的应用 [J]. 石油与天然气化工, 2013, 42(2): 123-126.

[83] 王永新, 陈大苗. 类水滑石衍生的铁镁铝复合氧化物的制备及与 SO_2 的反应性 [J]. 硅酸盐学报, 2005, 33(2): 191-196.

[84] 赵月昌, 刘玲, 程万萍, 等. MgAlZnFeCe 类水滑石水热合成、表征及其 FCC 硫转移性能的研究 [J]. 无机材料学报, 2009, 24(1): 171-174.

[85] 周明宇, 梁俊奕, 李建, 等. 我国天然气净化厂酸气处理技术新思考 [J]. 天然气与石油, 2012, 30(1): 32-35.

[86] Asperger R G. New corrosion issues in gas sweeting plants [J]. The 73rd annual GPA convertion, 1994, 189-192.

[87] Chakma A, et al. MDEA Degradation-Mechanism and Kinetics [J]. Can. J. Chem. Eng., 1997, 75(5): 861-871.

[88] Rooney P C, et al. Oxygen's role in alkanolamine degradation [J]. Hydr. Proc., 1998, 77(7): 109.

[89] Rooney P C, et al. Effect of heat stable salts on MDEA solution corrositivity [J]. Hydr. Proc., 1997, 76(4): 65-71.

[90] Daria J, Peter D. Impact of Continuous Removal of Heat Stable Salts on Amine Plant Operation [C]. Laurance Reed Gas Conditioning Conference, 2000.

[91] Shao J, 陆侨治. 解决胺厂操作问题的最新进展——利用 AmiPur 再线去除热稳态盐 [J]. 石油与天然气化工, 2003, 32(1): 29-45.

[92] 林霄红, 袁樟永. 用 Amipur 胺净化技术去除胺法脱硫装置胺液中的热稳定盐 [J]. 石油炼制与化工, 2004, 35(8): 21-24.

[93] 陈惠, 万仪秀, 何明, 等. 离子交换技术脱除胺液中热稳定盐的应用分析 [J]. 石油与天然气化工, 2006, 35(4): 298-299, 328.

[94] Burns D, et al. The UCARSEP process for on-line removal of non-regenerable salts from amine units [C]. Laurance Reed Gas Conditioning Conference, 1995.

[95] Kent R L, Eisenberg B. Better data for amine treating [J]. Hydrocarbon Processr. 1976, 55(2): 87-90.

[96] 朱利凯, 等. 硫化氢和二氧化碳在 DIPA-MDEA 水溶液中平衡溶解度的数学模型 [J]. 石油学报, 1987, 211: 539.

[97] 陈赓良, 朱利凯. H_2S 和 CO_2 在 MEA 或 DEA 水溶液中的溶解度 [J]. 石油炼制, 1985(11): 57.

[98] 常宏岗. H_2S 和 CO_2 在甲基二乙醇胺溶液中平衡溶解度的计算模型 [J]. 石油化工, 1992, 21(10): 677.

[99] 陈健, 密健国, 刘金晨. $MDEA-H_2O-CO_2-H_2S$ 体系的气体溶解度的计算 [J]. 天然气化工, 2001, 26(3): 57-61.

[100] 陈赓良, 等. 克劳斯法硫黄回收工艺技术 [M]. 北京: 石油工业出版社. 2007.

［101］Gamson B W, et al. Sulfur from hydrogen sulfide ［M］. Chemical Engineering Process，1953.

［102］朱利凯. 天然气开采工程丛书(五)—天然气处理与加工 ［M］. 北京：石油工业出版社，1997.

［103］Fischer H. Bumeclfire box design improves sulfur recovery ［J］. Hydrocarbon Processing，1974，53(10)：125.

［104］雷秉义，关昌伦. 直流法反应炉计算探讨 ［J］. 天然气工业，1986，6(4)：89-95.

［105］朱利凯. 克劳斯法硫回收过程工艺参数的简化计算 ［J］. 石油与天然气化工，1997，26(3)：163-169.

［106］朱利凯，鲍均. 克劳斯法制硫过程中最小自由能应用问题 ［J］. 天然气工业，1990，10(5)：72-77.

［107］Pollock A E, et al. Finally-A kinetic model of the modified Claus process reaction furnace ［C］. The Proceedings of Laurance Reid Gas Conditioning Conference (2002)，43.

［108］Clark P D, et al. The technology and influence of acid gas re-injection and under-ground sulfur storage on world supply ［C］. Sulfur 99 Preprints, October17-20, Calgary, Alberta：7 (1999).

［109］Hawboldt K A. Kinetic modeling of key reaction in the modified Claus plant front end furnace ［D］. Alberta：University of Calgary (Canada)，2000.

［110］Grancher P. Advances in Claus Technology ［J］. Hydrocarbon Processing，1978(9)：262.

［111］常宏岗. 硫黄回收催化剂 CT6-2B 研究 ［D］. 成都：四川大学，2004.

［112］ASTM D 5454-2004. Standard Test Method for Water Vapor Content of Gaseous Fuels Using Electronic Moisture Analyzers ［J］.

［113］何玉兰. 水分析仪的校准 ［J］. 低温与特气，1996(3)：60-62.